普通高等教育"十二五"规划教材

仪器分析实验

（第二版）

宋桂兰　主编

科学出版社

北京

内 容 简 介

仪器分析实验是一门独立的基础实验课程。本书是 21 世纪高等院校教材,是编者根据教学改革实践和教学发展需要,结合多年的教学实践而编写的。全书分 15 章共 52 个实验,内容包括绪论、发射光谱分析法、原子吸收光谱法、紫外-可见分光光度法、分子荧光光谱法、红外光谱法、电位分析法、库仑分析法和伏安法、气相色谱法、高效液相色谱法、质谱分析法、离子色谱法、凝胶色谱分析法、热分析法、核磁共振波谱分析法。教材内容既有较广的适用性,又注重体现新技术、新方法,使学生既能掌握经典的方法,又具备设计实验的能力,以培养和提高学生的创新精神和实践能力。

本书可作为高等学校化学、化学工程与工艺、制药工程、材料科学与工程、环境科学与工程、生物科学与工程等专业的实验教材,也可供相关专业的研究人员参考。

图书在版编目(CIP)数据

仪器分析实验/宋桂兰主编. —2 版. —北京:科学出版社,2015.10
普通高等教育"十二五"规划教材
ISBN 978-7-03-046033-2

Ⅰ. ①仪⋯ Ⅱ. ①宋⋯ Ⅲ. ①仪器分析-实验-高等学校-教材 Ⅳ. ①O657-33

中国版本图书馆 CIP 数据核字(2015)第 246800 号

责任编辑:郭慧玲 / 责任校对:蒋 萍
责任印制:徐晓晨 / 封面设计:迷底书装

科学出版社出版
北京东黄城根北街16号
邮政编码:100717
http://www.sciencep.com

北京凌奇印刷有限责任公司 印刷
科学出版社发行 各地新华书店经销

*

2010 年 8 月第 一 版 开本:720×1000 1/16
2015 年 10 月第 二 版 印张:14
2021 年 7 月第九次印刷 字数:288 000
定价:39.00 元
(如有印装质量问题,我社负责调换)

《仪器分析实验》编写委员会

主　编　宋桂兰
副主编　李慧芝　卢　燕　许崇娟　李　燕
编　委　（按姓名汉语拼音排序）
　　　　　薄其兵　曹　伟　耿　兵　李　燕　李慧芝
　　　　　卢　燕　宋桂兰　许崇娟　周长利

第二版前言

21世纪科学技术日新月异,各行各业发展迅猛,迫切需要高等学校造就大批基础理论扎实、实践能力强、富有创新精神的高素质科研、建设人才。仪器分析是化工生产、新材料合成、医药生物等领域重要的分析与研究手段,仪器分析实验是一门集理论和实践为一体的课程,在注重培养学生的实践技能的同时,培养学生的科学思维方式,提高学生的科学素养。

本书第一版自2010年由科学出版社出版后,经过六年的使用,反映良好,在高科技人才的培养方面起到了重要作用。近几年来,编者一直致力于仪器分析和仪器分析实验教学的科研和教学研究工作,努力探索仪器分析实验教学的改革,并取得了一些成果,为本书的编写奠定了基础。

考虑到近几年来分析仪器的迅猛发展,这次修订,编者对原有的实验内容进行了精简、整合和更新,新增了"核磁共振波谱"和"离子色谱"两章内容;在传承经典的、实用的实验项目的同时,吸收近几年教师的优秀科研成果,紧跟学科发展的前沿;实验内容具有系统性、科学性、先进性、新颖性和实用性,其中新颖性和实用性是本书的主要特点。

本书共15章,分别由各有关教师编写,内容包括绪论、发射光谱分析法、原子吸收光谱法、紫外-可见分光光度法、分子荧光光谱法、红外光谱法、电位分析法、库仑分析法和伏安法、气相色谱法、高效液相色谱法、质谱分析法、离子色谱法、凝胶色谱分析法、热分析法、核磁共振波谱分析法。各部分首先简要介绍该仪器分析方法的基本原理和仪器结构,然后介绍实验原理和步骤,内容简明扼要、通俗易懂,重点难点突出。

本书由宋桂兰担任主编,李慧芝、卢燕、许崇娟、李燕担任副主编。参加本书编写的人员还有周长利、曹伟、耿兵和薄其兵。

由于编者水平有限,书中缺点和不足之处在所难免,恳请读者批评指正。

编 者

2015年6月

第一版前言

仪器分析是一门表征和测量的科学。近年来随着计算机的普及,仪器分析发展迅速,广泛应用于科学研究、工农业生产、医药、环境保护等各个领域。仪器分析课程在高等学校有关专业的教学中占有非常重要的地位,被许多高校列为化学及相关专业的必修基础课之一,并有多种配套的仪器分析实验教材出版。

本书基本操作部分力求简明实用,实验原理和步骤尽可能简单明了,在注重基本技能培养的前提下,融入教师新的、成熟的科研成果,实现实验的综合性与先进性的有机结合。各章节内容可以不依附理论课独立讲授,每章简要介绍仪器分析方法的原理和仪器构造,学生可以通过自学顺利完成实验,掌握分析方法。

本书共分十三章,内容包括绪论、发射光谱分析法、原子吸收光谱法、紫外-可见分光光度法、分子荧光光谱法、红外光谱法、电势分析法、极谱法和伏安法、气相色谱法、高效液相色谱法、质谱分析法、凝胶色谱分析法、热分析法。本书共有 57 个实验,每个实验反映了该类仪器主要的功能和应用,不同专业和不同层次的学生可以根据实际教学需要选做。

本书由宋桂兰担任主编,李慧芝、卢燕、许崇娟、李燕担任副主编。参加本书编写的人员还有周长利、曹伟、耿兵、薄其兵、李艳辉、李月云、王冬梅。

由于编者水平有限,书中错误和不足之处在所难免,恳请读者批评指正。

编 者
2010 年 4 月

目 录

第二版前言
第一版前言
第1章 绪论 ··· 1
  1.1 仪器分析实验的目的与要求 ·· 1
  1.2 仪器分析实验的学习方法 ··· 1
  1.3 实验报告的撰写要求与成绩评定 ·· 2
第2章 发射光谱分析法 ··· 3
  2.1 基本原理 ··· 3
    2.1.1 发射光谱的基本原理 ·· 3
    2.1.2 经典光谱电光源的工作原理 ··· 4
    2.1.3 等离子体光谱光源的工作原理 ·· 5
  2.2 仪器结构与原理 ·· 6
    2.2.1 摄谱仪 ··· 7
    2.2.2 光电直读光谱仪 ··· 7
    2.2.3 基本实验技术 ·· 8
  2.3 实验部分 ··· 10
  实验1 岩石矿物试样光谱定性分析 ·· 10
  实验2 乳剂特性曲线的绘制 ··· 12
  实验3 Be、Cu 蒸发曲线的绘制 ··· 15
  实验4 试样中 Be 的定量分析 ··· 17
  实验5 ICP-AES 同时测定矿石中的 Al、Ti ·· 19
第3章 原子吸收光谱法 ·· 22
  3.1 基本原理 ··· 22
  3.2 原子吸收分光光度计结构 ··· 23
    3.2.1 光源 ··· 23
    3.2.2 原子化器 ··· 24
    3.2.3 光学系统 ··· 25
    3.2.4 检测与控制系统 ·· 26
    3.2.5 数据处理系统 ··· 26
  3.3 实验部分 ··· 27
  实验6 原子吸收分光光度计的使用及最佳测量条件的选择 ······················· 27
  实验7 原子吸收测定的干扰及其消除 ··· 30
  实验8 自来水中钙和镁的测定 ·· 33

实验 9　玻璃试样中钾、钠、钙、镁、铁的测定 ······ 35
实验 10　间接原子吸收光谱法测定水泥样品中的 SO_3 ······ 37
实验 11　石墨炉原子吸收光谱法测定血清样品中的铬 ······ 39

第 4 章　紫外-可见分光光度法 ······ 42
4.1　基本原理 ······ 42
4.1.1　吸收光谱的产生 ······ 42
4.1.2　紫外吸收光谱与分子结构的关系 ······ 43
4.1.3　光吸收定律 ······ 44
4.2　分光光度计结构 ······ 44
4.2.1　分光光度计组成 ······ 44
4.2.2　分光光度计的分类 ······ 46
4.3　实验部分 ······ 47
实验 12　有机化合物的吸收光谱及溶剂效应、取代基的影响 ······ 47
实验 13　2,4,6-三氯苯酚存在时苯酚含量的双波长分光光度法测量 ······ 49
实验 14　两组分混合物的同时测定 ······ 52
实验 15　配合物的组成及其稳定常数的测定 ······ 55
实验 16　甲基橙离解常数的测定 ······ 58

第 5 章　分子荧光光谱法 ······ 61
5.1　基本原理 ······ 61
5.1.1　荧光的产生 ······ 61
5.1.2　荧光激发光谱和发射光谱 ······ 61
5.1.3　荧光强度与浓度的关系 ······ 62
5.1.4　荧光的影响因素 ······ 62
5.2　荧光分析仪器结构 ······ 63
5.3　实验部分 ······ 64
实验 17　奎宁的荧光特性和含量测定 ······ 64
实验 18　胶束增敏荧光法测定铝 ······ 66
实验 19　同步荧光法同时测定色氨酸、酪氨酸和苯丙氨酸 ······ 68

第 6 章　红外光谱法 ······ 71
6.1　基本原理 ······ 71
6.2　红外光谱仪结构 ······ 73
6.3　制样技术 ······ 74
6.3.1　液体试样 ······ 74
6.3.2　固体样品 ······ 75
6.4　实验部分 ······ 77
实验 20　苯甲酸、乙酸乙酯的红外光谱测定 ······ 77
实验 21　用红外光谱法鉴别聚合物 ······ 79

第 7 章 电位分析法 ... 81
7.1 基本原理 ... 81
7.1.1 直接电位法 ... 81
7.1.2 电位滴定法 ... 82
7.2 仪器结构与原理 ... 82
7.2.1 直接电位法常用仪器 ... 82
7.2.2 电位滴定法常用仪器 ... 82
7.3 实验部分 ... 84
实验 22 电位法测量水溶液的 pH ... 84
实验 23 电位法测定水中及水泥中的微量氟 ... 87
实验 24 碘离子选择性电极电势选择性系数的测定 ... 89

第 8 章 库仑分析法和伏安法 ... 92
8.1 基本原理 ... 92
8.1.1 普通电解法与极谱分析 ... 92
8.1.2 迁移电流、残余电流及毛细管噪声 ... 93
8.1.3 极谱分析法的分类 ... 93
8.2 仪器结构与原理 ... 95
8.2.1 JP-2 型示波极谱仪 ... 95
8.2.2 LK2005A 型电化学工作站 ... 96
8.3 实验部分 ... 97
实验 25 库仑滴定法测定砷 ... 97
实验 26 单扫描示波极谱法测定铜和铅 ... 99
实验 27 催化氢波法同时测定痕量铂和铑 ... 100
实验 28 阳极溶出微分脉冲极谱法测定高纯 MgO 中的 Cu、Pb、Cd、Zn ... 102
实验 29 循环伏安法测定电极反应参数 ... 104
实验 30 对苯二酚的电化学行为及测定 ... 107

第 9 章 气相色谱法 ... 110
9.1 基本原理 ... 110
9.2 仪器结构与原理 ... 112
9.2.1 载气系统 ... 112
9.2.2 进样系统 ... 113
9.2.3 色谱柱 ... 113
9.2.4 检测系统 ... 114
9.2.5 数据处理系统 ... 116
9.3 实验部分 ... 116
实验 31 气相色谱的基本操作及进样练习 ... 116
实验 32 填充柱的制备 ... 118
实验 33 气-固色谱法分析 O_2、N_2、CO 及 CH_4 混合气体 ... 121

实验 34　校正归一法定量测定苯系物中各组分的含量 ················· 123
实验 35　双柱法定性及外标法定量测定未知组分的含量 ················ 126
实验 36　内标法定量分析正己烷中的环己烷 ·························· 128
实验 37　填充色谱柱的柱效测定及 H-u 曲线的测绘 ··················· 130
实验 38　载气流速及柱温变化对分离度的影响 ························ 133
实验 39　程序升温毛细管柱色谱法分析中药小茴挥发油中的反式茴香醚 ··· 135

第 10 章　高效液相色谱法 ··· 138
10.1　基本原理 ··· 138
10.1.1　吸附色谱 ··· 138
10.1.2　分配色谱 ··· 138
10.2　仪器结构与原理 ·· 139
10.2.1　高压输液泵 ··· 139
10.2.2　进样器 ··· 139
10.2.3　色谱柱 ··· 140
10.2.4　检测器 ··· 140
10.2.5　工作站 ··· 142
10.3　实验部分 ··· 142
实验 40　归一化法定量分析有机物中各组分的含量 ···················· 142
实验 41　内标法定量分析有机物中甲苯的含量 ························· 144
实验 42　液相色谱外标法定量分析有机物质的含量 ···················· 145
实验 43　二元梯度洗脱与恒定洗脱的对比 ····························· 147
实验 44　混合维生素 E 的正相 HPLC 分析条件的选择 ·················· 149
实验 45　混合维生素 E 的反相 HPLC 分析条件的选择 ·················· 152

第 11 章　质谱分析法 ··· 155
11.1　基本原理 ··· 155
11.2　仪器结构与原理 ·· 156
11.2.1　质谱仪的结构与工作原理 ····································· 156
11.2.2　质谱联用仪器 ··· 158
11.3　实验部分 ··· 159
实验 46　GC-MS 的调整和性能调试 ·································· 159
实验 47　GC-MS 定性分析有机混合物 ································ 162

第 12 章　离子色谱法 ··· 165
12.1　基本原理 ··· 165
12.1.1　离子交换色谱 ··· 165
12.1.2　离子排斥色谱 ··· 165
12.1.3　离子抑制色谱和离子对色谱 ··································· 166
12.2　仪器结构与原理 ·· 166
12.2.1　离子交换剂 ··· 167

12.2.2　电导检测器 ·· 167
　12.3　实验部分 ··· 169
　实验 48　自来水中阴离子的分析 ··· 169
　实验 49　啤酒中一价阳离子的定量分析 ··· 171

第 13 章　凝胶色谱分析法 ··· 174
　13.1　基本原理 ··· 174
　13.2　仪器结构与原理 ··· 174
　　13.2.1　仪器的结构 ·· 174
　　13.2.2　工作原理 ··· 175
　13.3　实验部分 ··· 177
　实验 50　凝胶色谱法测定高聚物的相对分子质量分布 ······················· 177

第 14 章　热分析法 ··· 182
　14.1　基本原理 ··· 182
　　14.1.1　热分析的定义 ··· 182
　　14.1.2　热分析法的技术基础 ·· 182
　　14.1.3　热分析特点 ·· 182
　14.2　仪器结构与原理 ··· 183
　　14.2.1　热重分析 ··· 183
　　14.2.2　差热分析 ··· 185
　　14.2.3　综合热分析 TG-DTA ·· 186
　14.3　实验部分 ··· 188
　实验 51　热重和差热分析 ··· 188

第 15 章　核磁共振波谱分析法 ·· 191
　15.1　基本原理 ··· 191
　　15.1.1　原子核的自旋 ··· 191
　　15.1.2　核磁共振现象 ··· 192
　15.2　核磁共振波谱仪简介 ·· 195
　15.3　实验技术 ··· 196
　15.4　实验部分 ··· 197
　实验 52　核磁共振波谱分析法测定苯佐卡因 ···································· 197

参考文献 ·· 200

附录 ·· 201
　附录 1　常见有机化合物的特征红外吸收 ··· 201
　附录 2　我国七种 pH 基准缓冲溶液的 pH_s ······································ 205
　附录 3　极谱半波电势表(25 ℃) ·· 206
　附录 4　不同温度下甘汞电极、Ag/AgCl 电极的电极电势(V) ················ 207

第1章 绪 论

1.1 仪器分析实验的目的与要求

仪器分析作为一种科学实验的手段,利用它可以获取所需要的信息。仪器分析实验的目的是通过实验教学,包括严格的基本操作训练、实验方案设计、实验数据处理、谱图解析、实验结果的表述及问题分析,使学生掌握仪器的原理、结构、各主要部件的功能及操作技能,了解各种仪器分析技术在科学研究和生产领域的应用,培养学生理论联系实际、利用掌握的知识解决问题的能力,培养学生良好的科学作风和独立从事科学实践的能力。要达到仪器分析实验教学的目的,要求学生在进行实验时,要认真、严格、严密,不仅要动手,而且要动脑,同组学生之间协作配合,指导教师要注意观察学生的实验过程,及时纠正学生的错误操作,从严要求每一个做实验的学生。具体要求如下:

(1) 实验之前,学生应做好预习工作,认真仔细地阅读实验教材及有关的知识,弄清楚实验目的、方法原理、实验所需溶液的配制方法、仪器操作程序、注意事项等,写出完整的实验预习报告。实验前由指导教师检查预习报告,若发现预习不够充分,应停止实验,要求熟悉实验内容之后再进行实验。

(2) 进入实验室,先检验核对实验试剂、溶液标签,所用仪器的规格和型号等,实验过程中,严格遵守仪器的操作规程,仔细观察并详细记录实验中发生的各种现象,认真记录实验条件和分析测试的原始数据,对于可疑的实验现象和实验数据,应认真查找原因,并重新进行测试,但已记录的原始数据不得删改,可以加以注释,以备查验。

(3) 实验结束,按要求先写仪器使用记录,整理好仪器及所用试剂,实验记录经指导教师签字确认后方可离开实验室。

1.2 仪器分析实验的学习方法

要达到上述实验目的,不仅要有正确的学习态度,而且要有正确的学习方法。仪器分析实验的学习方法可概括为以下几个方面。

1. 课前预习

预习是做好实验的前提。实验前要认真阅读本次实验内容及有关的知识,在明确实验目的、原理、操作步骤和注意事项的同时,认真思考思考题,写出预习报告,归纳出实验重点,将实验中要记录的实验数据及实验现象在实验记录本中以表格的形式列出,做到心中有数。

2. 课堂听讲

认真听取实验前的课堂讲解,积极回答教师提出的问题。仔细观察教师的操作示范,保证基本操作规范化。

3. 实验过程

按拟订的实验步骤操作,严格遵守仪器操作规程,积极动手操作仪器,既要大胆又要细心,仔细观察实验现象,认真测定数据,做好实验记录。实验中要勤于思考,善于分析,如发现实验现象或测定数据与理论不符,应尊重实验事实,并认真分析和查找原因。

4. 实验报告

做完实验仅是完成实验的一半,更重要的是进行数据整理和结果分析,把感性认识提高到理性认识。认真、独立完成实验报告,对实验数据进行处理(包括计算、作图),得出分析测定结果。对实验中出现的问题进行讨论,提出自己的见解,对实验提出改进方案。通过认真查阅资料,完成思考题。

1.3 实验报告的撰写要求与成绩评定

撰写实验报告是实验的延续和提高,学生不能只会照着现成的实验步骤操作,应该通过实验的总结,从中发现问题,并分析问题的原因,提出解决问题的办法,从而加深对知识的理解,还可以写出自己的体会和建议,帮助教师不断改进教学方法,提高仪器分析实验教学质量。

实验报告的书写应字迹端正、整齐清洁、内容完整,实验报告应包括实验名称、日期、实验目的、方法原理、所用仪器型号、试剂浓度、实验条件、操作步骤、实验数据、实验现象、实验数据处理、实验结果讨论和回答实验教材中提出的问题等。好的实验结果可以体现良好的实验能力和严谨的实验作风,但实验现象和结果出现异常,通过认真分析,查找原因,提出改进措施,同样可以达到实验的目的。

科学地评价学生的实验成绩可以提高学生实验的积极性,激发学生的学习热情。仪器分析实验成绩包括实验预习、实验操作、实验数据记录、实验结果处理和实验报告等。重点是学生的实验操作能力、发现问题和解决问题能力、获取和运用知识能力。因此,在实验过程中,积极动手、主动思考、实验后进行深入分析和总结是获得好的实验成绩的关键。

第 2 章 发射光谱分析法

2.1 基本原理

2.1.1 发射光谱的基本原理

原子或离子受热能、电能或光能作用时,外层电子得到一定能量,由低能级 E_1 跃迁到高能级 E_2。这时的原子(离子)处于激发态。给予原子(离子)的能量 $E=E_2-E_1$,称为激发能,其单位以电子伏特(eV)表示。处于激发态原子中的电子是不稳定的,它只能在高能态的轨道上停留约 10^{-8} s,然后自发跃迁到低能级轨道上。其能量以光的形式发射出来,形成一条谱线,其波长为

$$\lambda = \frac{hc}{E_2 - E_1} \tag{2-1}$$

式中,c 为光速,3×10^8 m·s^{-1};h 为普朗克常量,6.262×10^{-34} J·s;E_1 为低能级的电子能量,eV;E_2 为高能级的电子能量,eV。

处于高能级的电子也可经过几个中间能级跃迁回到原能级,这时可产生几种不同波长的光,在光谱中形成几条谱线。一种元素可以产生不同波长的谱线,它们组成该元素的原子光谱。由于不同元素的电子结构不同,因而其原子光谱也不同,具有明显的特征。例如,钾元素的原子光谱中有波长为 766.49 nm 的强度很高的谱线,钠元素在 588.99 nm 和 589.59 nm 处有两条强度很高的谱线,这些谱线的出现表征了试样中有该元素的存在。然而,人们观察到各元素的所有光谱线并不是在任何条件下都同时出现,当然理论上也可计算它们的跃迁概率。例如,镉在某条件下,当它的含量为 1%时,有 14 条谱线出现;含量为 0.1%时,有 10 条谱线;含量为 0.01%时,有 7 条谱线;含量为 0.001%时,仅有 2 条谱线出现,它们的波长分别为 226.50 nm 和 228.80 nm,这两条谱线称为镉的最后线,又称灵敏线。根据它们即可进行定性分析,判断试样中是否有该元素的存在。这些元素含量很低但仍然出现的光谱线一般是共振线,或激发电位最低的谱线,这样的谱线跃迁概率是最大的。当然也有跃迁概率较大但不是共振线的。元素的灵敏线在许多光谱分析书籍和手册中均可查到。

光谱定量分析的基础是光谱线强度和元素浓度的关系,通常利用罗马金和赛伯所提出的经验公式:

$$I = Ac^b \tag{2-2}$$

式中,b 为自吸收系数;I 为谱线强度;c 为元素含量;A 为发射系数。

发射系数 A 与试样的蒸发、激发和发射的整个过程有关,与光谱类型、工作条件、试样组分、元素化合物形态以及谱线的自吸收现象也有关,由激发电位及元素在光源中的浓度等因素决定。元素含量很低时,谱线自吸收很小,这时 $b=1$;元素含量较高时,

谱线自吸收较大,这时 $b<1$。$I=Ac^b$ 校正曲线只有当 $b=1$ 时才是直线,$b<1$ 时是曲线。当用式(2-2)的对数形式时,只要 b 是常数,就可得到线性的工作曲线。在经典光源中用电弧光源时自吸收比较显著,一般用对数形式绘制校正曲线。而在等离子体光源中,在很宽的浓度范围内 $b=1$,故用其非对数形式绘制校正曲线仍可获得良好的线性关系。

2.1.2 经典光谱电光源的工作原理

光源的作用主要是提供试样蒸发和激发所需要的能量,使其产生光谱。光谱分析要求光源提供足够的能量,以获得良好的灵敏度。其次,稳定性和重现性也是十分重要的。长期以来,发射光谱一直使用电弧光源和火花光源。

1. 直流电弧光源

直流电弧发生器的原理如图 2-1 所示。直流电源 E 由全波整流器供给,电压为 220~380 V,电流为 5~30 A,镇流电阻 R 用于稳定和调节电弧电流的大小;可变电感 L 用于降低电流的波动;分析间隙 G 由两个电极组成,其中一个电极装有试样。

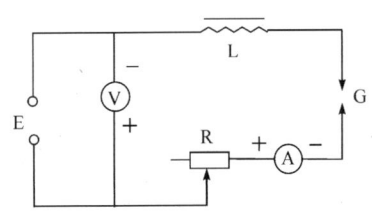

图 2-1 直流电弧发生器
R-可变电阻;L-可变电感;G-分析间隙

电弧的点燃方式有高频引弧法和接触引弧法两种。其作用原理是电极间隙气体电离形成导体,将气体加热而形成电弧放电。在用碳作电极的情况下,电弧弧柱温度可达 4000~7000 K,可将试样充分蒸发并激发发光。

直流电弧光源的特点是电极的温度高,有利于难熔化合物的蒸发;分析的绝对灵敏度很高,适于痕量元素的定性分析和半定量分析。其缺点是电弧放电的稳定性差,分析重现性不好。

2. 高压火花光源

高压火花光源的原理如图 2-2 所示。升压变压器 B 把 220 V 的电流升高到 10~25 kV,同时向可变电容 C 充电。当 C 上电压达到辅助间隙 G' 的击穿电压时,G' 间隙的空气被电离而导电,此时,C 通过 G' 及电感 L 向电阻 R 放电,在 R 上形成电压降,把分析间隙 G 击穿形成 C-G'-G-L 放电回路,回路的振荡周期 $T=2\pi CL$,通常此周期为 $10^{-5}\sim 10^{-4}$ s。

高压火花光源的特点是激发温度高,一般可达到 20 000~40 000 K,适合难激发元素的分析,在电火花高压中离子线强度高,原子线强度低,光谱背景较强。由于电极温度

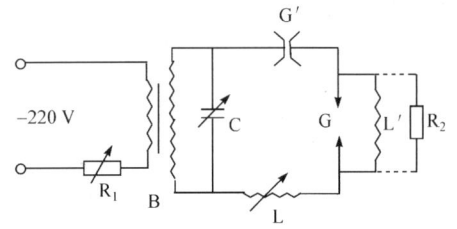

图 2-2 高压火花发生器
R_1-可变电阻;B-升压变压器;C-可变电容;L-可变电感;G-分析间隙;G'-辅助放电间隙;R_2-电阻

低,因此试样蒸发温度低,试样蒸发量少,绝对灵敏度低,不适合定性分析,适合定量分析。

3. 低压交流电弧光源

低压交流电弧光源的原理如图2-3所示。它是由高频引燃回路Ⅰ和电弧回路Ⅱ组成。高频引燃回路是由变压器B_1、引燃间隙G'、振荡电容C_1和电感L_1组成。其工作原理和高压火花放电回路相似。电弧回路由电阻R_2、电感L_2、分析间隙G及旁路电容C_2组成。高频引燃回路产生的高频振荡电流通过L_1在L_2上产生感应电流,从而击穿分析间隙G,产生低压电弧放电。

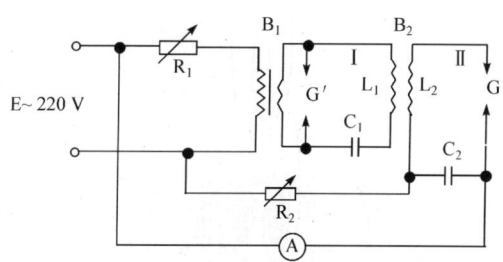

图 2-3 低压交流电弧发生器

R_1、R_2-可变电阻;B_1、B_2-变压器;C_1-振荡电容;C_2-旁路电容;L_1、L_2-电感;G-分析间隙;G'-引燃间隙

低压交流电弧光源的特点是其稳定性显著优于直流电弧光源,重现性及精密度较好,适用于光谱定量分析。又因其电极温度较高压火花光源高,试样蒸发量也较高,故灵敏度比高压火花光源好,可用作光谱定性分析,但其灵敏度低于直流电弧光源。

2.1.3 等离子体光谱光源的工作原理

等离子体是含足量的自由带电粒子,其动力学行为受电磁力支配的宏观电中性电离气体,其电离度大于0.1%。在原子发射光谱分析中常用的等离子体光源是电感耦合等离子体(inductively coupled plasma,ICP),其工作原理简介如下。

ICP是气体电离而形成的。形成等离子体必须具备高频电磁场、工作气体(通常用纯氩气)及等离子体炬管。当氩气流经等离子体炬管时,高频电源感应产生的电磁场使氩气电离,形成由电子、离子和原子组成的导电气体。气体的涡流区温度高达10 000 K左右,成为试样原子化和激发发光的热源。ICP形成后的外观类似燃烧的火焰,故称ICP焰炬。由高频电磁场感应产生的环形涡流区是能源输入的地区,强度最高,温度可以达到10 000 K以上,发出耀眼的白光,中心通道是试样气溶胶流过和发射光谱的区域,它具有原子化和激发所需的适宜温度,通常为4000~6000 K。尾焰是等离子体上部温度较低的区域。作为发射光谱光源的等离子体,通常分成3个区域:预热区(PHZ)、标准分析区(NAZ)和初始辐射区(IRZ)。PHZ在ICP焰炬的最下端,试样气溶胶的入口处,该区只有几毫米高。试样气溶胶与高温等离子体在该区相遇,除去溶剂,接着固体熔融蒸发,蒸气进一步转变为原子。IRZ延伸到高频负载线圈以上6~12 mm,这取决于等离子体运行参数。该区比PHZ温度高,有足够能量将PHZ中形成的原子激发到较高能级,得到较强的原子发射线。NAZ 从 IRZ 的顶部延伸到负载线圈上约 20 mm,其高度仍取决于等离子体操作参数。在轴向通道区域,有些试样原子被电离和激发,得到强度较高的原子谱线和离子线,这个区域是 ICP 分析中最常用的区域。再往上是尾焰,该区等离子体焰已开始冷却,试样原子开始向外移动,轴向通道不再有明显界限。尾焰是较低能级跃迁的原子的扩散区。大气的夹杂物可导致产生可见的氢带和氧化物谱带的发射,因此降低了利用该区域进行可靠分析的可能性。图 2-4 为 ICP 的形成原理图。

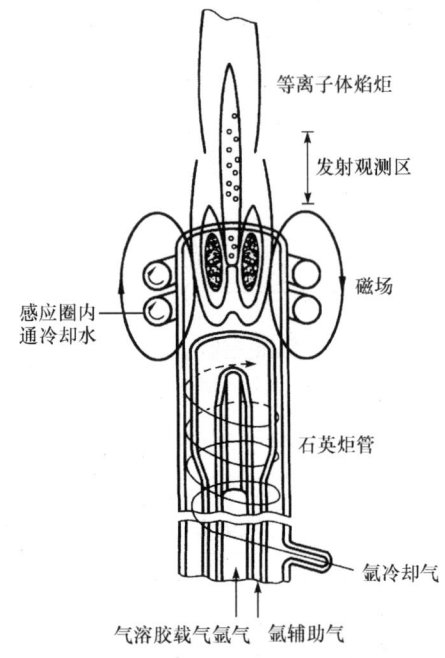

图 2-4 ICP 的形成原理图

2.2 仪器结构与原理

光谱分析的仪器种类繁多,而且随着科学技术的发展,对分析测试技术的要求越来越高,因此对相应仪器的功能要求更高。为适应各种繁杂的分析测试任务,仪器的更新换代日新月异。但不管如何更新,仪器结构的基本框架仍然大同小异。图 2-5 为原子发射光谱仪结构示意图。

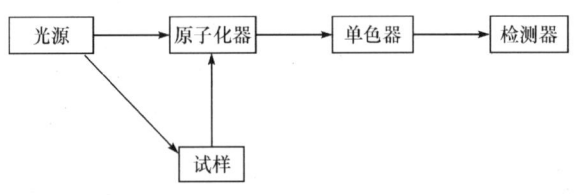

图 2-5 原子发射光谱仪结构示意图

光谱仪和它的分析方法都有共同特点:从理论上讲,同属于原子光谱,其实质都是原子核外电子(外层或内层)的跃迁;从仪器上看,都是由光源、原子化器、单色器和检测器(包括记录系统)四个部分组成。目前已有省略光学分光装置的能量色散仪,且广泛应用于很多领域的定性定量分析。

2.2.1 摄谱仪

摄谱仪是用光栅或棱镜作为散射元件,用照相法记录光谱的原子发射光谱仪。图 2-6 为国产 WSP-100 型一米平面光栅摄谱仪的光路图。

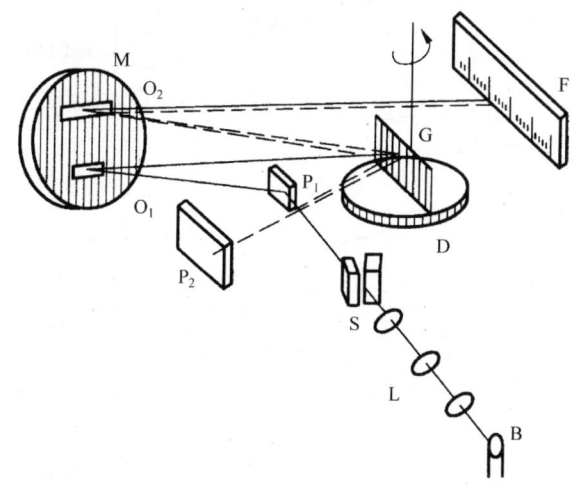

图 2-6 国产 WSP-100 型一米平面光栅摄谱仪的光路图

由光源 B 来的光经三透镜 L 及狭缝 S 投射到反射镜 P_1 上,经反射镜之后投射到凹面反射镜 M 下方的准光镜 O_1 上,变为平行光,再射至平面光栅 G 上。波长长的光,衍射角大;波长短的光,衍射角小。复合光经过光栅色散之后,按波长顺序分开。不同波长的光由凹面反射镜上方的物镜 O_2 聚焦于感光板的乳剂面 F 上,得到按波长顺序展开的光谱。转动光栅台 D,改变光栅角度,可以调节波长范围和改变光谱级次。P_2 是二级衍射反射镜,图 2-6 中虚线表示衍射光路。为了避免一级和二级衍射光互相干扰,在暗箱前设一光栏,将一级衍射光谱挡掉。不用二级衍射时,转动挡光板将二级衍射反射镜 P_2 挡住。光栅光谱利用的是非零级光谱。

利用光栅摄谱仪进行定性分析十分方便,且该类仪器的价格较便宜,测试费用也较低,感光板所记录的光谱可长期保存,因此目前应用仍十分普遍。

2.2.2 光电直读光谱仪

光电直读光谱仪分为多道直读光谱仪、单道直读光谱仪和全谱直读光谱仪三种。前两种仪器采用光电倍增管作为检测器,后一种采用电感耦合检测器(CCD)。在此只介绍单道直读光谱仪。

图 2-7 为典型的单道直读光谱仪的简化光路图。从光源发出的光穿过入射狭缝后,反射到一个可以转动的光栅上,该光栅将光色散后,经反射使某一条特定波长的光通过出射狭缝投射到光电倍增管上进行检测。光栅转动至某一固定角度时只允许一条特定波长的光线通过该出射狭缝,随光栅角度的变化,谱线从该狭缝中依次通过并进入检测器检测,完成一次全谱扫描。

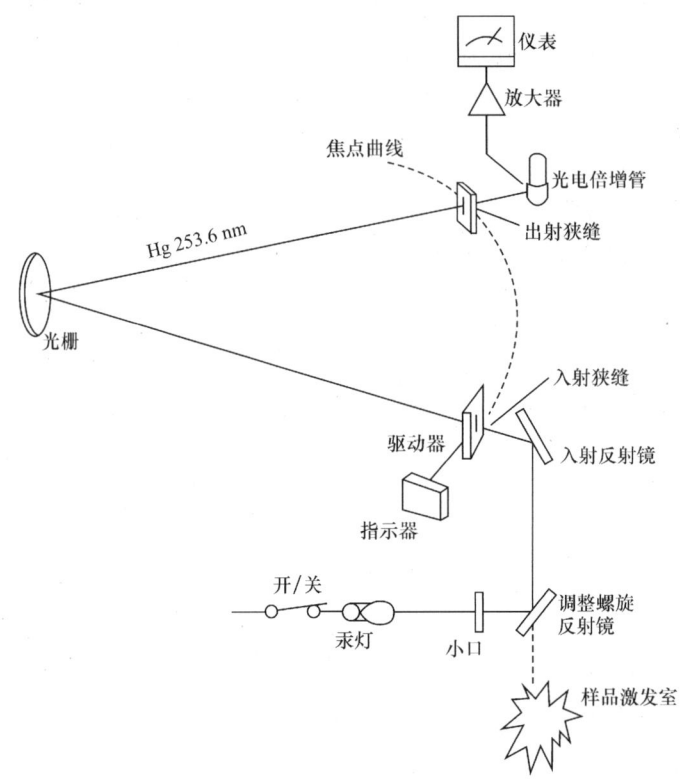

图 2-7　单道直读光谱仪的简化光路图

和多道光谱仪相比,单道直读光谱仪波长选择更为灵活方便,分析样品的范围更广,适用于较宽的波长范围。但由于完成一次扫描需要一定时间,因此分析速度受到一定限制。

2.2.3　基本实验技术

1. 感光板的裁剪和装盒

感光板的启封、裁剪、装盒及包装工作都需在暗室的暗红灯下进行。获得大小和暗盒相符的感光板途径有两个:一是按暗盒尺寸向生产厂家订货;二是将感光板放在光滑的切板架上用玻璃刀切割获得。切板架可根据具体要求自行设计制作。切割时为了防止划伤乳剂面,最好在切板架上铺一层洁净光滑的纸,切割时乳剂面(不光滑面)朝下,沿着压在感光板上的尺寸轻轻地用玻璃刀一次性单向切割玻璃表面,不必用力过猛,更不能在同一位置上连续两次,以免损坏刀刃,然后沿切割处向下折断玻璃,再反向折断乳剂面,拿板时手指不能触及乳剂面,否则会在乳剂面上留下痕迹。

将感光板乳剂面对着受光面放入暗盒,盖上暗盒盖,适当地拧紧暗盒后盖上的固定钮,太松会漏光,太紧则损坏固定钮,装好后应检查挡板是否关紧。剩余的感光板按原包装方法用纸包好装入盒内,且勿撕碎纸角及盒角以防漏光。整盒感光板启开后应尽快用完。摄谱时应先抽开暗盒前的挡板,使感光板乳剂面朝向光路后就可摄谱。

2. 摄谱条件的选择

光谱分析的灵敏度较高,因此分析过程中除选择适当的光源、电极外,还应考虑选择狭缝宽度、感光板的灵敏度、曝光时间及摄谱仪色散率等。狭缝宽度一般以 $5\sim10~\mu m$ 为宜,太宽会使谱线变粗而彼此易于重叠,太窄会降低灵敏度。感光板的灵敏度要高,不能使用已过期的感光板。曝光时间的长短一定要控制在使谱线的黑度落在乳剂特性曲线的线性范围内。摄谱仪应选用大色散率的,色散率大,则谱线彼此分得开,易于分辨。但对不太复杂的试样,应用色散率不太大的中型摄谱仪即可。

为了使试样挥发、激发完全,通常使用 $5\sim25$ A 的大电流。对难熔物质则使用更大的电流,在打弧过程中,为了使易挥发元素和难挥发元素的光谱分开,一般先用小电流打弧一段时间,再升高为大电流将试样蒸发完。如果一开始用大电流打弧则使易挥发元素迅速挥发,以致来不及激发就失散了。如果始终用小电流,则在打弧之后难挥发元素仍留在石墨电极孔中,得不到准确的分析结果。试样挥发是否完全可由电弧的声音和颜色判断,当试样挥发完全时,电弧发出噪声并呈紫色,同时电流下降。

电极形状对被测元素的挥发也有很大的影响,定性分析时一般使用 2.5 mm(孔径)×2 mm(孔深)×(0.5~0.7)mm(壁厚)的孔穴。定量分析时一般使用 4.0 mm(孔径)×(4~10)mm(孔深)×(0.1~0.4)mm(壁厚)的孔穴。在测定难挥发的元素时又需把孔适当变浅,以免因孔深而使挥发时间过长,导致背景过深。

3. 感光板的暗室处理

1) 显影液的配制

取温度不超过 50 ℃的蒸馏水放入烧杯中,然后依次用台秤称取 2.3 g 米吐尔、55 g 无水亚硫酸钠、11.5 g 海德路,按称量顺序逐一将药品溶入水中,溶完后若溶液中有少量不溶物则可进行过滤,滤后的溶液定容至 1000 mL 棕色瓶中,即为(A+B)显影液的 A 溶液。再另取一烧杯放入 500 mL 温度不超过 50 ℃的蒸馏水,然后依次用台秤称取 57 g 无水碳酸钠、7 g 溴化钾,按称量顺序逐一将药品溶入水中,溶完后若溶液中有少量不溶物则可进行过滤,滤后的溶液定容至 1000 mL 棕色瓶中,即为(A+B)显影液的 B 溶液。显影之前将 A 液和 B 液按 1∶1(体积比)混合后使用。

2) 定影液的配制

取温度不超过 50 ℃的蒸馏水放入烧杯中,然后依次称(量)取 240 g 硫代硫酸钠、15 g 无水亚硫酸钠、15 mL 冰醋酸、7.5 g 硼酸、15 g 钾明矾,按称量顺序逐一将药品溶解。注意在加入中和剂乙酸和硼酸时,乙酸一定要稀释后再加入,这样可防止硫代硫酸钠的分解而不致使定影液变黄。硼酸可用少量热水溶解后再加入。配制时一定要使前一种试剂溶解后再加入下一种试剂,试剂全部溶解后定容至 1000 mL 容量瓶中。

3) 感光板的冲洗

感光板的冲洗主要由以下 5 个步骤构成。

(1) 显影:显影时先将适量的显影液倒入塑料方盘,将感光板乳剂面向上浸没在显影液中,轻轻晃动方盘,以克服局部浓度的不均匀,20 ℃时在暗室的红暗灯下显影 4 min。

(2) 停影:为了保护显影液显影后的感光板,可先在稀乙酸溶液中漂洗(每升含乙酸溶液 15 mL)或用清水洗,使显影停止。然后浸入定影液中,停影操作也应在暗红灯下进行,在 18~25 ℃时漂洗 1 min。

(3) 定影:在 20 ℃时将适量的 F-5 酸性坚膜定影液倒入另一塑料方盘,感光板乳剂面向上浸入其中,定影开始应在暗红灯下进行,5 min 后可在红灯下观察,新配制的定影液约 10 min 就能观察到乳剂通透(感光板变得透明),一般情况下定影 10~15 min 即可。

(4) 水洗:定影后的感光板需在室温的水流中淋洗 15 min 以上,淋洗时乳剂面向上充分洗除残留的定影液,否则谱板在保存过程中会变黄而损坏。

(5) 干燥:谱片应在干净的架上自然晾干,如需快速干燥可在乙醇中浸一下,再用吹风机用冷风吹干。乳剂面不宜用热风吹,因为 30 ℃以上的温度会使乳剂软化起皱而损坏。

2.3 实 验 部 分

实验 1　岩石矿物试样光谱定性分析

一、实验目的

(1) 掌握定性分析的基本原理及常用的分析方法。
(2) 学习正确使用摄谱仪和投影仪。
(3) 掌握铁光谱比较法定性判别未知试样中所含的元素。
(4) 了解岩石矿物试样中可能存在的各种元素。

二、实验原理

每种元素的原子受激发时,将发射出其特征的光谱,具有最低激发电势的谱线称为最灵敏线。根据最灵敏线出现与否,可确定试样中是否有该元素存在,利用这一特性可对各种试样进行光谱定性分析。为了便于识别谱线的波长位置,通常用铁光谱作为波长标尺,将高纯铁棒或铁粉与试样并列摄谱,把摄得的谱板置于投影仪上放大 20 倍与谱线图进行比较。如果某些元素的最灵敏线出现,则证明试样中存在这些元素。

三、仪器与试剂

1. 仪器

WPG-100 型一米平面光栅摄谱仪;8W 型光谱投影仪;天津产紫外Ⅱ型光谱感光板;铁电极;光谱纯石墨电极($\Phi 6$ mm);下电极制有样品穴,内径 3.5 mm、深 4 mm、壁厚 0.7 mm;上电极制成圆锥形;元素发射光谱图及元素波长表。

2. 试剂

(A+B)显影液;停影液;F-5 酸性坚膜定影液;乙醇;定性分析试样(岩石矿物磨细 200 目)。

四、实验步骤

1. 电极及样品的制备

将光谱纯石墨棒加工成圆头石墨电极作上电极,下电极制有样品穴,内径 3.5 mm、深 4 mm、壁厚 0.7 mm。制备样品。

2. 感光板装盒

在暗室装感光板,感光板的乳剂面朝下。

3. 摄谱

(1) 拟订摄谱计划:摄谱仪狭缝宽度为 7 μm,中间光栏 2 mm(从小的数第四挡),中心波长为 300 nm,光栅台转角、狭缝倾角、调焦量等需参照仪器说明书进行调节。用 12 A 的交流电弧,将上、下电极净化 10 s,取下放入电极盘中,冷却后下电极装上样品待摄谱时用(上、下电极要一同净化)。光源为电弧。

(2) 铁谱的拍摄:将铁棒与锥形石墨电极分别置于上、下电极架上,并通过对光灯调整电极间距离,使其在中间光栏上的距离为 4~6 mm(电极间的实际距离不得超过 8 mm,任何时候都应保持电极架上有电极,并且间距不得大于 8 mm)。将狭缝前的哈特曼光栏调到"2、5、8"处。控制电流为 8 A,预燃 7 s,曝光 5 s(可先关上谱板盒,盖上狭缝盖多练习几次实验操作),然后打开谱板盒挡板和狭缝盖,控制电流为 8 A,预燃 7 s,曝光 5 s,铁谱拍摄完毕。

(3) 样品的拍摄:将哈特曼光栏转至"3"的位置。将净化好的圆锥形石墨电极作为上电极、杯形电极装上已处理好的试样作为下电极分别置于上、下电极架上。先打开谱板盒挡板和狭缝盖,控制交流电弧的电流为 8 A,曝光 30 s,然后在电弧继续燃烧的情况下,迅速将哈特曼光栏转至"4"的位置,曝光至样品全部燃烧完毕(通过电弧声音判断)。如果要重复摄谱,将哈特曼光栏转至"6"和"7"的位置,按照上面的实验条件进行即可。

4. 感光板的暗室处理

取下谱板盒,进入暗室,将谱板从谱板盒中取出,让感光板乳剂面向上浸没在(A+B)显影液中,轻轻晃动方盘,以克服局部浓度的不均匀,20 ℃时在暗室的红暗灯下显影 4 min。为了保护显影液显影后的感光板,可先用停影液或清水洗,使显影停止,再将感光板乳剂面向上放入定影液中,定影至透明为止(一般为 10~15 min)。定影后的感光板需在室温的水流中淋洗 15 min 以上,淋洗时乳剂面向上,充分洗除残留的定影液,否则谱板在保存过程中会变黄而损坏。谱板可自然晾干,如需快速干燥可在乙醇中浸一下,再用吹风机用冷风吹干。乳剂面不宜用热风吹,30 ℃以上的温度会使乳剂软化起皱而损坏。

5. 译谱

(1) 熟悉投影仪的结构及使用方法。

(2) 将晾干的谱板放在投影仪上,调焦至谱线清晰为止,然后把元素发射光谱图中的铁光谱特征谱线组并与所摄的铁谱对照。

(3) 译谱是从短波方向向长波方向逐一查找各可能存在元素的光谱最灵敏线是否存在,从而确定试样中可能存在的元素。

五、结果处理

(1) 列出分析元素选用的灵敏线或特征线组的波长。

(2) 确定试样中的主要成分及微量杂质。

六、思考题

(1) 为什么要净化电极?

(2) 为什么要摄铁谱?作用是什么?

实验 2　乳剂特性曲线的绘制

一、实验目的

(1) 了解乳剂特性曲线在光谱分析中的意义。

(2) 掌握用阶梯减光板和铁谱线组绘制乳剂特性曲线的方法。

(3) 熟悉测微光度计的使用方法。

二、实验原理

摄谱法光谱定量分析是将光谱记录于感光板上,然后利用其光谱线的变黑程度以表示谱线的强度。感光板上谱线的变黑程度和曝光的强度、曝光的时间、谱线的波长、感光板乳剂的种类、显影液的成分和显影的条件等有关。当其他条件都固定以后,感光

板上谱线的黑度 S 和曝光量 H 的对数的关系可以采用图解法表示，即乳剂特性曲线（图 2-8）。图中有一段成正比的直线部分，就是光谱定量分析中常采用的黑度范围。

本实验以强度标法中常用的阶梯减光板法或铁谱线组法绘制乳剂特性曲线。

阶梯减光板法是在一块很薄的石英片上，在真空中镀上厚薄不同的铂层，由于铂层厚度不同，因此各阶梯的透过度各不相同，制成阶梯减光板（常用为九阶梯减光板）。当同一谱线经过阶梯减光板后，会得到一系列不同透射光的强度 I_i，由于

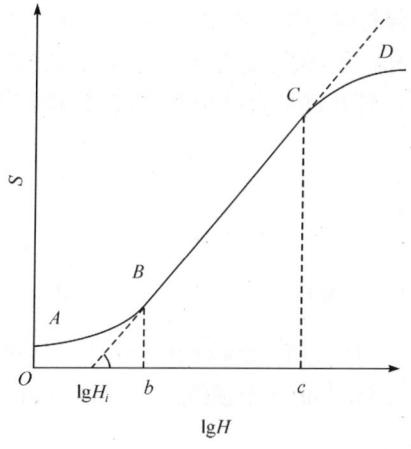

图 2-8 乳剂特性曲线

$$I_i = T_i I_0 \tag{2-3}$$

式中，T_i 为某一阶的透光率；I_0 为谱线未减弱的光强度。因此可获得不同强度的谱线。由于曝光量 H 与光强度 I 成正比，因此可用 $\lg I$ 直接对 S 作图绘制乳剂特性曲线。

铁谱线组法是基于选定铁谱线组的相对强度是已知的，且这些谱线是属于强度不同的同一元素的多重线系，故可用这些谱线的 $\lg I$ 对 S 作图绘制乳剂特性曲线。乳剂特性曲线的制作方法如图 2-9 所示。

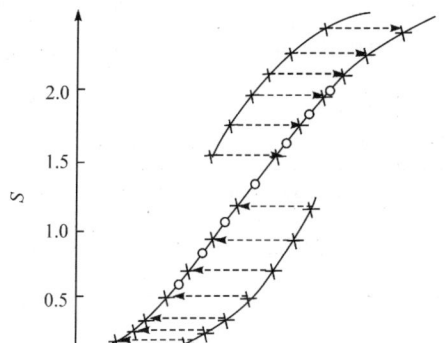

图 2-9 制作完整的乳剂特性曲线

三、仪器与试剂

1. 仪器

WPG-100 型一米平面光栅摄谱仪；8W 型光谱投影仪；9W 测微光度计；天津产紫外 I 型光谱感光板；铁电极；光谱纯石墨电极（$\Phi 6$ mm）。

2. 试剂

（A+B）显影液；停影液；F-5 酸性坚膜定影液；乙醇。

四、实验步骤

1. 摄谱条件

将铁棒与锥形石墨电极分别置于上、下电极架上，并通过对光灯调整电极间距离，使其在中间光栏上的距离为 4~6 mm（电极间的实际距离不得超过 8 mm，任何时候都

应保持电极架上有电极,并且间距不得大于 8 mm)。将狭缝前的哈特曼光栏调到九阶梯减光板处,狭缝宽度为 7 μm,中间光栏 2 mm(从小的数第四挡),中心波长为 300 nm。然后打开谱板盒挡板和狭缝盖,控制电流为 8 A,预燃 7 s,曝光 5 s,拍摄完毕。

2. 感光板的暗室处理

具体处理方法见实验 1。

3. 看谱

将已摄有九阶梯铁谱线的干板放在投影仪上,选择一组谱线 Fe 278.8 nm(强线)、Fe 285.2 nm(中强线)、Fe 284.9 nm(弱线),作好记号,并记录其波长以测量其相应的黑度。

4. 黑度测量

将干板置于测微光度计上。测量条件:狭缝宽度 16 μm,狭缝高度 12 mm。调节谱线至清晰,分别测量已选定的三组谱线各不同阶梯的黑度,并按表 2-1 记录所测量的黑度。

表 2-1　谱线黑度测量记录

阶梯号	透光率/%	278.8 nm	285.2 nm	284.9 nm
1	100			
2	65			
3	49			
4	35			
5	23			
6	14			
7	8			
8	5			
9	100			

五、结果处理

(1)将九阶减光板的不同透光率列入表 2-1,换算成 $\lg I$,然后以 $\lg I$ 为横坐标,S 为纵坐标,在方格纸上画出各自的乳剂特性曲线。以其中较直的曲线为基线,将其他两条曲线分别平移至基线上,最后绘制乳剂特性曲线。

(2)从绘制的乳剂特性曲线求出感光板的反衬度 r 值。

六、思考题

(1)绘制乳剂特性曲线的意义是什么?

(2) 乳剂特性曲线在光谱分析中有哪些应用？

实验 3　Be、Cu 蒸发曲线的绘制

一、实验目的

(1) 学会使用交流电弧光源制作 Be、Cu 的蒸发曲线。
(2) 掌握通过被测元素与内标元素的蒸发曲线选择定量分析的最佳曝光时间。

二、实验原理

在光源热效应的作用下，试样物质蒸发进入等离子区，然后激发发光。试样的蒸发和激发是非常复杂的物理过程，也是发射光谱分析极其重要的过程。描述元素蒸发速度的简单方法是绘制元素的蒸发曲线。元素的蒸发曲线是谱线强度随时间而变化的曲线。在摄谱中，通常用定时移动感光片的方法记录各个相等时间的积分强度（照相黑度），即可绘制蒸发曲线。

在分析岩石矿物时，将少量的粉末试样装入电极孔穴中，试样各组分在弧焰中的蒸发速度不同，沸点低的物质先蒸发，沸点高的物质后蒸发。可以根据元素先后蒸发的情况确定曝光时间和内标元素。

三、仪器与试剂

1. 仪器

WPG-100 型一米平面光栅摄谱仪；8W 型光谱投影仪；天津产紫外 I 型光谱感光板；铁电极；光谱纯石墨电极（$\Phi 6\ mm$）；下电极制有样品穴，内径 3.5 mm、深 4 mm、壁厚 0.7 mm；上电极制成圆锥形。元素发射光谱图及元素波长表。

2. 试剂

（A+B）显影液；停影液；F-5 酸性坚膜定影液；乙醇；分析试样（岩石矿物磨细 200 目）。

四、实验步骤

1. 铁谱拍摄

将铁棒与锥形石墨电极分别置于上、下电极架上，狭缝宽度为 $7\ \mu m$，中间光栏 2 mm（从小的数第四挡），中心波长为 300 nm。并通过对光灯调整电极间距离，使其在中间光栏上的距离为 4～6 mm（电极间的实际距离不得超过 8 mm），将狭缝前的哈特曼光栏调到"1"处，打开谱板盒挡板和狭缝盖，控制电流为 8 A，预燃 7 s、曝光 5 s，铁谱拍摄完毕。

2. 试样的拍摄

将净化好的圆锥形碳电极作为上电极、杯形电极装上已处理好的试样作为下电极分别置于上、下电极架上,狭缝宽度为 12 μm,中间光栏 0.8 mm(从小的数第一挡),中心波长为 300 nm。控制电流为 10 A,开始曝光:每隔 10 s 移动谱板 1 mm(或转动一次哈特曼光栏)直到样品全部燃烧完全为止。

3. 感光板的暗室处理

具体处理方法见实验 1。

4. 看谱

将已摄谱的干板放在投影仪上,选择一组谱线 Be 234.86 nm、Cu 232.99 nm,作好记号,并记录其波长以测量其相应的黑度。

5. 黑度测量

将干板置于测微光度计上。测量条件:狭缝宽度 16 μm,狭缝高度 12 mm。调节谱线至清晰,分别测量已选定的两组谱线各不同时间的黑度,并按表 2-2 记录所测量的黑度。

表 2-2 谱线黑度测量记录

时间/s S 元素	Cu (232.99 nm)	Be (234.86 nm)
10		
20		
30		
40		
50		
60		
70		

五、结果处理

以时间为横坐标,谱线的黑度 S 为纵坐标,在坐标纸上画出各自的蒸发曲线。

六、思考题

(1) 绘制蒸发曲线的意义是什么?

(2) 对 Cu 作内标,对 Be 进行光谱定量分析的曝光时间的作用是什么?

实验 4 试样中 Be 的定量分析

一、实验目的

(1) 了解光谱定量分析的原理及三标准试样法的分析方法。
(2) 了解测微光度计的结构原理及使用方法。

二、实验原理

为了提高定量分析的准确度,通常测量谱线的相对强度。在测量谱线相对强度时,必须引入一根比较线——内标线。分别测量分析线与内标线的强度,然后求出它们的比值。在适当选择实验条件之后,分析线对的强度比不受工作条件变化的影响,只随试样中元素含量变化而变化,因而本方法能够提高分析的准确度。光谱定量分析是根据试样中欲测元素的谱线强度与该元素在试样中浓度的线性关系来确定的。可用经验公式表示:

$$I = ac^b \tag{2-4}$$

两边取对数,得

$$\lg I = \lg a + b\lg c \tag{2-5}$$

式中,a 为常数,它与试样的蒸发、激发过程和试样组成等有关;b 为自吸系数,在低浓度时 $b=1$。

在实际工作中为了克服实验条件变化对测定准确度的影响,因此采用测定相对强度的方法,即

$$\lg \frac{I_a}{I_s} = b\lg c + \lg A \tag{2-6}$$

$$\Delta S = S_a - S_s = rb\lg c + r\lg A$$

式中,I_a 和 S_a 分别为分析线的强度和黑度;I_s 和 S_s 分别为内标线的强度和黑度;c 为试样的浓度。

配制三个以上的标样,以 ΔS 为纵坐标、$\lg c$ 为横坐标作工作曲线,测出试样中待测元素分析线对的黑度,从工作曲线上求出试样中待测元素的含量。

三、仪器与试剂

1. 仪器

WPG-100 型一米平面光栅摄谱仪;8W 型光谱投影仪;天津产紫外 I 型光谱感光板;铁电极;光谱纯石墨电极($\Phi 6$ mm);下电极制有样品穴,内径 3.5 mm、深 4 mm、壁厚 0.7 mm;上电极制成圆锥形。元素发射光谱图及元素波长表。

2. 试剂

(A+B)显影液;停影液;F-5 酸性坚膜定影液;乙醇。

标准试样的配制：根据试样的组成配制基体为 SiO_2 64%、NaCl 3.5%、MgO 4.5%、$CaCO_3$ 7%、Al_2O_3 20%、Fe_2O_3 1%；用基体配成含 Be 1%的标样，然后用基体逐级稀释，标准系列含 Be 分别为 0.01%、0.03%、0.1%、0.3%；缓冲剂为 CuO：碳粉＝38：20(质量比)；然后样品与缓冲剂按 1：29(质量比)混合备用。

四、实验步骤

1. 铁谱拍摄

将铁棒与锥形石墨电极分别置于上、下电极架上，狭缝宽度为 7 μm，中间光栏 2 mm(从小的数第四挡)，中心波长为 300 nm。并通过对光灯调整电极间距离，使其在中间光栏上的距离为 4～6 mm(电极间的实际距离不得超过 8 mm)。将狭缝前的哈特曼光栏调到"1"处，打开谱板盒挡板和狭缝盖，控制电流为 8 A，预燃 7 s、曝光 5 s，铁谱拍摄完毕。

2. 试样的拍摄

将净化好的圆锥形石墨电极作为上电极、杯形电极装上已处理好的试样作为下电极分别置于上、下电极架上，狭缝宽度为 12 μm，中间光栏 1 mm（从小的数第二挡），中心波长为 300 nm。控制电流为 10 A，曝光：预燃 10 s、曝光 30 s，每个标准样装两个电极，试样也装两个电极，在相同的条件下进行摄谱，每摄谱一次移动谱板 1 mm（或转动一次哈特曼光栏）。

3. 感光板的暗室处理

具体处理方法见实验 1。

4. 看谱

将已摄谱的干板放在投影仪上，选择一组谱线 Be 234.86 nm、Cu 232.99 nm，作好记号，并在相应波长处测量其相应的黑度。

5. 黑度测量

将干板置于测微光度计上，调整狭缝宽度为 16 μm，高度为 12 mm，在此条件调节谱线至清晰，分别测量已选定的谱线的黑度，并按表 2-3 记录所测量的黑度。

表 2-3 谱线黑度测量记录

浓度/% S 元素	Cu (232.99 nm)	Be (234.86 nm)
0.01		
0.03		
0.1		
0.3		
未知样		

五、结果处理

(1) 求出标样及试样分析对的黑度差值。
(2) 以浓度的对数为横坐标、分析线对黑度差为纵坐标作工作曲线。
(3) 应用工作曲线查出试样中 Be 的含量。

六、思考题

(1) 内标元素的主要作用是什么?
(2) 比较定量分析与定性分析的条件,说明它们之间的差别。

实验 5 ICP-AES 同时测定矿石中的 Al、Ti

一、实验目的

(1) 了解电感耦合等离子体光谱仪(ICP-AES)的结构及其工作原理。
(2) 初步掌握等离子体光谱仪的使用方法,了解其工作特点。

二、实验原理

ICP-AES 是用电感耦合等离子体作为激发光源的一种发射光谱分析法。等离子体是氩气通过炬管时,在高频电场的作用下电离而产生的。它具有很高的温度,样品在等离子体中激发比较完全。在等离子体某一特定的观测区(固定的观察高度),测定的谱线强度与样品浓度具有一定的定量关系,通常用 1 次、2 次或 3 次方程拟合工作曲线。因此,只要测量出样品的谱线强度,就可以换算出浓度。

影响谱线强度的因素较多,主要因素有入射功率、观察高度和载气流量。

三、仪器与试剂

1. 仪器

ICP-AES。

2. 试剂

高纯氩气;高纯金属铝;高纯金属钛;硝酸[优级纯(G.R.)];二次蒸馏水;盐酸(G.R.);氢氟酸(G.R.)。

四、实验步骤

1. 标准溶液和样品溶液的配制

(1) 配制标准储备液(均为 $1.00\ mg \cdot mL^{-1}$):准确称取 1.000 g 金属铝,加热溶解于 100 mL(1+1)盐酸,冷却后用二次蒸馏水稀释至 1.000 L,备用。准确称取 1.0000 g 高纯金属镁，用少量的(1+1)盐酸溶解后，用二次蒸馏水稀释至1.000 L，备用。准确称取0.5000 g高纯金属钛，加热溶解于100 mL(1+1)盐酸，冷却后，用(1+1)盐酸稀释至500 mL，备用。

(2) 配制标准溶液：取5个250 mL容量瓶，编号分别为1、2、3、4、5，分别加入0.00 mL、0.10 mL、1.00 mL、5.00 mL、10.00 mL 1.00 mg·mL^{-1}的铝储备液，然后分别加入0.00 mL、0.01 mL、0.05 mL、0.10 mL、1.00 mL 1.00 mg·mL^{-1}的钛储备液和5.0 mL硝酸。用二次水稀释至刻度，摇匀。

(3) 配制样品溶液：准确称取0.1 g样品（精确至0.0001 g）置于200 mL聚四氟乙烯烧杯中，加入3 mL氢氟酸、15 mL硝酸和5 mL盐酸，在电热板上加热至近干，然后加入5 mL盐酸和适量的蒸馏水溶解盐类。取下冷却并移入100 mL容量瓶中，用蒸馏水稀释至刻度并混匀。分取5 mL上述溶液至50 mL容量瓶中，以(1+19)盐酸定容，待测。在仪器最佳测量条件下，将溶液引入仪器测量，以预设积分时间测定6次，取平均值，由工作曲线计算试样的质量分数。

2. 仪器操作

1) 设置分析参数

(1) 打开计算机，进入分析程序。

(2) 建立分析任务。

(3) 按照表2-4输入被测元素的波长和光谱级。

表2-4　被测元素的波长和光谱级

被测元素	波长/nm	光谱级
Al	396.15	I
Ti	363.54	I

(4) 启动分析程序，输入冲洗时间。

(5) 输入波长校正参数，包括标准溶液名称、阈值和扫描范围。

2) 点燃等离子体

根据仪器说明书点燃等离子体。

3) 校正波长

根据仪器说明书校正波长。

4) 操作条件选择

(1) 入射功率的选择：将观察高度和载气流量两个条件固定，将入射功率分别调至0.6 kW、0.7 kW、0.8 kW、0.9 kW和1.0 kW，测定4号标准溶液和1号标准溶液（空白溶液）的谱线强度。根据各元素的信背比大小选择最佳的入射功率：

$$信背比 = \frac{谱线强度 - 空白强度}{空白强度}$$

信背比越大越好。

(2) 观察高度的选择:在选好的入射功率和固定的载气流量条件下,分别改变观察高度为 14 mm、15 mm、16 mm、17 mm 和 18 mm,测定谱线强度。同样计算出不同条件下的信背比,并选择最佳的观察高度。

(3) 载气流量的选择:将入射功率和观察高度均调至已选值,改变载气压力分别为 16 psi[①]、17 psi、18 psi、19 psi 和 20 psi 以改变载气流量,测定不同条件下的谱线强度,通过比较信背比找到最佳载气压力,并调至此值。

5) 制作工作曲线

首先测定标准溶液的谱线强度,并储存测定结果,通过计算机的程序绘制工作曲线。

6) 样品测定

将样品溶液用蠕动泵输入等离子体中,按程序进行测定。计算机处理测量结果,并打印实验结果。

7) 关闭仪器

测定结束后,将蒸馏水引入等离子体中清洗雾化室及炬管。然后熄灭等离子体,关闭计算机,关闭氩气钢瓶。

五、思考题

(1) 用 ICP 测定样品,为什么要选择入射功率、观察高度和载气流量等条件?怎样选择?

(2) 顺序扫描型等离子体光谱仪在测量之前为什么通常要进行波长校正?怎样校正?多通道型的光谱仪是否也需要波长校正?为什么?

---

① psi 为非法定单位,1 psi=6.894 76×10^3 Pa。

第 3 章 原子吸收光谱法

3.1 基本原理

原子吸收光谱法是基于从光源发出的特征辐射通过被测样品的原子蒸气时,被待测元素的基态原子所吸收,根据辐射的吸收程度测定待测元素的含量。原子吸收光谱分析示意图如图 3-1 所示。

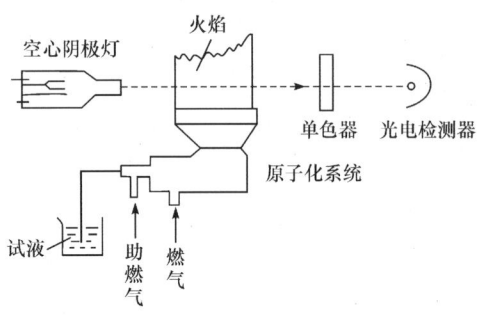

图 3-1 原子吸收光谱分析示意图

光源发射线的半宽度小于吸收线的半宽度(锐线光源)的条件下,光源的发射线通过一定厚度的原子蒸气,并被基态原子所吸收,吸光度与原子蒸气中待测元素的基态原子数间的关系遵循朗伯-比尔定律:

$$A=\lg(I_0/I)=KN_0L \tag{3-1}$$

式中,I_0 和 I 分别为入射光和透射光的强度;N_0 为单位体积基态原子数;L 为光程长度;K 为与实验条件有关的常数。式(3-1)表示吸光度与蒸气中基态原子数呈线性关系,常用的火焰温度低于 3000 K,火焰中基态原子占绝大多数,因此可以用基态原子数 N_0 代表吸收辐射的原子总数。实际工作中,要求测定的是试样中待测元素的浓度 c,在确定的实验条件下,试样中待测元素的浓度与蒸气中原子总数有确定的关系:

$$N_0=ac \tag{3-2}$$

式中,a 为比例常数。将式(3-2)代入式(3-1)得

$$A=KcL \tag{3-3}$$

式(3-3)就是原子吸收光谱法中的基本公式,它表示在确定实验条件下,吸光度与试样中待测元素浓度呈线性关系。由于原子的吸收线比发射线的数目少得多,因此光谱干扰少,选择性高。又由于原子蒸气中基态原子比激发态原子多得多(如在 2000 K 的火焰中,基态与激发态 Ca 原子数之比为 1.2×10^7),因此原子吸收光谱法灵敏度高。火焰原子吸收光谱法(FAAS)的灵敏度是 $ng \cdot mL^{-1}$ 到 $\mu g \cdot mL^{-1}$,石墨炉原子吸收光谱法(GFAAS)绝对灵敏度可达 $10^{-14} \sim 10^{-12}$ g。又由于激发态原子数的温度系数显著大

于基态原子,因此原子吸收光谱法比发射光谱法具有更佳的信噪比。因此,原子吸收光谱法是特效性、准确度和灵敏度都好的一种定量分析方法。其优点包括以下几个方面:

(1) 检出限低。FAAS 的检出限可达到 $ng \cdot mL^{-1}$ 级,GFAAS 的检出限可达到 $10^{-14} \sim 10^{-13}$ g。

(2) 选择性好。原子吸收光谱是元素的固有特征。

(3) 精密度高。相对标准偏差一般达到 1%,最好可以达到 0.3% 或更低。

(4) 抗干扰能力强。一般不存在共存元素的光谱干扰,干扰主要来自化学干扰。

(5) 分析速度快。使用自动进样器,每小时可测定几十个样品。

(6) 应用范围广。可分析周期表中绝大多数的金属与非金属元素,利用联用技术可以进行元素的形态分析。用间接原子吸收光谱分析法可以分析有机化合物,还可以进行同位素分析。

(7) 样品用量小。FAAS 进样量一般为 $3 \sim 6$ mL,微量进样量为 $10 \sim 50$ μL,GFAAS 液体的进样量为 $10 \sim 30$ μL,固体进样为毫克级。

(8) 仪器设备相对比较简单,操作简便。

原子吸收光谱法的不足之处是:主要用于单元素的定量分析,标准曲线的动态范围通常小于 2 个数量级。

3.2 原子吸收分光光度计结构

原子吸收分光光度计由光源、原子化器、光学系统、检测与控制系统、数据处理系统等部分组成。

3.2.1 光源

光源的作用是辐射待测元素的特征光谱,它应满足下列条件:能发射出比吸收线窄得多的锐线,有足够的辐射强度,稳定、背景小等。目前应用广泛的是空心阴极灯,其结构如图 3-2 所示。它由封在玻璃管中的一个钨丝阳极和一个由被测元素的金属或合金制成的圆筒状阴极组成,内充低压的氖气或氩气。当在阴、阳

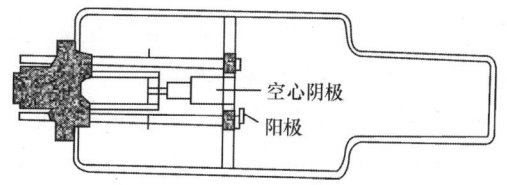

图 3-2 空心阴极灯

两极间加上电压时,从阴极发出的电子在电场的作用下向阳极运动,充入气体的原子受到这些高速运动着的电子碰撞,电离为正离子和电子,正离子在电场的作用下向阴极运动,轰击阴极表面,使阴极表面的金属原子溅射出来,金属原子与电子、惰性气体原子及离子碰撞激发而发出辐射。最后,金属原子又扩散回阴极表面而重新积淀下来。测定每种元素都要用该种元素的空心阴极灯。当灯内有杂质气体时,辐射强度减弱,噪声增大,测定灵敏度下降。可将灯的正、负极反接加热 $30 \sim 60$ min,杂质气体可被吸收,灯恢复到原来的性能。

3.2.2 原子化器

原子化器的作用是将试样中待测元素变成基态原子蒸气。原子化方法有火焰原子化和无火焰原子化两种方法。

1. 火焰原子化器

火焰原子化器包括雾化器、混合室、燃烧器三部分,常用的燃烧器为预混合型,其结构如图 3-3 所示。雾化器的作用是将试样溶液进行雾化,使之成为微米级的气溶胶。对雾化器的要求是喷雾多,雾滴直径小,雾滴均匀,喷雾速度稳定。雾化器雾化效率除与雾化器的结构有关外,还取决于溶液的表面张力、黏度、助燃气的压力、流速和温度。

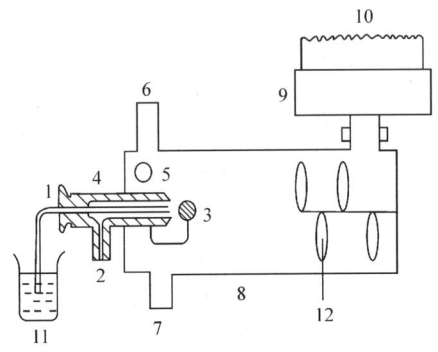

图 3-3 预混合型燃烧器

1-毛细管;2-空气入口;3-撞击球;4-雾化器;5-空气补充口;6-燃气入口;7-废液排出口;
8-预混合室;9-燃烧器;10-火焰;11-试液;12-扰流器

混合室的作用是使较大的气溶胶在室内凝聚为大的溶珠,沿室壁流入废液管排出,同时使燃气、助燃气和气溶胶在混合室混合均匀以减少它们进入火焰时对火焰的扰动,并让气溶胶在室内部分蒸发脱溶。

燃烧器的作用是产生火焰,使进入火焰的气溶胶蒸发和原子化,常用的缝式燃烧器,缝宽 0.5~0.6 mm,缝长 100~110 mm,适用于空气-乙炔火焰;另一种缝长 50 mm,缝宽 0.46 mm,适用于氧化亚氮-乙炔火焰。这种原子化器,火焰噪声小,稳定性好,易于操作,缺点是试样利用率大约只有 10%,大部分试液由废液管排出。

气路系统是火焰原子化器的供气部分,系统中用压力表、流量计及调节阀门来控制、测量气流量。燃气乙炔气由乙炔钢瓶供给,乙炔管道及接头严禁使用铜及银质材料,因为乙炔与铜、银能生成易爆的乙炔铜或乙炔银。乙炔气为易燃易爆气体,故乙炔钢瓶应远离明火,并且通风良好。

2. 石墨炉原子化器

石墨炉原子化器是一种无火焰原子化装置,其结构如图 3-4 所示,它是用电加热方法使试样干燥、灰化、原子化。试样用量只需几微升。为了防止试样及石墨管氧化,在加热时通入氮气或氩气作保护气体,在这种气氛中有石墨提供大量碳,故能得到较好的原子化效率,特别是对易形成耐熔氧化物的元素。这种原子化法的最大优点是注入的试样几乎完全原子化,故灵敏度高;缺点是基体干扰及背景吸收较大,测定重现性较火焰原子化法差。但自动进样器的使用使重现性有很大改观。

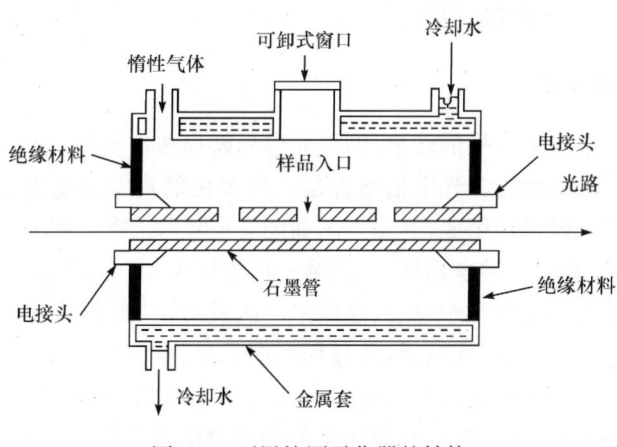

图 3-4 石墨炉原子化器的结构

3. 其他原子化法

应用化学反应进行原子化也是常用的方法。例如,砷、硒、碲、锡等元素通过化学反应,生成易挥发的氢化物,送入空气-乙炔焰或电加热的石英管中使之原子化;汞原子化可将试样中汞盐用 $SnCl_2$ 还原为金属汞,由于汞的挥发性,用氮气或氩气将汞蒸气带入气体吸收管进行测定。

3.2.3 光学系统

光学系统分外光路和分光系统(单色器)两部分,其示意图如图 3-5 所示。外光路系统使空心阴极灯发出的共振线有效地通过燃烧器上方的火焰吸收区,另外使通过吸收区的共振线尽可能投射至单色器的狭缝上。分光系统主要由单色器(光栅或棱镜)、

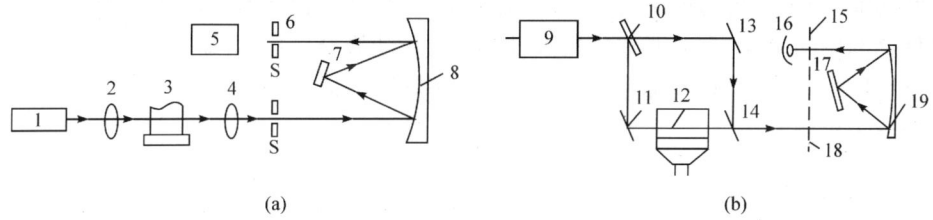

图 3-5 单光束(a)与双光束(b)原子吸收分光光度计示意图
1,9-空心阴极灯;2,4-透镜;3,12-原子化器;5,16-检测器;6-狭缝;7,17-光栅;
8,11,13,19-反射镜;10-旋转反射镜;14-半反射镜;15-出射狭缝;18-入射狭缝

反射镜、狭缝等组成,作用是把光源发射的待测元素共振线与其他谱线分开,光栅单色器色散率均匀,分辨率高,谱线清晰,工作波段范围广,所以近代原子吸收分光光度计都采用光栅单色器。通常根据谱线的结构和待测共振线附近是否有干扰线决定单色器狭缝的宽度。若待测元素光谱比较复杂(如铁族元素、稀土元素等)或有连续背景,则狭缝宜小;若待测元素的谱线简单,共振线附近没有干扰线(如碱金属和碱土金属),则狭缝可较大,以提高信噪比,降低检测限。

3.2.4 检测与控制系统

检测器用来完成光电信号的转换,即将光信号转换成电信号,原子吸收分光光度计常用的检测器是光电倍增管。光电倍增管是一种多极的真空光电管,由光阴极和若干个二次发射极(又称倍增极)组成,其示意图如图3-6所示。在光照射下,阴极发射出光电子,这些电子在高真空中被电场加速,向第一倍增极运动,轰击出二次电子,每一个光电子平均使倍增极表面发射几个电子,这就是二次发射,二次发射的电子又被加速向第二倍增极运动,轰击出更多二次电子,此过程多次重复,电流逐级加大,光电倍增管的放大倍数主要取决于电极间的电压和倍增极的数目。光电倍增管是目前灵敏度最高、响应速度最快的一种光电检测器,广泛应用于各种光谱仪器上。

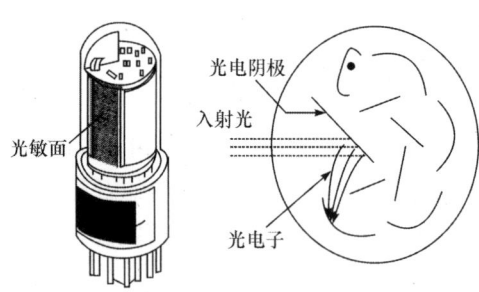

图 3-6 光电倍增管的工作原理及外观

控制系统的功能是控制和协调光谱仪器各部件工作,传统的原子吸收分光光度计完全靠人工调节各部件。随着计算机技术的发展,现代仪器大部分采用个人计算机(PC)或单片微处理器(MCU)控制,有非常高的自动化功能,部分仪器已经完全实现自动控制功能,如波长自动控制,自动寻峰波长定位,自动设置光谱带宽,燃气流量的大小及最佳燃助比的控制;自动调整负高压、灯电流;自动能量平衡;自动点火和自动熄火保护,自动设定最佳火焰高度位置,选择最佳分析条件,自动选择元素灯,自动切换火焰和石墨炉原子化器等。

3.2.5 数据处理系统

传统的仪器只有简单的模拟输出,数据的记录和处理由人工完成。现代仪器所有的数据全部由计算机完成,通过软件能够实现测量信号的积分、连续平均值、峰高、峰面积的记录,同时计算出多次测量的平均值及相对标准偏差,校正曲线的多次拟和等。

3.3 实 验 部 分

实验6 原子吸收分光光度计的使用及最佳测量条件的选择

一、实验目的

(1) 掌握原子吸收分光光度计的结构、性能及操作方法。
(2) 掌握原子吸收分光光度法测定最佳实验条件的选择方法。
(3) 了解实验条件对测定的灵敏度、准确度和干扰情况的影响。

二、实验原理

在原子吸收分析中,测定条件的选择对测定的灵敏度、准确度和干扰情况均有很大的影响,不同的工作条件会得到不同的结果,也可能引起测定误差,所以要对工作条件进行选择。

1. 分析波长

通常选取共振线作分析波长,但当浓度较高或为了消除干扰时,可选择灵敏度较低的谱线。例如,测定 Pb 灵敏线为 210.0 nm,为了避免分子吸收,可选用次灵敏线 283.3 nm。

2. 灯电流

空心阴极灯的发射强度与灯电流的关系为

$$I = ai^n \tag{3-4}$$

式中,a 为常数;n 为与阴极材料和充入的惰性气体有关的指数;i 为灯电流。由式(3-4)可知,灯电流增大,发光强度增强,仪器的信噪比提高,但过大的灯电流会导致阴极表面溅射增加,产生密度较大的原子蒸气,引起自吸,发射谱线变宽,谱线轮廓变坏,使测定的灵敏度降低,灯的使用寿命变短,对低熔点的金属(如 Na、K、Cs),过大的灯电流还会造成阴极熔化。灯电流减小,发射线半峰宽变窄,灵敏度提高,但过小的灯电流会造成空心阴极灯发光强度太弱,发光不稳,仪器的信噪比变差,读数不稳。因此,在保证空心阴极灯有稳定的发光强度的情况下,尽可能选择小的灯电流。

3. 狭缝宽度

对光谱复杂的元素,测定时需要考虑单色器通带的影响,对原子吸收分光光度计,只有狭缝可以改变通带,狭缝与光谱通带的关系为

$$S = W \frac{d\lambda}{dL} \tag{3-5}$$

式中,S 为光谱通带(通过单色器出射狭缝的光的波长范围);W 为狭缝宽度;$d\lambda/dL$ 为

单色器倒数线色散率。对于固定的仪器 $d\lambda/dL$ 是定值,因此光谱通带正比于狭缝宽度。狭缝宽度的选择应以在共振线波长处得到高的检测灵敏度,校正曲线范围宽,满意的信噪比为目的。狭缝变宽时,光谱通带增大,能增大进入检测器的光量,使检测器不需要太高的负高压,有利于提高信噪比,但在共振线附近有其他非吸收线发射或背景发射时,将使测定的灵敏度降低,工作曲线的线性范围变窄。狭缝变窄时,光谱通带变小,进入检测器的光量减少,需要用较大的负高压,信噪比变差。合适的狭缝通过实验确定,选择不致引起灵敏度明显降低的最大狭缝宽度。

4. 燃烧器高度和燃气流量

火焰的功能是把分析元素转变为原子蒸气,原子吸收光谱分析广泛使用预混合型空气-乙炔火焰,这种火焰燃烧稳定,噪声水平低,重现性好,温度较高,能灵敏测定30多种元素。火焰的温度和气氛直接影响原子化效率,为了获得较高的原子化效率,需要选择适宜的火焰条件,可以通过选择燃助比实现。燃助比小于1:6的贫燃焰,燃烧充分,温度较高,适合测定不易氧化的元素;燃助比大于1:3的富燃焰,温度较前者低,噪声较大,火焰呈强还原气氛,适合测定易形成难熔氧化物的元素;燃助比为1:4的化学计量焰,温度较高,火焰稳定,背景低,噪声小,多数元素分析常用这种火焰。由此可见,燃助比不同,火焰温度和氧化还原性质也不同,原子化效率也发生改变,因此影响分析灵敏度和精密度。为了获得好的灵敏度和精密度,可以通过实验选择最佳燃助比。当火焰类型确定后,由于火焰不同区域具有不同的温度和不同的氧化性、还原性,因此火焰中不同区域的被测元素自由原子密度及干扰成分浓度也不同。预混合型火焰通常分为四个区:预热层、第一反应层、中间层、第二反应层。试样溶液在预热层蒸发脱水干燥;干燥的试样固体微粒在第一反应层熔化和蒸发,进行着复杂的反应;中间层是产生自由原子蒸气的主要区域,火焰温度和火焰组成均匀,有利于氧化物分解为自由原子,原子蒸气浓度最高,适于光谱分析,因此为了获得较高的灵敏度和避免干扰,应选择最佳观测高度,最佳的燃烧器的高度可以通过实验选定。由于燃气、助燃气、原子化器高度之间存在交互影响,最佳燃烧器高度随燃助比的变化而变化,因此应在多个助燃气和燃烧器高度水平下测定和绘制吸光度随燃助比的变化曲线,以求得到最佳的燃助比和燃烧器高度。

三、仪器和试剂

1. 仪器

原子吸收分光光度计;500 mL 容量瓶 1 个;10 mL 移液管 1 支。

2. 试剂

20.00 $\mu g \cdot mL^{-1}$ 镁储备液:准确称取 1.6583 g 于 800 ℃灼烧至恒量的氧化镁(高纯),加入 1 $mol \cdot L^{-1}$ 的盐酸至完全溶解,转移至 1000 mL 容量瓶中,稀释至刻度,摇匀。此溶液中含镁 1.000 mg·mL^{-1},用时逐级稀释至 20.00 μg·mL^{-1}。

四、实验步骤

1. 实验溶液的配制

准确移取 10.00 mL 20.00 μg·mL^{-1} 镁标准溶液于 500 mL 容量瓶中,用去离子水稀释至刻度,摇匀,此溶液含镁 0.400 μg·mL^{-1}。

2. 仪器操作

安装镁空心阴极灯,按仪器操作规程和下列参数调整仪器:吸收线波长 285.2 nm;灯电流 2 mA;光谱带宽 0.4 nm;燃气流量 1700 mL·min^{-1};燃烧器高度 8 mm。

3. 最佳条件的选择

1) 分析线

根据对试样分析灵敏度的要求和干扰的情况,选择合适的分析线。试液浓度低时,选择灵敏线;试液浓度较高时,选择次灵敏线,并要选择没有干扰的谱线。一般测定选择共振线作分析波长。

2) 灯电流

在初步固定的实验条件下用去离子水调零,吸喷镁标准溶液,并记录吸光度数值,然后在灯电流 2~6 mA 范围依次改变灯电流,每次改变 1 mA,每次改变完灯电流调整仪器能量接近 100%,用去离子水调零,对所配制的镁标准溶液进行测定,每个条件测定 4 次,计算平均值和相对标准偏差。

3) 光谱通带

设置灯电流为最佳灯电流,依次改变光谱带宽分别为 0.1 nm、0.2 nm、0.4 nm、1.0 nm、2.0 nm,每次改变完光谱带宽调整能量接近 100%,用去离子水调零,测定试液的吸光度。记录每个光谱带宽下试液的吸光度值。

4) 燃烧器高度和燃气流量

固定灯电流、狭缝宽度、助燃气流量,交错改变燃烧器高度、乙炔流量,参数如表 3-1 所示,测定在各条件下的吸光度值。

表 3-1 乙炔流量-燃烧器高度参考值

A V/(mL·min^{-1})	H/mm 6	8	10	12	14	16
1500						
1700						
1900						
2100						
2300						

4. 结束实验

(1) 实验结束后,喷入蒸馏水 3~5 min,熄灭火焰,先关乙炔气,再关空气。
(2) 按顺序关闭计算机操作程序和主机电源。
(3) 清理实验台面,盖好仪器罩,填好仪器使用登记卡。

五、结果处理

根据实验数据,汇总实验结果。

(1) 绘制吸光度对灯电流的关系曲线,选取灵敏度高、稳定性好的灯电流为工作电流。
(2) 绘制吸光度对光谱带宽的关系曲线,选择不致引起灵敏度明显降低的最大光谱带宽为最佳带宽。
(3) 根据表 3-1 中的数据,以吸光度对燃气流量作图,分别得到不同燃烧器高度下的吸光度-燃气流量曲线,确定最佳燃助比和最佳燃烧器高度。

六、注意事项

(1) 乙炔钢瓶阀门旋开不超过 1.5 圈,否则丙酮逸出。
(2) 实验时要打开通风设备,使金属蒸气及时排出室外。
(3) 点火时,先开空气,后开乙炔气。熄火时先关乙炔气,后关空气。室内若有乙炔气味,应立即关闭乙炔气源,打开通风设备,解决问题后再继续进行实验。

七、思考题

(1) 如何选择最佳实验条件？实验时,若条件发生变化,对结果有何影响？
(2) 在原子吸收分光光度计中,为什么单色器位于火焰之后,而紫外-可见分光光度计的单色器位于试样室之前？

实验 7　原子吸收测定的干扰及其消除

一、实验目的

(1) 进一步熟悉原子吸收分光光度计的操作。
(2) 了解化学干扰及其消除方法。
(3) 了解电离干扰及其消除方法。

二、实验原理

原子吸收光谱法的干扰比较少。因为参与吸收的是基态原子,它的数目受温度影响较小。一般地,基态原子数近似等于原子总数。使用锐线光源,且吸收线的数目比发射线的数目少得多,谱线重叠和相互干扰的概率小。仪器中采用调制光源和交流放大,可消除火焰中直流发射的影响。但是在实际工作中仍不可忽视干扰问题,原子吸收测定中的干扰主要分为物理干扰、化学干扰、光谱干扰、电离干扰。物理干扰是指样品中共存物质(包括溶液的黏度、蒸气压和表面张力)对喷雾和原子化过程中某一步骤所产生的影响,这些物理特性的变化引起试液喷雾速度、气溶胶大小及传送效率等变化,从而引起吸收强度的变化。消除物理干扰的常用方法是配制与分析试液组成相似的标准溶液,以使试液和标准溶液具有相似的物理性质。另一种方法是使用标准加入法。

化学干扰是指在样品溶液中被测元素与试样中存在的共存元素或火焰成分之间的化学反应而引起的干扰效应。通常导致被测元素化合物的熔融、蒸发和离解成基态原子的情况发生变化,从而引起干扰。化学干扰是一种选择性干扰效应,它是火焰原子吸收光谱分析中干扰的主要来源,它不仅取决于被测元素和干扰元素的性质,而且还与火焰类型、火焰温度、火焰状态、测量部位、其他共存组分、喷雾器的性能、燃烧器类型、雾滴大小等诸多因素有关。消除化学干扰的方法可根据具体情况采用如下方法:加入释放剂、加入保护剂、加入缓冲剂、加入助熔剂、选择适宜的火焰、化学分离。加入释放剂是通过向试液中加入某种试剂,该试剂优先与干扰组分反应,释放出待测元素,从而消除干扰。

电离干扰是被测元素在火焰中形成自由原子之后继续电离,使基态原子数减少,吸收信号降低。若火焰中存在能提供自由电子的其他易电离的元素,可使已电离的待测元素的离子回到基态,使被测元素基态原子数增加,从而达到消除电离干扰的目的。因此通常消除电离干扰的方法是加入消电离剂和采用低温火焰。

光谱干扰是指在所选用的光谱通带内,除分析元素所吸收的辐射之外,还有来自光源或原子化器的某些不需要的辐射同时被检测器所检测而引起的干扰。光谱干扰根据具体情况可采用选择次灵敏线、扣除背景、减小光谱通带等方法。

三、仪器与试剂

1. 仪器

原子吸收分光光度计;50 mL 容量瓶 20 个;1 mL 移液管 1 支,5 mL 移液管 3 支,10 mL 移液管 2 支。

2. 试剂

20.00 $\mu g \cdot mL^{-1}$ 镁储备液:配制方法见实验 6。

1000 $\mu g \cdot mL^{-1}$ 铝储备液:溶解 1.000 g 高纯铝丝于少量 6 mol·L^{-1} 盐酸中,移入 1000 mL 容量瓶,用 1‰盐酸稀至刻度,此溶液含铝 1.000 mg·mL^{-1}。

钾溶液:溶解 1.90 g KCl(G.R.)于去离子水中,稀释至 100 mL,此溶液含钾 10 mg·mL^{-1},取此溶液 5 mL 稀释至 100 mL,此溶液含钾 500 $\mu g \cdot mL^{-1}$。

镧溶液:称取 15.60 g La(NO$_3$)·6H$_2$O[分析纯(A.R.)],溶于少量去离子水中,稀释至 100 mL。此溶液含镧为 50 mg·mL^{-1}。

钠储备液:溶解 2.5435 g NaCl(基准,于 500~600 ℃灼烧至恒量)于去离子水中,定容至 1000 mL,摇匀,此溶液含钠 1.000 mg·mL^{-1};取含钠 1.000 mg·mL^{-1}溶液 10.00 mL 于 500 mL 容量瓶中,用去离子水稀释至刻度,摇匀,此溶液含钠 20.00 μg·mL^{-1}。

四、实验步骤

1. 化学干扰及其消除

1) 溶液配制

在 6 个 50 mL 容量瓶中,将镁和铝的储备液经过适当稀释,配制系列溶液,其中镁含量均为 0.40 μg·mL^{-1},含 Al 分别为 0 μg·mL^{-1}、5.0 μg·mL^{-1}、10.0 μg·mL^{-1}、50.0 μg·mL^{-1}、100.0 μg·mL^{-1}、200.0 μg·mL^{-1}。

在 6 个 50 mL 容量瓶中配制系列溶液,其中含 Mg 均为 0.40 μg·mL^{-1},含 Al 分别为 0 μg·mL^{-1}、5.0 μg·mL^{-1}、10.0 μg·mL^{-1}、50.0 μg·mL^{-1}、100.0 μg·mL^{-1}、200.0 μg·mL^{-1},含 La 均为 1.0 mg·mL^{-1}。

2) 测定

安装镁空心阴极灯,参照实验 6 所选定的仪器最佳工作参数,按仪器操作规程调整仪器,分别测定并记录以上二系列溶液的吸光度。

2. 电离干扰及其消除

1) 溶液配制

在 8 个 50 mL 容量瓶中配制系列溶液,其中含 Na 均为 0.40 μg·mL^{-1},含 K 分别为 0 μg·mL^{-1}、5.0 μg·mL^{-1}、10.0 μg·mL^{-1}、50.0 μg·mL^{-1}、100.0 μg·mL^{-1}、200.0 μg·mL^{-1}、500.0 μg·mL^{-1}、1000.0 μg·mL^{-1}。

2) 测定

安装钠空心阴极灯,选择如下工作参数调整仪器:分析线 589.0 nm,灯电流 2 mA,光谱带宽 0.4 nm,燃烧器高度 8 mm,燃气流量 1700 mL·min^{-1}。逐一测量并记录上述系列溶液的吸光度。

五、结果处理

(1) 绘制未加镧和加镧后测得的吸光度对所加铝的浓度曲线。

(2) 绘制吸光度对所加钾的浓度曲线。由图确定本实验中克服电离干扰所需钾的最小量。

六、注意事项

(1) 全部测定均先喷去离子水,待吸光度回零后,再喷试液。

(2) 实验结束后,要吸喷蒸馏水 3 min 以上,再熄灭火焰。

七、思考题

(1) 试解释铝对镁的干扰和加镧消除干扰的机理。是否还有其他方法消除这种干扰?

(2) 消除电离干扰除加入钾盐外,还有哪些金属盐可用?

实验 8 自来水中钙和镁的测定

一、实验目的

(1) 通过自来水中钙和镁的测定,掌握标准曲线法在实际样品分析中的应用。

(2) 进一步熟悉原子吸收分光光度计的使用。

二、实验原理

在使用锐线光源条件下,基态原子蒸气对共振线的吸收符合朗伯-比尔定律[式(3-1)]。在试样原子化时,火焰温度低于 3000 K 时,对大多数元素来说,原子蒸气中基态原子的数目实际上接近原子总数。在固定的实验条件下,待测元素的原子总数与该元素在试样中的浓度 c 成正比。因此,式(3-1)可以表示为

$$A = K'c \tag{3-6}$$

式(3-6)就是进行原子吸收定量分析的依据。

原子吸收定量分析常用的方法有标准曲线法、标准加入法、稀释法和内标法。对组成简单的试样,用标准曲线法进行定量分析较方便。

三、仪器与试剂

1. 仪器

原子吸收分光光度计;50 mL 容量瓶 8 个;5 mL 移液管 4 支,1 mL 移液管 1 支。

2. 试剂

$0.005\ mg \cdot mL^{-1}$ 镁标准溶液:配制方法见实验 6。

钙标准溶液:准确称取 2.4980 g 于 110 ℃ 干燥的基准 $CaCO_3$,加入 100 mL 去离子水,滴加少量(1+1)HCl 使其溶解。于低温电炉上加热至沸,赶尽 CO_2,用去离子水定容至 1000 mL,此溶液含钙 $1.000\ mg \cdot mL^{-1}$,吸取 10 mL $1.000\ mg \cdot mL^{-1}$ Ca 的储备液于 100 mL 容量瓶中,用去离子水稀至刻度,此溶液含 Ca $0.100\ mg \cdot mL^{-1}$。

四、实验步骤

用 5 mL 移液管分别吸取 0 mL、1.00 mL、2.00 mL、3.00 mL、4.00 mL、5.00 mL、

0.100 mg·mL^{-1} 钙标准溶液于 6 个 50 mL 容量瓶中,再用 5 mL 移液管分别吸取 0 mL、1.00 mL、2.00 mL、3.00 mL、4.00 mL、5.00 mL 0.005 mg·mL^{-1} 镁标准溶液于上述 6 个 50 mL 容量瓶中,分别加入 2.5 mL(1+1) HCl,用蒸馏水稀释至刻度,摇匀。系列标准溶液分别含钙 0 μg·mL^{-1}、2.00 μg·mL^{-1}、4.00 μg·mL^{-1}、6.00 μg·mL^{-1}、8.00 μg·mL^{-1}、10.00 μg·mL^{-1},含镁 0 μg·mL^{-1}、0.10 μg·mL^{-1}、0.20 μg·mL^{-1}、0.30 μg·mL^{-1}、0.40 μg·mL^{-1}、0.50 μg·mL^{-1}。

1. 钙的测定

1) 自来水样的制备

用 5 mL 移液管吸取自来水样 5.00 mL 于 50 mL 容量瓶中,加入 2.5 mL(1+1) HCl,用蒸馏水稀至刻度,摇匀。

2) 测定

安装钙空心阴极灯,选择如下工作参数调整仪器:分析线 422.7 nm;灯电流 2.0 mA;光谱带宽 0.4 nm;燃气流量 2400 mL·min^{-1};燃烧器高度 14 mm。逐一测量并记录标准系列和自来水样的吸光度。

2. 镁的测定

1) 自来水样的制备

用 1 mL 移液管吸取自来水样 1.00 mL 于 50 mL 容量瓶中,加入 2.5 mL(1+1) HCl,用蒸馏水稀至刻度,摇匀。

2) 测定

安装镁空心阴极灯,参照实验 6 选定的测量条件,逐一测定并记录标准系列溶液和自来水样的吸光度。

五、结果处理

用 origin 作图程序绘制钙和镁的标准曲线,由未知试样的吸光度求出自来水中钙、镁的含量(μg·mL^{-1})。

六、注意事项

试样的吸光度应在标准曲线的线性范围之内并尽量靠近中部,否则可改变取样的体积以满足上述条件。

七、思考题

(1) 试述标准曲线法的特点及适用范围。
(2) 如果试样成分比较复杂,应该怎样进行测定?

实验 9 玻璃试样中钾、钠、钙、镁、铁的测定

一、实验目的

(1) 掌握原子吸收光谱法测定玻璃试样中钾、钠、钙、镁、铁的方法。
(2) 学习常见硅酸盐试样的处理方法。

二、实验原理

原子吸收光谱法是测定多种试样中金属元素的常用方法,测定玻璃试样中微量金属元素,首先要对试样进行预处理,将待测样品转化为样品溶液,预处理方法与通常的化学分析相同,要求试样分解完全,在分解过程中不能引入污染和造成待测组分的损失,所用试剂及反应产物对后续测定无干扰。常见硅酸盐试样的分解方法有酸溶法和碱熔法两种,酸溶法常用的酸有 HCl、HNO_3、H_2SO_4、H_3PO_4、$HClO_4$、HF 及其混合酸。HF 能有效地分解硅酸盐试样,但 HF 对玻璃容器有腐蚀作用,因此用 HF 溶解试样一般在铂器皿中低温加热溶解,然后用 $HClO_4$ 或 H_2SO_4 加热除去 HF,最后将 $HClO_4$ 或 H_2SO_4 除尽。HCl、HNO_3 介质干扰较少,试样溶解后通常处理成 HCl 或 HNO_3 介质,碱熔法较酸溶法而言,试样分解速度快,熔融物浸取较方便,但容易引入干扰,常用的熔剂有 $LiBO_2$、$Na_2B_4O_7$、Na_2O_2、$NaOH$、Na_2CO_3、K_2CO_3 等,其中 $LiBO_2$ 是最通用的熔剂。

三、仪器与试剂

1. 仪器

原子吸收分光光度计;100 mL 容量瓶 1 个,250 mL 容量瓶 1 个,50 mL 容量瓶 7 个;10 mL 移液管 2 支,5 mL 移液管 4 支,2 mL 移液管 3 支;铂坩埚 1 个,铂坩埚钳 1 把;1 kW 电炉 1 个;乳胶手套 1 双。

2. 试剂

HF(G.R.);$HClO_4$;(1+1)HCl;5%(质量分数)氯化铯溶液。

50 $mg \cdot mL^{-1}$ 镧溶液:配制方法见实验 7。

20.00 $\mu g \cdot mL^{-1}$ 镁标准溶液:配制方法见实验 6。

20.00 $\mu g \cdot mL^{-1}$ 钠标准溶液:配制方法见实验 7。

钾标准溶液:溶解 1.9102 g KCl(基准)于去离子水中,定容至 1000 mL 容量瓶中,摇匀,此溶液含钾 1.000 $mg \cdot mL^{-1}$,准确移取此溶液 50 mL 至 1000 mL 容量瓶中,用去离子水稀释至刻度,摇匀,此溶液含钾 50.00 $\mu g \cdot mL^{-1}$。

100.00 $\mu g \cdot mL^{-1}$ 钙标准溶液:配制方法见实验 8。

铁标准溶液:准确称取 1.0000 g 高纯金属铁丝,用 50 mL(1+1)HCl 溶解,定容至 1000 mL 容量瓶中,用去离子水稀释至刻度,摇匀,此溶液含铁 1.000 $mg \cdot mL^{-1}$,取此

溶液 100.00 mL 至 1000 mL 容量瓶中,用去离子水稀释至刻度,摇匀,此溶液含铁 100.00 $\mu g \cdot mL^{-1}$。

四、实验步骤

1. 系列混合标准溶液的配制

取 6 个 50 mL 的容量瓶,用移液管分别移取不同体积的钾、钠、钙、镁、铁标准溶液,然后分别加入 1.0 mL 镧溶液和 1.0 mL 氯化铯溶液、5 mL(1+1)HCl,用蒸馏水稀释至刻度,摇匀。要求制得的系列混合标准溶液中钾的浓度为 0 $\mu g \cdot mL^{-1}$、0.40 $\mu g \cdot mL^{-1}$、0.80 $\mu g \cdot mL^{-1}$、1.20 $\mu g \cdot mL^{-1}$、1.60 $\mu g \cdot mL^{-1}$、2.00 $\mu g \cdot mL^{-1}$;钠、镁的浓度分别为 0 $\mu g \cdot mL^{-1}$、0.10 $\mu g \cdot mL^{-1}$、0.20 $\mu g \cdot mL^{-1}$、0.30 $\mu g \cdot mL^{-1}$、0.40 $\mu g \cdot mL^{-1}$、0.50 $\mu g \cdot mL^{-1}$,钙、铁的浓度为分别为 0.00 $\mu g \cdot mL^{-1}$、2.00 $\mu g \cdot mL^{-1}$、4.00 $\mu g \cdot mL^{-1}$、6.00 $\mu g \cdot mL^{-1}$、8.00 $\mu g \cdot mL^{-1}$、10.00 $\mu g \cdot mL^{-1}$。

2. 试样溶液的制备

称取 0.1000 g 玻璃粉末样品于铂坩埚中,加入少量蒸馏水润湿,加入 0.5 mL HClO₄ 和 10~15 mL HF,置于低温电炉上缓慢加热,使其反应至 HClO₄ 白烟冒尽,取下铂坩埚,冷却后再加入 0.5 mL HClO₄,加热赶尽 HClO₄ 白烟,取下铂坩埚,冷却后加入 10 mL(1+1) HCl,在低温电炉上加热使其溶解(可补加少量蒸馏水)。待溶液完全清亮后,取下铂坩埚,冷却后移入 100 mL 容量瓶中,加入 2.0 mL 镧溶液和 2.0 mL 氯化铯溶液,稀释至刻度,摇匀。

1) 铁的测定

安装铁空心阴极灯,选择如下工作参数调整仪器:分析线 248.3 nm,灯电流 4 mA,光谱带宽 0.2 nm,燃气流量 2200 mL · min⁻¹,燃烧器高度 8 mm。逐一测量并记录系列标准和试样溶液吸光度。

2) 钙的测定

取 5.00 mL 试样溶液于 50 mL 容量瓶中,加入 1.0 mL 镧溶液、1.0 mL 氯化铯溶液和 5 mL(1+1)HCl,用蒸馏水稀释至刻度,摇匀。

安装钙空心阴极灯,参照实验 8 的测定条件,逐一测定并记录系列标准溶液和试样溶液的吸光度。

3) 镁的测定

取 2.50 mL 测定钙的试样溶液于 50 mL 容量瓶中,加入 1.0 mL 镧溶液、1.0 mL 氯化铯溶液和 5 mL(1+1)HCl,用蒸馏水稀释至刻度,摇匀。

安装镁空心阴极灯,参照实验 6 的测量条件,逐一测定并记录系列标准溶液和试样溶液的吸光度。

4) 钠的测定

安装钠空心阴极灯,参照实验 7 的测定条件,测定并记录系列标准和测镁后试样溶液的吸光度。

5) 钾的测定

安装钾空心阴极灯,选取分析线 766.5 nm,灯电流 4 mA,光谱带宽 0.4 nm,燃气流量 2000 mL·min^{-1},燃烧器高度 12 mm。逐一测定并记录系列标准溶液和测钙后试样溶液的吸光度。

五、结果处理

用 origin 作图程序分别作出钾、钠、钙、镁、铁的工作曲线,由图求得试样溶液中各元素的浓度,并计算出玻璃试样中各元素对应氧化物的含量(%,质量分数)。

六、注意事项

使用 HF 必须戴乳胶手套,蒸 HF 时必须在通风良好的通风橱内进行。

七、思考题

(1) 制备溶液过程中加入镧溶液和氯化铯溶液的目的是什么?
(2) 为什么稀释后的标准溶液不能长时间放置,而储备液则可长时间保存?

实验10 间接原子吸收光谱法测定水泥样品中的 SO_3

一、实验目的

(1) 了解间接原子吸收光谱法在实际分析中的应用。
(2) 了解沉淀法间接测定水泥样品中 SO_3 的特点。

二、实验原理

间接原子吸收光谱法就是在进行原子吸收测定之前,利用化学反应,使某些不能直接用原子吸收测定或灵敏度低的某些物质与易用原子吸收测定的元素进行定量反应,最后测定易用原子吸收测定的元素的吸光度,间接求出被测物质的含量。利用间接原子吸收光谱法可以成功地测定非金属元素、阴离子和有机化合物。

按照所利用的化学原理的不同,间接原子吸收光谱法可分为以下几种:①利用络合反应的间接原子吸收光谱法;②利用氧化还原反应的间接原子吸收光谱法;③利用沉淀反应的间接原子吸收光谱法;④利用置换反应或分解反应的间接原子吸收光谱法;⑤利用杂多酸"化学放大"效应的间接原子吸收光谱法;⑥利用干扰效应的间接原子吸收光谱法。利用沉淀反应的间接原子吸收光谱法的原理是被测组分与可测元素生成沉淀,测定沉淀溶解液或滤液中过量的可测元素,间接测定被测组分的含量。

水泥试样用酸分解后,在一定的酸度下,加入定量且过量的铬酸钡,可溶性硫酸盐与铬酸钡反应生成硫酸钡沉淀,在弱碱性条件下,沉淀过量的铬酸钡,过滤,测定滤液中铬离子的含量,间接测定水泥中 SO_3 的含量。

$$SO_4^{2-} + Ba^{2+} \longrightarrow BaSO_4 \downarrow$$
$$Ba^{2+} + CrO_4^{2-}(过量) \longrightarrow BaCrO_4 \downarrow + CrO_4^{2-}$$

三、仪器与试剂

1. 仪器

原子吸收分光光度计;100 mL 烧杯 18 个;50 mL 容量瓶 9 个,250 mL 容量瓶 1 个;10 mL 移液管 2 支,5 mL 移液管 3 支,25 mL 移液管 1 支;滴管 2 支。

2. 试剂

SO_3 标准溶液:称取 0.4435 g 无水 Na_2SO_4(105 ℃烘 2 h),用去离子水溶解,定容至 500 mL 容量瓶中,此溶液含 SO_3 500.00 μg·mL^{-1},用时逐级稀释成 100.00 μg·mL^{-1}。

1‰铬酸钡:称取 5.4 g $BaCrO_4$ 于 500 mL 烧杯中,加 300 mL 去离子水,在搅拌下加入 50 mL(1+1)HCl,加热溶解,冷却定容至 500 mL。

(1+2)、(1+1)$NH_3·H_2O$:1 体积 $NH_3·H_2O$ 加相应体积去离子水。

(1+2)、(1+1)HCl:1 体积 HCl 加相应体积去离子水。

离子强度溶液:称取 5.8 g $CaCO_3$ 于 500 mL 烧杯中,加少量水润湿,缓慢滴加 (1+1)HCl,待 $CaCO_3$ 溶解完全后,补加 20 mL(1+1)盐酸,再称取 0.125 g Fe_2O_3 加入上述烧杯中,盖上表面皿,微沸至 Fe_2O_3 溶解完全,冷却后定容至 500 mL。

四、实验步骤

1. 标准溶液的配制

移取 0.00 mL、2.00 mL、4.00 mL、6.00 mL、8.00 mL、10.00 mL、12.00 mL、15.00 mL 100.00 μg·mL^{-1} SO_3 标准溶液于 100 mL 小烧杯中,加 5.0 mL 离子强度溶液,加水至约 30 mL,用(1+1)$NH_3·H_2O$ 和(1+1)HCl 调 pH=2[滴加(1+1)$NH_3·H_2O$ 至 $Fe(OH)_3$ 沉淀刚好析出,再滴加(1+1)HCl 至沉淀刚好溶解,此时 pH 约为 2],加 3.00 mL 1‰铬酸钡溶液,充分搅拌后放置 10 min。加 4 mL(1+1)$NH_3·H_2O$,转移至 50 mL 容量瓶中,定容摇匀,放置 5 min,干过滤至小烧杯中。

2. 样品溶液的制备

称取 0.3~0.4 g 水泥(或熟料)样品试样于 100 mL 烧杯中,加少量水润湿,加 15 mL(1+2)HCl于电炉上加热,待试样溶解后,用水冲洗杯壁,煮沸 2 min,取下冷却后,转移至 250 mL 容量瓶中,定容摇匀。

移取上述溶液 25.00 mL 于 100 mL 烧杯中,稀释至约 30 mL,用(1+1)$NH_3·H_2O$ 和(1+1)HCl 调 pH=2[滴加(1+1)$NH_3·H_2O$ 至 $Fe(OH)_3$ 沉淀刚好析出,再滴加 (1+1)HCl至沉淀刚好溶解,此时 pH 约为 2],加 3.00 mL 1‰铬酸钡溶液,充分搅拌后放置 10 min。加 4 mL(1+1)$NH_3·H_2O$,转移至 50 mL 容量瓶中,定容摇匀,放置

10 min,干过滤至小烧杯中。

3. SO_3 的测定

安装铬空心阴极灯,选取分析线 357.9 nm,灯电流 4 mA,光谱带宽 0.2 nm,燃气流量 1800 mL·min^{-1},燃烧气高度 8 mm。逐一测定并记录系列标准溶液和试样溶液的吸光度。

五、结果处理

以吸光度对 SO_3 含量作工作曲线,由工作曲线求得试样溶液中 SO_3 的浓度,并计算出水泥试样中 SO_3 的含量(%,质量分数)。

六、注意事项

离子强度溶液的加入量应尽量接近试样溶液的组成。

七、思考题

影响 $BaSO_4$、$BaCrO_4$ 沉淀的因素有哪些?为什么加入离子强度溶液?

实验11 石墨炉原子吸收光谱法测定血清样品中的铬

一、实验目的

(1) 了解石墨炉原子化器的工作原理和使用方法。
(2) 学习生化样品的分析方法。

二、实验原理

火焰原子吸收光谱法在常规分析中被广泛应用,但它雾化效率低,火焰气体的稀释使火焰中原子浓度降低,高速燃烧使基态原子在吸收区停留时间短,灵敏度受到限制,火焰法至少需要 0.5~1 mL 试液,对数量较少的样品产生困难。因此,无火焰原子吸收光谱法迅速发展,而高温石墨炉(HGA)原子化法是目前发展最快、使用最多的一种技术。

高温石墨炉利用高温(约 3000 ℃)石墨管,使试样完全蒸发、充分原子化,试样利用率几乎达 100%。自由原子在吸收区停留时间长,故灵敏度比火焰法高 100~1000 倍,试样用样量仅为 5~100 μL,而且可以分析悬浮液和固体样品,它的最大缺点是干扰大,必须进行背景扣除,且操作比火焰法复杂。

用高温石墨炉原子化法测定血清中的痕量元素,灵敏度高,用样量少,为了消除基体干扰,采用标准加入法或配制于葡萄糖溶液中的系列标准溶液。

三、仪器与试剂

1. 仪器

原子吸收分光光度计;氩气钢瓶;50 μL 微量注射器;1000 mL 容量瓶 1 个,50 mL 容量瓶 6 个;10 mL 移液管 1 支,5 mL 移液管 1 支。

2. 试剂

0.1000 mg·mL^{-1} 铬储备液:称取 0.3735 g 在 150 ℃ 干燥的 $K_2Cr_2O_7$,溶于去离子水中,并定容于 1000 mL 容量瓶中。

20%(质量分数)葡萄糖溶液。

四、实验步骤

1. 系列标准溶液的配制

(1) 由 0.1000 mg·mL^{-1} 铬储备液逐级稀释成 0.100 μg·mL^{-1} 的铬标准溶液。

(2) 在 5 个 100 mL 容量瓶中分别加入 0 mL、0.5 mL、1.0 mL、1.5 mL、2.0 mL 0.100 μg·mL^{-1} 铬标准溶液和 15 mL 葡萄糖溶液,用去离子水稀释至刻度,摇匀。

2. 仪器操作方法

安装铬空心阴极灯,按操作规程启动仪器,并预热 20 min,开启冷却水和保护气体开关。实验条件:波长 357.9 nm,光谱带宽 0.2 nm,灯电流 4 mA,干燥温度 100~130 ℃,干燥时间 100 s,灰化温度 1100 ℃,灰化时间 240 s,斜坡升温灰化时间 120 s,原子化温度 2700 ℃,原子化时间 10 s,氘灯进行背景校正,进样量 50 μL。

3. 测定

(1) 标准溶液和试剂空白测定:调好仪器的实验参数,自动升温空烧石墨管调零。然后从稀至浓逐一测量空白溶液和系列标准溶液,进样量 50 μL,每个溶液测定 3 次,取平均值。

(2) 血清样品测定:在同样实验条件下,测量血清样品 3 次,取平均值。每次取样 50 μL。

4. 结束

实验结束时,按操作要求,关好气源和冷却水,并按操作规程关闭主机和计算机。

五、结果处理

(1) 绘制标准曲线,并由血清试样的吸光度从标准曲线上查得样品溶液铬的浓度。

(2) 计算血清中铬的含量(μg·mL^{-1})。

六、注意事项

(1) 实验前应仔细了解仪器的构造及操作,保证实验能顺利进行。
(2) 实验前应检查通风是否良好,确保实验中产生的废气排出室外。
(3) 使用微量注射器时,要严格按教师指导进行,防止损坏。

七、思考题

(1) 在实验中通氩气的作用是什么?为什么要用氩气?
(2) 配制标准溶液时,加入葡萄糖溶液的作用是什么?若不加葡萄糖溶液,还可采用什么方法?

第4章 紫外-可见分光光度法

4.1 基本原理

4.1.1 吸收光谱的产生

紫外-可见吸收光谱属于分子吸收光谱,是由分子的外层价电子跃迁产生的,也称电子光谱。它与原子光谱的窄吸收带不同。每种电子能级的跃迁会伴随若干振动和转动能级的跃迁,使分子光谱呈现出比原子光谱复杂得多的宽带吸收。

当分子吸收紫外-可见区的辐射后,产生价电子跃迁。这种跃迁有三种形式:①形成单键的σ电子跃迁;②形成双键的π电子跃迁;③未成键的n电子跃迁。

分子内的电子能级图如图4-1所示,由图可见,电子跃迁有n→π*、n→σ*、σ→σ*和π→π*四类。

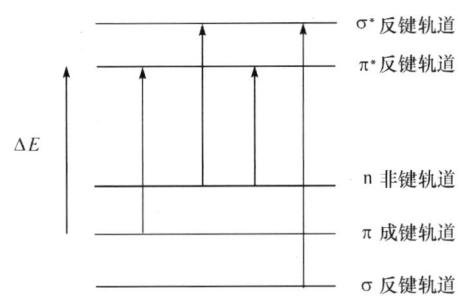

图4-1 电子跃迁能级示意图

各种跃迁所需能量不同,其大小顺序为σ→σ*＞n→σ*＞π→π*＞n→π*。通常,未成键的孤对电子较易激发,成键电子中,π电子较相应的σ电子具有较高的能量,反键电子则相反。故简单分子中n→π*跃迁需能量最小,吸收带出现在长波方向;n→σ*及π→π*跃迁的吸收带出现在较短波段;σ→σ*跃迁的吸收带则出现在远紫外区,如图4-2所示。

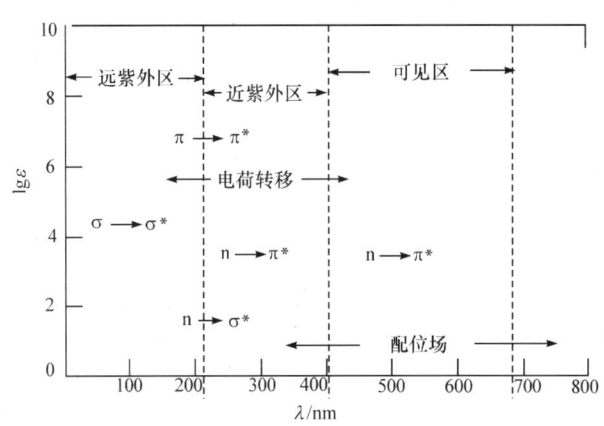

图4-2 电子跃迁所处的波长范围及强度

4.1.2 紫外吸收光谱与分子结构的关系

有机化合物的紫外吸收光谱常用作结构分析的依据,因为有机化合物的紫外吸收光谱的产生与它的结构密切相关。

1. 饱和有机化合物

甲烷、乙烷等饱和有机化合物只有 σ 电子,只产生 σ→σ* 跃迁,吸收带在远紫外区。当这类化合物的氢原子被电负性大的 O、N、S、X 等取代后,由于孤对 n 电子比 σ 电子易激发,吸收带向长波移动,此时产生 n→σ*,故含有—OH、—NH$_2$、—NR$_2$、—OR、—SR、—Cl、—Br 等基团时,吸收带有红移现象。

2. 不饱和脂肪族有机化合物

此类化合物中含有 π 电子,产生 π→π* 跃迁,在 175~200 nm 处有吸收。若存在—NR$_2$、—OR、—SR、—Cl、—CH$_3$ 等基团,也产生红移并使吸收强度增大。对含共轭双键的化合物、共轭多烯化合物,则由于大 π 健的形成,吸收带红移更甚。

3. 芳香族化合物

苯环有 π→π* 跃迁及振动跃迁,其特征吸收带在 250 nm 附近有 4 个强吸收峰,如图 4-3 所示,称为 B 吸收带,B 吸收带的精细结构常用来辨认芳香族化合物,但当有取代基时,复杂的 B 带结构会简化,λ_{max} 产生红移,吸收强度增加。此外芳环还有 184 nm 和 204 nm 处的 E 带吸收,是由苯环结构中三个乙烯的环状共轭系统的跃迁产生的,是芳香族化合物的特征吸收。

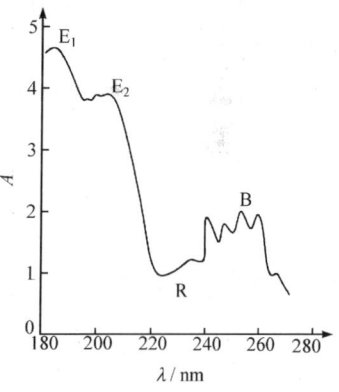

图 4-3 苯的紫外吸收光谱(乙醇中)

4. 不饱和杂环化合物

不饱和杂环化合物也有紫外吸收。

5. 溶剂的影响

有些溶剂,特别是极性溶剂,对溶质吸收峰的波长、强度及形状可能产生影响。这是因为溶剂和溶质间常形成氢键,或溶剂的偶极使溶质的极性增强,引起 n→π* 及 π→π* 吸收带的迁移,n→π* 跃迁吸收带随溶剂极性增大向短波移动,而 π→π* 跃迁随溶剂极性增大向长波移动。

6. 无机化合物

无机化合物除利用本身颜色或紫外区有吸收的特性外,为提高灵敏度,常采用三元配合的方法,金属离子配位数高,配体体积小,加上另一多齿配体可得到灵敏度增高、吸收值红移的效果。无机化合物的电子跃迁形式有电荷跃迁和配位场跃迁。

利用紫外-可见吸收光谱对物质进行定性和定量分析的方法就是紫外-可见分光法。它不但可能直接吸收紫外、可见光的物质进行定性、定量分析,同时也可利用化学反应使不吸收紫外或可见光的物质转化为可吸收紫外、可见光的物质进行测定。所以,此方法应用面十分广泛。

4.1.3 光吸收定律

物质对光的吸收遵循比尔定律,即当一定波长的光通过某物质的溶液时,入射光强度 I_0 与透过光强度 I_i 之比的对数与该物质的浓度及液层厚度成正比。其数学表达式为

$$A = \lg(I_0/I_i) = \varepsilon bc \tag{4-1}$$

式中,A 为吸光度;b 为液层厚度,单位 cm;c 为被测物质浓度,单位 mol·L^{-1};ε 为摩尔吸光系数。当被测物质浓度单位是 g·L^{-1} 时,ε 就以 a 表示,称吸光系数。此时

$$A = abc \tag{4-2}$$

在特定波长和溶剂情况下,摩尔吸光系数 ε 是吸光分子(或离子)的特征常数。在数值上等于单位物质的量在单位光程中所测得的溶液的吸光度。它是物质吸光能力的量度,可作定性分析的参数。

在化合物成分不明的情况下,摩尔质量无从知道,因而物质的量浓度也无法确定,此时无法使用 ε。一般常采用 $a_{1\,cm}^{1\%}$(称比吸光系数),意思是某物质的 1% 溶液于 1 cm 比色皿中的吸光度;1% 指 0.01 g·mL^{-1}。

比尔定律是紫外-可见分光光度定量分析的依据。当比色皿及入射光强度一定时,吸光度正比于被测物质浓度。

4.2 分光光度计结构

4.2.1 分光光度计组成

分光光度法所采用的仪器称为分光光度计。分光光度计主要由五个部分组成,即光源、单色器、样品池、检测器、控制与信号处理系统,其方框图如图 4-4 所示。

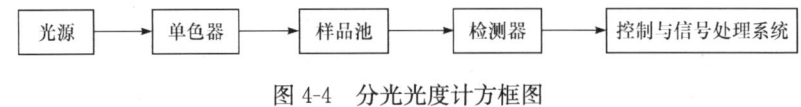

图 4-4 分光光度计方框图

1. 光源

紫外-可见分光光度计常用的光源有热光源和气体放电灯两种。

热光源有钨灯和卤钨灯。钨灯是可见区和近红外区最常用的光源,它适用的波长范围为 320~2500 nm。钨灯靠电能加热发光,钨灯中常充有一些惰性气体,可提高其

使用寿命。钨灯发射的是连续光谱。钨灯的工作温度与它的光谱分布有关,一般在 2400~2800 K 可见光区,钨灯的能量输出波动为电源电压波动的 4 次方倍。因此,要使钨灯光源稳定,必须对钨灯电源电压严格控制,需要采用稳压变压器或电子电压调制器来稳定电源电压,也可用 6 V 直流电源供电。卤钨灯即在钨灯中加入适量的卤化物或卤素,灯泡用石英制成。卤钨灯具有较长的寿命和高的发光效率。不少分光光度计已采用这种光源代替钨灯。

另一种紫外区的光源为气体放电灯,这类光源有氢灯、氘灯、汞灯等。这类灯在接通电路时会放电发光。常用的是氢灯及其同位素氘灯,适用的波长范围为 165~375 nm。氘灯的光谱分布与氢灯相同,但其光强度比同功率氢灯大 3~5 倍,寿命比氢灯长。低压汞灯发射的是一些分立的线光谱,主要能量集中在紫外区,以 253.7 nm 线最强,低压汞灯在紫外区(200~400 nm)有 24 条谱线,可专门用作校正分光光度计单色器的波长标尺。

2. 单色器

单色器是一种将来自光源的混合光分解为单色光,并能任意改变波长的装置,它是分光光度计的核心。单色器主要由狭缝、色散元件和准直镜等组成,关键是色散元件,紫外-可见分光光度计均采用棱镜或光栅为色散元件。它们能将复合光分解为各种波长的单色光。

3. 样品池

紫外-可见分光光度计常用的样品池有石英和玻璃两种材料,由于玻璃吸收紫外光,因此只适用于可见光区光谱测定,紫外吸收光谱的测定应选用石英池。

4. 检测器

检测器的作用是把透过样品池的光信号转变为电信号输出,其输出的电信号的大小与透过光的强度成正比。紫外-可见分光光度计中常用的检测器有光电管和光电倍增管两种。光电管有两只,一只为氧化铯光电管,用于 625~1000 nm 波长范围;另一只为锑铯光电管,用于 200~625 nm 波长范围。光电倍增管是检测弱光常用的光电元件,它的灵敏度比一般的光电管高 2 个数量级。

5. 控制与信号处理系统

随着计算机技术的发展,现代高性能分光光度计大部分采用 PC 或 MCU 实现仪器的自动控制和信号的显示处理功能。例如,根据设定的波长范围自动扫描、自动标峰、自动更换光源和检测器等,通过软件可对光谱的面积进行积分,对光谱实行多次微分、平滑处理等多种计算功能,测量结果可以多种方式输出。

4.2.2 分光光度计的分类

常见的分光光度计有单光束型和双光束型,光路图分别如图 4-5 和图 4-6 所示。双光束分光光度计能够消除、补偿由于光源、电子测量系统不稳定等引起的误差,测量的精确度比对应的单光束型仪器高。

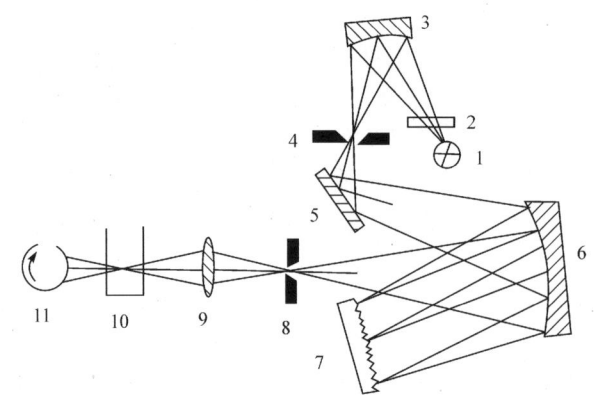

图 4-5　单光束分光光度计光路图

1-卤钨灯;2-滤光片;3-聚光镜;4-入射狭缝;
5-反光镜;6-准直镜;7-光栅;8-出射狭缝;9-聚光镜;10-样品池;11-光电管

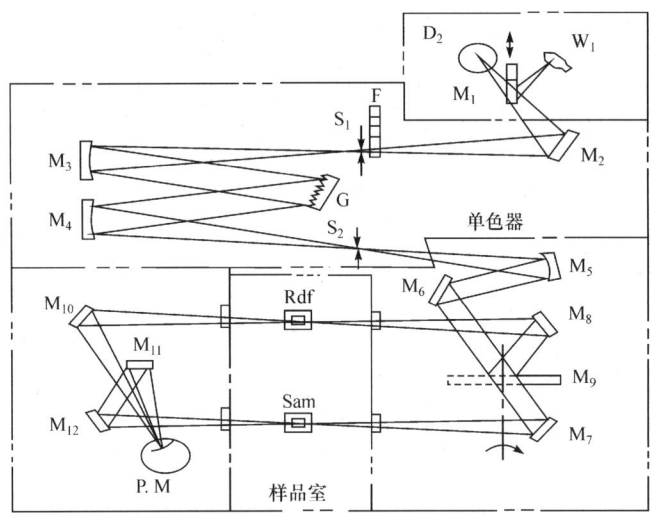

图 4-6　双光束分光光度计光路图

D_2-氘灯;W_1-钨灯;F-除杂散光滤光片;S_1-入射狭缝;S_2-出射狭缝;
G-光栅;$M_1 \sim M_{12}$-反射镜;Sam-样品池;Rdf-参比池;P.M-光电倍增管

4.3 实验部分

实验12 有机化合物的吸收光谱及溶剂效应、取代基的影响

一、实验目的

(1) 学习紫外吸收光谱的绘制方法。
(2) 了解溶剂的性质和取代基对化合物紫外吸收光谱的影响。
(3) 掌握紫外-可见分光光度计的使用。

二、实验原理

紫外吸收光谱带宽而平坦，数目不多。虽然不少化合物结构上差别很大，但只要分子中含有相同的发色团，则其吸收光谱的形状就大体相似，因此依靠紫外吸收光谱很难独立解决化合物结构的问题，但紫外光谱对共轭体系的研究有独到之处。可以利用紫外光谱的经验规则——伍德沃德-菲泽(Woodward-Fieser)规则进行分子结构的推导验证。

芳香族化合物的紫外光谱的特点是具有 $\pi \rightarrow \pi^*$ 跃迁产生的3个吸收带。例如，苯在184 nm附近有一个强吸收带，$\varepsilon = 68\,000\ \mathrm{L \cdot mol^{-1} \cdot cm^{-1}}$；在204 nm处有一个弱吸收带，$\varepsilon = 8800\ \mathrm{L \cdot mol^{-1} \cdot cm^{-1}}$；在254 nm附近有一个弱吸收带，$\varepsilon = 250\ \mathrm{L \cdot mol^{-1} \cdot cm^{-1}}$。当苯处在气态时，这个吸收带具有很好的精细结构。当苯环上带有取代基时，取代基影响苯的电子分布，使吸收带向长波移动，强度增加，细微结构不明显或完全消失，影响的大小与取代基的电性和空间位阻有关。

利用紫外吸收光谱进行定性分析是将未知化合物与已知纯的样品用相同的溶剂配制成相同浓度，在相同条件下，分别绘制它们的吸收光谱，比较两者是否一致。或者是将未知物的吸收光谱与标准图谱(如Sadtler紫外光谱图)比较，两种光谱的 $\lambda_{\max}$ 和 $\varepsilon_{\max}$ 相同，表明它们是同一有机化合物。

极性溶剂对紫外吸收光谱吸收峰的波长、强度及形状可能产生影响。极性溶剂有助于 $n \rightarrow \pi^*$ 跃迁向短波移动，而使 $\pi \rightarrow \pi^*$ 跃迁向长波移动。

三、仪器与试剂

1. 仪器

紫外-可见分光光度计；石英比色皿一对；5 mL比色管(带塞)15个；1 mL移液管12支。

2. 试剂

环己烷；正己烷；乙腈；乙醇；$0.1\ \mathrm{mol \cdot L^{-1}}$ HCl；$0.1\ \mathrm{mol \cdot L^{-1}}$ NaOH；去离子水；1∶500(体积比)苯、甲苯的环己烷溶液；$0.18\ \mathrm{g \cdot L^{-1}}$ 苯酚的环己烷溶液；$0.4\ \mathrm{g \cdot L^{-1}}$ 三

氯苯酚的环己烷溶液;0.2 g·L^{-1}苯酚水溶液。

异丙叉丙酮分别用乙腈、乙醇、正己烷、去离子水为溶剂,配成浓度为 0.1 g·L^{-1}的溶液。

丁酮分别用乙腈、乙醇、正己烷、去离子水为溶剂,配成浓度为 1∶50(体积比)的溶液。

四、实验步骤

1. 溶剂性质对化合物紫外吸收光谱的影响

1) 溶液配制

在 4 个 5 mL 的带塞比色管中分别加入 1.0 mL 1∶50 丁酮溶液,分别用相应的溶剂稀释至刻度,摇匀。

在 4 个 5 mL 的带塞比色管中分别加入 0.5 mL 0.1 g·L^{-1}异丙叉丙酮溶液,分别用相应的溶剂稀释至刻度,摇匀。

在 3 个 5 mL 的带塞比色管中分别加入 0.5 mL 0.2 g·L^{-1}苯酚水溶液,分别用 0.1 mol·L^{-1} HCl、乙醇、0.1 mol·L^{-1} NaOH 稀释至刻度,摇匀。

2) 吸收光谱的绘制

用 1 cm 的石英比色皿以相应的溶剂为参比,选择狭缝宽度为 0.2 nm,在 210~350 nm 扫描上述各溶液的吸收光谱。

2. 取代基对吸收光谱的影响

1) 溶液配制

在 4 个 5 mL 的带塞比色管中分别加入 0.5 mL 苯(1∶500)、甲苯(1∶500)、苯酚(0.18 g·L^{-1})、三氯苯酚(0.4 g·L^{-1})的环己烷溶液,用环己烷溶液稀释至刻度,摇匀。

2) 吸收光谱的绘制

用 1 cm 的石英比色皿以相应的溶剂为参比,选择狭缝宽度为 0.2 nm,在 210~350 nm 扫描上述各溶液的吸收光谱。

五、结果处理

(1) 比较溶剂和溶液酸碱性对吸收光谱的影响,结论如何?

(2) 比较苯、甲苯、苯酚、三氯苯酚溶液吸收峰的波长随取代基的性质、数量的变化,结论如何?

六、注意事项

(1) 本实验所用试剂均应经提纯处理。

(2) 石英比色皿每换一种溶液或溶剂必须清洗干净,并用被测溶液或参比液洗 3 次。注意保护样品池,样品池的光学面必须清洁干净,不准用手触摸。如果光学面外表面有污物,可用擦镜纸轻轻拭去。实验结束,样品池内部用去离子水冲洗,然后用少量的乙醇或丙酮脱水处理,常温放置干燥。

(3) 使用仪器前,应先了解仪器的结构、功能和操作规程。确认样品室中样品架上没有任何物品,并且关闭好样品室,方可开机。

(4) 仪器在自检过程和扫描过程中不得打开样品室。

(5) 对于易挥发试样,应在样品池上盖玻璃盖。

(6) 切勿将任何样品和溶液溅于仪器上或样品室内,应保持样品室清洁和干燥。

七、思考题

(1) 试样溶液浓度过大或过小对测量有何影响?应如何调整?

(2) 狭缝宽度大小对吸收光谱轮廓、波长位置及吸光系数有何影响?

实验 13 2,4,6-三氯苯酚存在时苯酚含量的双波长分光光度法测量

一、实验目的

(1) 掌握双波长法(等吸收法)消除干扰的原理。

(2) 学习波长对的选择方法。

二、实验原理

多组分混合物的测定可以利用很多方法。对于两种或三种混合物来说,双波长法是比较简便的方法。例如,对于含有组分 N 和 M 的试样,设它们的吸收光谱相互重叠(图 4-7),如要求测定组分 M 含量而消除组分 N 的干扰,则可以从 N 的吸收光谱上选择两个波长,在这两个波长处组分 N 具有相等的吸光度,即对 N 来说,无论其浓度是多少,$\Delta A_N = A_{\lambda_2} - A_{\lambda_1} = 0$。从这两个波长测得 M 的吸光度差值 ΔA_M,因为 ΔA_M 与 M 的浓度呈线性关系,这样就可以确定组分 M 的含量。这个方法就是等吸光度测量法。

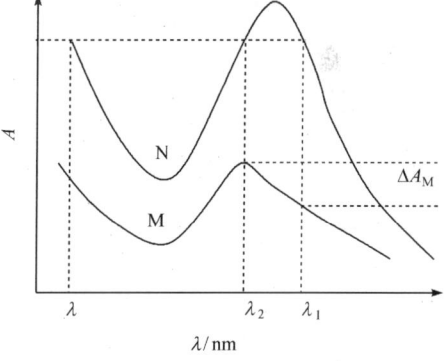

图 4-7 等吸光度法原理图

由此可见,所选择的波长必须满足两个基本条件:

(1) 在这两个波长处,干扰组分应具有相同的吸光度,即 $\Delta A_N = 0$。

(2) 在这两个波长处,待测组分的吸光度差值 ΔA_M 足够大。

确定等吸收波长常用作图法和扫描法。

1. 作图法

根据待测组分和干扰组分的吸收光谱,可以找出较合适的测定波长 λ_2 和参比波长

λ_1。图 4-8 为苯酚(A)和 2,4,6-三氯苯酚(B)的吸收光谱,假定要消除后者对苯酚定量时的干扰,可以选择苯酚的吸收峰 270 nm 作为测定波长 λ_2。从 270 nm 作平行于 Y 轴的直线与曲线 B 相交于一点。再从这一点作平行于 X 轴的直线,与曲线 B 交于另外两点,这两点所对应的波长分别为 λ_1 和 λ_1'。选取 270-λ_1 或 270-λ_1' 两种组合,都可使 2,4,6-三氯苯酚的吸光度差等于零。

2. 一波长固定、另一波长扫描法

作图法一般只是根据各组分的一种浓度求得的,即使比尔定律在各个波长都能成立,也不一定能保证干扰组分的浓度对 ΔA 没有影响。

本方法是在干扰组分可能存在的上限以内,配制几种不同浓度的溶液进行测定,找出干扰组分在这一浓度范围内都能符合 $\Delta A=0$ 的基线。如果干扰组分的浓度改变使存在状态发生变化,则在测得的谱线上也会反映出来(此时不同浓度的吸收光谱不能交于一点)。图 4-9 是用一波长固定、另一波长扫描法求 2,4,6-三氯苯酚等吸收波长的实例。首先根据图 4-8 选出苯酚的吸收峰值波长 270 nm 作为测定波长 λ_2,使 λ_1 在一定的波长范围内扫描,测出几种不同浓度的 2,4,6-三氯苯酚在 λ_1 变动时 $\Delta A_{270-\lambda_1}$ 的曲线,所得到的一组曲线除与基线交于 λ_2 外,还会于另外两个等吸收波长 λ_1、λ_1' 处相交,可以从这两个波长之中选取某一波长与 270 nm 组合。从图中看出,各种浓度的曲线都能在 λ_2、λ_1、λ_1' 处很好地相交,说明 2,4,6-三氯苯酚的干扰在这一浓度范围内可以有效地消除。

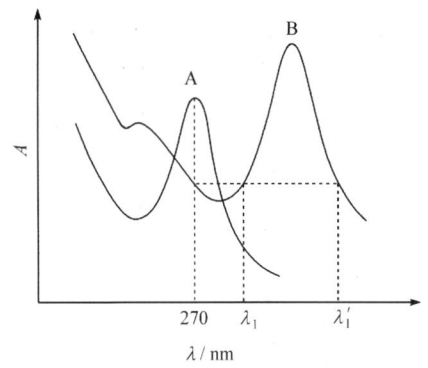

图 4-8 苯酚和 2,4,6-三氯苯酚的吸收光谱

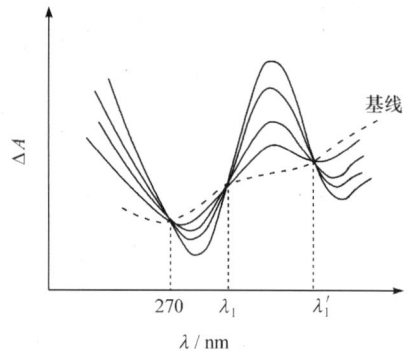

图 4-9 一波长固定、另一波长扫描法选择 λ_1 和 λ_2

三、仪器与试剂

1. 仪器

紫外-可见分光光度计;25 mL 容量瓶 11 个;5 mL 移液管 2 支,10 mL 移液管 1 支。

2. 试剂

0.250 g·L^{-1} 苯酚水溶液:称取 25.00 mg 苯酚,用去离子水溶解,定容至 100 mL

容量瓶中,稀释至刻度,摇匀。

0.100 g·L^{-1} 2,4,6-三氯苯酚水溶液:称取 10.00 mg 2,4,6-三氯苯酚,用去离子水溶解,定容至 100 mL 容量瓶中,稀释至刻度,摇匀。

四、实验步骤

1. 苯酚系列标准溶液的配制

取 5 个 25 mL 容量瓶,分别加入 1.00 mL、2.00 mL、3.00 mL、4.00 mL、5.00 mL 0.250 g·L^{-1} 苯酚水溶液,用去离子水稀释至刻度,摇匀。

2. 2,4,6-三氯苯酚标准溶液的配制

取 5 个 25 mL 容量瓶,分别加入 2.00 mL、4.00 mL、6.00 mL、8.00 mL、10.00 mL 0.100 g·L^{-1} 2,4,6-三氯苯酚水溶液,用去离子水稀释至刻度。摇匀。

3. 未知溶液的配制

移取 5.00 mL 未知溶液,加入 25 mL 容量瓶中,用去离子水稀释至刻度,摇匀。

4. 苯酚及 2,4,6-三氯苯酚水溶液吸收光谱的绘制

在 220~350 nm 波长范围内,以去离子水为参比溶液,选择狭缝宽度为 1 nm,分别绘制苯酚(30.00 mg·L^{-1})和 2,4,6-三氯苯酚(32.00 mg·L^{-1})的吸收光谱。可以选择苯酚的最大吸收波长为测量波长,从图中即可找出使 2,4,6-三氯苯酚的差吸光度为零的参比波长。

5. 一波长固定、一波长扫描

以苯酚的最大吸收波长为固定波长,另一波长在 220~350 nm 范围内扫描,分别绘制各浓度 2,4,6-三氯苯酚的吸收光谱,观察在参比波长处是否相交于一点。

6. 苯酚标准溶液吸光度的测量

根据以上方法选出波长对,以双波长方式分别测量苯酚标准溶液的 ΔA。

7. 未知溶液吸光度的测量

同上测量未知溶液的 ΔA。

五、结果处理

以 ΔA 对苯酚浓度绘制工作曲线,计算未知溶液中苯酚的含量。

六、注意事项

参见实验 12。

七、思考题

(1) 如需测定未知试样溶液中苯酚及 2,4,6-三氯苯酚两组分的含量,应如何设计实验? 测量波长应如何选择?

(2) 什么样的分光光度计可以做一波长固定、一波长扫描? 如使用的仪器不具备一波长固定、一波长扫描功能,如何考虑干扰组分浓度的影响?

实验 14 两组分混合物的同时测定

一、实验目的

(1) 掌握分光光度法两组分同时测定的方法。
(2) 学习导数光谱的绘制。
(3) 掌握导数分光光度法同时测定两组分的方法。

二、实验原理

1. 分光光度法同时测定两组分混合物

当体系中有几个组分时,根据吸光度的加和性,体系总吸光度为各组分吸光度之和:

$$A_{总} = \sum_{i=1}^{n} A_i = b \sum_{i=1}^{n} \varepsilon_i c_i \tag{4-3}$$

式中,$A_{总}$ 为各组分吸光度 A_i 之和;c_i 和 ε_i 分别为 i 组分的浓度和摩尔吸光系数。各组分的吸收光谱即使部分重叠,只要服从吸收定律,就可根据式(4-3)测定混合物中各组分的含量。最简单的例子是两组分混合物的测定。例如,在试样中含有两个组分 X 和 Y,其浓度分别为 c_X 和 c_Y,在波长 λ_1 和 λ_2 下,测得总吸光度 A_{λ_1} 和 A_{λ_2}。根据式(4-3),可以得到以下方程组:

$$\begin{cases} A_{\lambda_1} = \varepsilon_{\lambda_1}^X c_X + \varepsilon_{\lambda_1}^Y c_Y \\ A_{\lambda_2} = \varepsilon_{\lambda_2}^X c_X + \varepsilon_{\lambda_2}^Y c_Y \end{cases} \tag{4-4}$$

式中,$\varepsilon_{\lambda_1}^X$、$\varepsilon_{\lambda_1}^Y$、$\varepsilon_{\lambda_2}^X$、$\varepsilon_{\lambda_2}^Y$ 为波长 λ_1 和 λ_2 时,组分 X 和 Y 的摩尔吸光系数,可通过已知浓度的纯组分溶液获得。解上述方程组,可求得 c_X 和 c_Y。用这种方法,原则上可以同时测定多组分混合物中各组分的含量,但组分增多,误差增大。

2. 导数分光光度法同时测定两组分混合物

现代的紫外-可见分光光度计一般都带有微处理机,利用微处理机提供的功能,对吸收光谱进行微分处理,可以获得导数光谱。利用导数光谱进行分光光度测定称为导数分光光度法。带有微处理机的分光光度计一般可以获得 1~4 阶导数光谱。在各阶导数光谱中,吸光度对波长的微分值与溶液中组分的浓度仍保持线性关系：

$$\frac{d^n A}{d\lambda^n} = ac \tag{4-5}$$

式中,c 为组分的浓度；n 为导数的阶数。因此,可以利用导数光谱进行定量分析。

导数光谱灵敏度高,对于试样纯度检验、多组分混合物的测定、消除共存杂质的干扰与背景吸收、测定浑浊试样都具有特殊的优越性。图 4-10 为两组分混合物的吸收光谱及其 1~4 阶导数光谱。在这样的吸收光谱上很难测定各组分的含量,利用导数光谱可以把它们区分开来,实现两组分的同时测定。

导数光谱数值的测定方法有切线法、峰谷法和峰零法,如图 4-11 所示。这三种方法都可以用于定量测定。多组分混合物的定量测定常用峰谷法,即量取两个极值之间的距离 p。

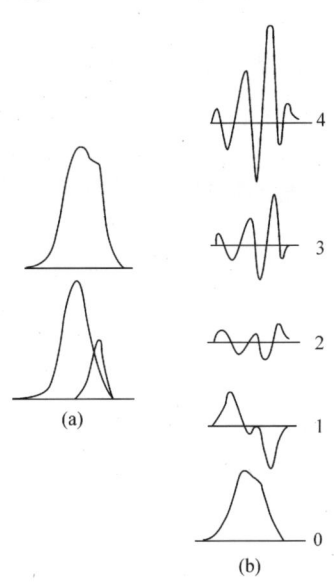

图 4-10　两组分混合物的吸收
光谱(a)及其 1~4 阶导数光谱(b)

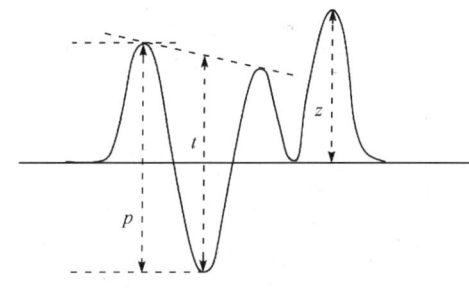

图 4-11　导数光谱数值的计算
t-切线法；p-峰谷法；z-峰零法

三、仪器与试剂

1. 仪器

紫外-可见分光光度计；25 mL 容量瓶 8 个。

2. 试剂

0.350 mol·L^{-1} Co(NO$_3$)$_2$ 标准溶液；0.100 mol·L^{-1} Cr(NO$_3$)$_3$ 标准溶液；Co 和 Cr 的混合试样溶液。

四、实验步骤

1. 分光光度法同时测定两组分混合物浓度

1) 标准溶液的配制

在 4 个 25 mL 容量瓶中,分别加入 2.50 mL、5.00 mL、7.50 mL、10.00 mL $Co(NO_3)_2$ 标准溶液,另取 4 个 25 mL 容量瓶,分别加入 2.50 mL、5.00 mL、7.50 mL、10.00 mL $Cr(NO_3)_3$ 标准溶液,用去离子水稀释至刻度,摇匀。

2) 未知溶液的配制

取 5.00 mL 未知溶液于 25 mL 容量瓶中,用去离子水稀释至刻度,摇匀。

3) Co 和 Cr 标准溶液吸收光谱的绘制

用 1 cm 比色皿,以去离子水为参比,选择狭缝宽度为 1 nm,在 400~650 nm 波长范围内绘制上述各溶液的吸收光谱。

4) 混合试样的吸收光谱

用 1 cm 比色皿,以去离子水为参比,其他条件同上,绘制未知溶液的吸收光谱。

2. 导数分光光度法同时测定两组分混合物

选择导数运算功能,输入 $\Delta\lambda$ 为 2 nm,分别对上述绘制的吸收光谱进行 1~4 阶微分处理,得 1~4 阶导数光谱图。

五、结果处理

1. 分光光度法的数据处理

根据 Co 和 Cr 吸收光谱确定 λ_1 和 λ_2,计算 Co 和 Cr 四种标准溶液在 λ_1 和 λ_2 处的 ε 值,求出 Co 和 Cr 的 ε_{λ_1} 和 ε_{λ_2}。根据混合试样的吸收光谱,读取 A_{λ_1} 和 A_{λ_2},按式(4-4)计算混合物中两组分的浓度。

2. 导数光谱的数据处理

根据 Co 和 Cr 标准溶液的导数光谱(1~4 阶导数光谱中任取一种),绘制 Co 和 Cr 的工作曲线。根据混合试样的导数光谱,分别计算试样中 Co 和 Cr 的浓度。

六、注意事项

(1) 在分光光度法同时测定两组分混合物时,根据吸收光谱决定最大吸收峰 λ_1 和 λ_2。

(2) 导数光谱的条件确定后,在测定过程中不能随意变动。

七、思考题

(1) 分光光度法中,两组分同时测定时,如何选择测定波长 λ_1 和 λ_2?

(2) 导数光谱条件(光谱带通、扫描速度、步长)的改变对导数光谱是否产生影响？试加以说明。

(3) 试用其他三阶导数计算测定结果。

实验 15　配合物的组成及其稳定常数的测定

一、实验目的

掌握摩尔比法和等摩尔连续变化法测定配合物组成及稳定常数的基本原理和方法。

二、实验原理

分光光度法是研究配合物组成和测定配合物稳定常数的一种十分有效的方法。金属离子 M 和配位体 L 形成配合物，配位反应为

$$M + nL \Longrightarrow ML_n$$

式中，n 为配合物的配位数，可用摩尔比法或等摩尔连续变化法测定。

1. 摩尔比法

配制一系列溶液，保持各溶液的金属离子浓度、酸度、离子强度、温度不变，只改变配位体的浓度，在配合物的最大吸收波长处测定各溶液的吸光度 A，以吸光度 A 对物质的量比 R ($R = c_L/c_M$，c_L 为配位体浓度，c_M 为金属离子浓度)作图，得到如图 4-12 所示的曲线。由图可见，当 $R < n$ 时，配位体 L 全部转变为 ML_n，且吸光度随 L 浓度增大而增高，并与 R 呈线性关系。当 $R > n$ 时，金属离子 M 全部转变为 ML_n，继续增加 L，吸光度不再增高。将曲线的线性部分延长，相交于一点，该点所对应的 R 即为配合物的配位数 n。摩尔比法要求在选定的波长下，除配合物外，

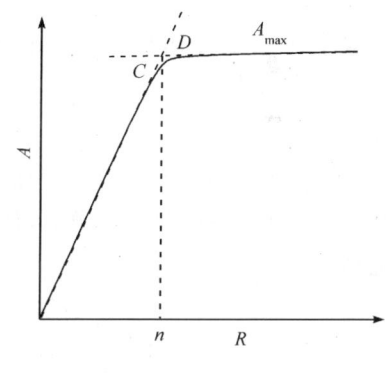

图 4-12　摩尔比法

配位体无明显的吸收，而且只能生成一种配合物。摩尔比法虽然简单、快速，但仅适用于离解度小的配合物。如果曲线的转折点很不明显，则难以确定配合物的组成。

2. 等摩尔连续变化法

配制一系列溶液，在实验条件相同的情况下，保持溶液的总浓度不变，即 c_M 和 c_L 之和为常数，只改变溶液中 c_M 和 c_L 的比值。在选定的波长下，测定溶液的吸光度 A，将 A 对 $c_M/(c_L + c_M)$ 作图，如图 4-13 所示。当体系中只生成一种配合物时，曲线有一

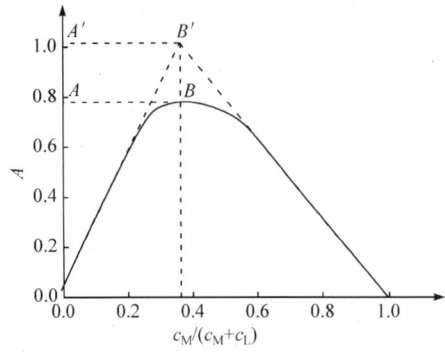

图 4-13 等摩尔连续变化法图示

个最高点,对应于该点的 c_L/c_M 即为该配合物的配位数 n。如果配合物的稳定性好,曲线的最高点很明显。如果配合物部分离解,曲线的最高点附近比较圆滑,可将曲线的线性部分延长,找出其交点。图 4-13 中 B' 点相当于配合物完全不离解时应有的吸光度,用 A' 表示。由于配合物部分离解,其离解度 α 为

$$\alpha = \frac{A' - A}{A'} \tag{4-6}$$

由 α 可以计算配合物的稳定常数 K:

$$K = \frac{1-\alpha}{[ML_n]\alpha^2} \tag{4-7}$$

本实验是测定 Fe^{3+}-磺基水杨酸配合物的组成及其稳定常数,实验在 pH 为 2~2.5 的 $HClO_4$ 溶液中进行,Fe^{3+} 与磺基水杨酸生成紫红色配合物的最大吸收波长约为 500 nm。

三、仪器与试剂

1. **仪器**

紫外-可见分光光度计;25 mL 容量瓶 9 个,100 mL 容量瓶 2 个;5 mL 移液管 2 支,10 mL 移液管 1 支。

2. **试剂**

1.000×10^{-2} mol·L^{-1} Fe^{3+} 溶液:称取 0.4822 g $NH_4Fe(SO_4)_2 \cdot 12H_2O$(A.R.),用 0.25 mol·$L^{-1}$ $HClO_4$ 溶解后,移至 100 mL 容量瓶,再用 0.25 mol·L^{-1} $HClO_4$ 稀释至刻度。

1.000×10^{-2} mol·L^{-1} 磺基水杨酸溶液:称取 0.2542 g 磺基水杨酸[分子式为 $C_6H_3(OH)(COOH)SO_3H \cdot 2H_2O$],用 0.025 mol·$L^{-1}$ $HClO_4$ 溶解后,移至 100 mL 容量瓶,再用 0.025 mol·L^{-1} $HClO_4$ 稀释至刻度。

0.025 mol·L^{-1} $HClO_4$ 溶液:移取 2.2 mL 70%(质量分数)$HClO_4$ 溶液,稀释至 1000 mL(统一配制)。

四、实验步骤

1. **摩尔比法实验**

取 9 个 25 mL 容量瓶,编号。按表 4-1 配制溶液,用去离子水稀释至刻度,摇匀。放置 0.5 h,等显色稳定后,绘制吸收曲线,测定最大吸收波长下的吸光度。

表 4-1　摩尔比法实验中溶液的配制及吸光度的测定

编号	V_{HClO_4}/mL	$V_{Fe^{3+}}$/mL	$V_{磺基水杨酸}$/mL	吸光度 A
1	7.50	2.00	0.50	
2	7.00	2.00	1.00	
3	6.50	2.00	1.50	
4	6.00	2.00	2.00	
5	5.50	2.00	2.50	
6	5.00	2.00	3.00	
7	4.50	2.00	3.50	
8	4.00	2.00	4.00	
9	3.50	2.00	4.50	

2. 等摩尔连续变化法实验

取 9 个 25 mL 容量瓶,编号。按表 4-2 配制溶液,用去离子水稀释至刻度,摇匀。放置 0.5 h,测定最大吸收波长下的吸光度。

表 4-2　等摩尔连续变化法实验中溶液的配制及吸光度的测定

编号	V_{HClO_4}/mL	$V_{Fe^{3+}}$/mL	$V_{磺基水杨酸}$/mL	吸光度 A
1	5.00	5.00	0	
2	5.00	4.50	0.50	
3	5.00	3.70	1.30	
4	5.00	3.00	2.00	
5	5.00	2.50	2.50	
6	5.00	2.00	3.00	
7	5.00	1.30	3.70	
8	5.00	0.50	4.50	
9	5.00	0	5.00	

五、结果处理

（1）用摩尔比法确定配合物组成：根据表 4-1 中的数据，以吸光度 A 对 R 作图，将曲线的两直线部分延长相交于一点，确定配位数 n。

（2）用等摩尔连续变化法确定配合物组成：根据表 4-2 中的数据，以吸光度 A 对 $c_M/(c_M+c_L)$ 作图。将两侧的直线部分延长，交于一点，由交点确定配位数 n。比较两种方法所得的 n 值。

（3）按式(4-7)计算配合物的稳定常数。

六、注意事项

（1）在测定系列溶液的吸光度时，应按编号的顺序进行。

（2）溶液的 pH 不同，磺基水杨酸与 Fe^{3+} 形成三种不同的配合物：当 pH<4 时，形成紫色配合物[FeR]；当 pH 为 4～10 时，形成红色配合物$[FeR_2]^{3-}$；在 pH=10 附近，形成黄色配合物$[FeR_3]^{6-}$。

七、思考题

（1）在什么情况下，可以使用摩尔比法、等摩尔连续变化法测定配合物的组成？

（2）酸度对测定配合物的组成有何影响？如何确定适宜的酸度条件？

（3）连续变化法测定配合物的稳定常数的使用范围是什么？

实验 16　甲基橙离解常数的测定

一、实验目的

通过甲基橙离解常数的测定，掌握分光光度法测定一元弱酸离解常数的原理、方法和测定步骤。

二、实验原理

测定弱酸的离解常数是在分析化学研究工作中经常遇到的问题，分光光度法中所用的显色剂一般都是弱酸（或弱碱），在研究这类新试剂时，需用分光光度法测定其离解常数。对于一元弱酸，在溶液中存在以下平衡：

$$HB \rightleftharpoons H^+ + B^-$$

其离解常数为

$$K_a = \frac{[B^-][H^+]}{[HB]} \tag{4-8}$$

或

$$pK_a = pH + \lg\frac{[HB]}{[B^-]} \tag{4-9}$$

根据式(4-8)，只要知道溶液的 pH 和$[HB]/[B^-]$，就可以计算出离解常数 K_a。pH 可用酸度计测量，[HB]和$[B^-]$可以通过测定溶液的吸光度获得。对浓度为 c 的一元弱酸，可以准备三种溶液。第一种为强酸性溶液，此时可以认为溶液中全部以 HB 形态存在，溶液的吸光度为 A_{HB}，有

$$A_{HB} = \varepsilon_{HB} c \tag{4-10}$$

第二种溶液呈强碱性，HB 完全离解成 B^-，溶液的吸光度为 A_{B^-}，有

$$A_{B^-} = \varepsilon_{B^-} c \tag{4-11}$$

第三种溶液的 pH 在 pK_a 附近，HB 和 B^- 在溶液中共存，此时的吸光度为 A，有

$$A = \varepsilon_{HB}[HB] + \varepsilon_{B^-}[B^-] \qquad (4\text{-}12)$$

$$c = [HB] + [B^-] \qquad (4\text{-}13)$$

由式(4-10)～式(4-13)可得

$$\frac{[HB]}{[B^-]} = \frac{A - A_{B^-}}{A_{HB} - A} \qquad (4\text{-}14)$$

代入式(4-9),得

$$pK_a = pH + \lg \frac{A - A_{B^-}}{A_{HB} - A} \qquad (4\text{-}15)$$

由测得的溶液的 pH、A_{HB}、A_{B^-} 和 A,就可计算出一元弱酸 HB 的离解常数。对于弱碱也有类似的算法。

甲基橙为一元弱酸,当甲基橙溶液的 pH 为 3.1～4.4 时,存在以下平衡:

$$HMO \rightleftharpoons H^+ + MO^-$$

在某一浓度下,不同的 pH 溶液中,甲基橙有如图 4-14 所示的吸收光谱。最高曲线为酸式(HMO)的吸收曲线,最低曲线为碱式(MO^-)的吸收曲线,其他曲线为 HMO 和 MO^- 共存时的曲线,它们的形状与溶液的 pH 有关。从图 4-14 可

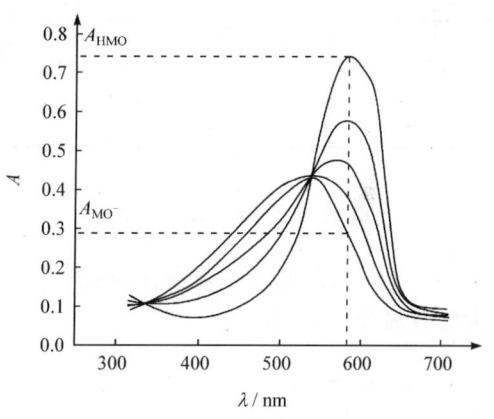

图 4-14 甲基橙溶液的吸收曲线

以得到 A_{HMO} 和 A_{MO^-} 以及不同 pH 时所对应的 A 值,代入式(4-15),得到一组 pK_a 值,取其平均值。

三、仪器与试剂

1. 仪器

紫外-可见分光光度计;酸度计;25 mL 容量瓶 7 个;5 mL、10 mL 移液管各 1 支。

2. 试剂

2.5 mol·L^{-1} KCl 溶液;2 mol·L^{-1} HCl 溶液。

2×10^{-4} mol·L^{-1} 甲基橙溶液:称取 65.4 mg 甲基橙,溶于水后,移至 1000 mL 容量瓶中。

氯乙酸-氯乙酸钠缓冲溶液:总浓度为 0.50 mol·L^{-1},pH 分别为 2.7、3.0 和 3.5。
HAc-Ac^- 缓冲溶液:总浓度为 0.50 mol·L^{-1},pH 分别为 4.0、4.5 和 6.0。

四、实验步骤

1. 溶液的配制

取 7 个 50 mL 容量瓶,编号,按表 4-3 配制测定溶液。用水稀释至刻度,摇匀,用酸

度计精确测定溶液的 pH。

表 4-3 测定溶液的配制

编号	甲基橙溶液/mL	KCl 溶液/mL	HCl 溶液/mL	氯乙酸-氯乙酸钠		HAc-Ac⁻ 缓冲溶液		吸光度	
				pH	体积/mL	pH	体积/mL	λ_{HB}	λ_{B^-}
1	2.5	1	1						
2	2.5	1		2.7	2				
3	2.5	1		3.0	2				
4	2.5	1		3.5	2				
5	2.5	1				4.0	2		
6	2.5	1				4.5	2		
7	2.5	1				6.0	2		

2. 最大吸收波长的选择

用 1 cm 样品池,以水作参比,扫描 1 号和 7 号溶液吸收曲线(350~700 nm),记录最大吸收波长 λ_{HB} 和 λ_{B^-}。

3. 吸光度的测定

分别以 λ_{HB} 和 λ_{B^-} 为测定波长,测定各溶液的吸光度。

五、结果处理

分别用 λ_{HB} 和 λ_{B^-} 处测得的吸光度值和酸度计算甲基橙的离解常数 K_a,比较所得的 K_a 值并与标准值相比较。

六、注意事项

(1) pH 的测定应精确到小数点后第二位。
(2) 溶液的配制将直接影响测定结果,容量瓶中甲基橙的含量尽可能相同。

七、思考题

(1) 在计算甲基橙的 K_a 时,如何选择所需要的吸光度?
(2) 为什么在实验中甲基橙的浓度要保持一致?

第 5 章　分子荧光光谱法

5.1　基本原理

5.1.1　荧光的产生

每种物质分子中都具有一系列能级，称为电子能级，而每个电子能级又包含一系列的振动能级和转动能级。物质受光照射时，可能部分或全部地吸收入射光的能量。在物质吸收入射光的过程中，光子的能量便传递给物质分子，于是发生电子从较低能级到较高能级的跃迁。这个过程进行极快，费时大约 10^{-15} s。所吸收的光子能量等于跃迁所涉及的两个能级间的能量差。当物质吸收紫外光或可见光时，这些光子的能量较高，足以引起物质分子中的电子发生能级间跃迁。处于这种激发状态的分子称为电子激发态分子。

电子激发态的多重态用 $2s+1$ 表示，s 为电子自旋量子数的代数和，其数值为 0 或 1，分子中同一轨道所占据的两个电子必须具有相反的自旋方向，即自旋配对。假如分子中全部轨道中的电子都是自旋配对的，即 $s=0$，则该分子体系便处于单重态(或称单线态)，用符号 S 表示。大多数有机化合物分子的基态是处于单重态的。如果分子吸收能量后电子在跃迁过程中不发生自旋方向的改变，这时分子处于激发的单重态；如果电子在跃迁的过程中还伴随着自旋方向的改变，这时分子便具有两个自旋不配对的电子，即 $s=1$，分子处于激发的三重态，用符号 T 表示。符号 S_0、S_1 和 S_2 分别表示分子的基态、第一和第二电子激发单重态；T_1 和 T_2 分别表示第一和第二电子激发三重态。

处于激发态的分子不稳定，通过振动弛豫(VR)和内转换(IC)过程失活到 S_1 态的最低振动能级，若再伴随着光子的发射返回到 S_0 的各振动能级，即 $S_1 \rightarrow S_0$ 跃迁过程得到荧光，此过程发射光子的能量，对应于激发态 S_1 最低振动能级与基态 S_0 各振动能级之间的能量差。荧光过程的单重态-单重态跃迁中，受激电子的自旋状态不发生变化。若处于激发态 S_1 的分子基于自旋-轨道偶合作用，通过系间窜跃(ISC)过程，由单重态的 S_1 转入三重态的 T_1，继而通过 VR 过程弛豫到 T_1 的最低振动能级，再通过光辐射过程回到 S_0 各振动能级，则得到磷光，如图 5-1 所示。

5.1.2　荧光激发光谱和发射光谱

荧光是光致发光，因此必须选择合适的激发光波长，这可以根据它们的激发光谱曲线来确定。如果固定荧光最大发射波长(λ_{em})，扫描得到的荧光强度与激发波长的关系曲线即为荧光激发光谱。由激发光谱可确定最大激发波长(λ_{ex})。

如果固定激发波长为其最大激发波长，扫描得到的荧光强度与发射波长的关系曲线即为荧光发射光谱。

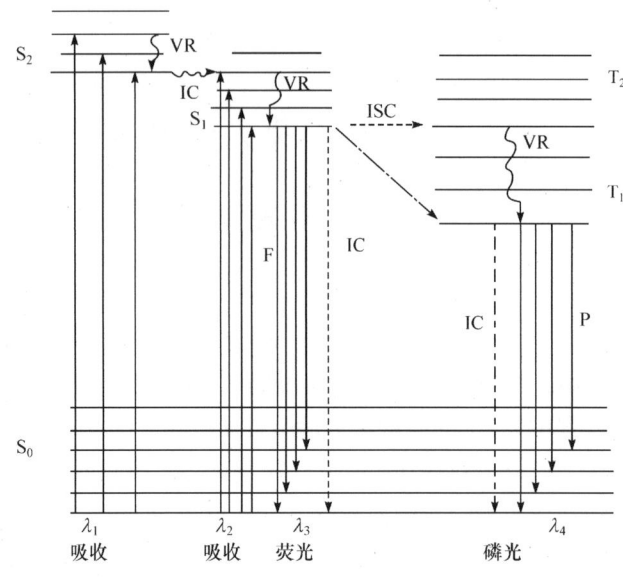

图 5-1 荧光和磷光能级图

5.1.3 荧光强度与浓度的关系

对于低浓度的溶液,一定的 λ_{ex} 和 λ_{em} 条件下,荧光强度正比于该体系吸收的激发光的强度,即

$$F=\phi(I_0-I) \tag{5-1}$$

式中,F 为荧光强度;I_0 为入射光的强度;I 为通过厚度为 b 的介质后的光强度;ϕ 为量子产率。由比尔定律得

$$F=\phi I_0(1-10^{-\varepsilon bc}) \tag{5-2}$$

式中,ε 为荧光分子的摩尔吸光系数;b 为液池的厚度;c 为荧光物质的浓度。将式(5-2)展开,得

$$F=\phi I_0\left[2.303\varepsilon bc-\frac{(2.303\varepsilon bc)^2}{2!}+\frac{(2.303\varepsilon bc)^3}{3!}-\cdots+\frac{(2.303\varepsilon bc)^n}{n!}\right] \tag{5-3}$$

当 $\varepsilon bc<0.01$ 时,高次项的值小于 1%,则式(5-3)可近似写为

$$F=2.303\phi I_0\varepsilon bc \tag{5-4}$$

当 $\varepsilon bc<0.05$ 时,在一定的条件下,荧光强度与其浓度成正比,即

$$F=Kc \tag{5-5}$$

式(5-5)是荧光分析定量的基础。

5.1.4 荧光的影响因素

分子结构和化学环境是影响物质发射荧光和荧光强度的重要因素。

强荧光物质分子结构通常具有如下特征:具有大的共轭 π 键结构。共轭体系越大,离域π电子越容易激发,荧光(磷光)越容易产生,因此大部分荧光物质具有芳环或杂环,芳环越大,荧光峰越移向长波长方向,荧光强度也较强。饱和的或只有一个双键的化合物不呈现显著的荧光,最简单的杂环化合物(如吡啶、呋喃、噻吩等)不产生荧光。

取代基的性质对荧光体的荧光特性和强度均有强烈的影响。芳环和杂环化合物的荧光光谱和荧光产率常随取代基而变。通常给电子取代基,如—NH_2、—NHR、—NR_2、—OH、—OR、—CN 等使荧光增强;吸电子取代基,如羧基(—COOH)、硝基(—NO_2)和重氮类等使荧光减弱;重原子取代,一般指卤素(Cl、Br、I)取代,使荧光减弱。取代基的位置对芳烃荧光的影响通常为邻、对位取代使荧光增强,间位取代使荧光减弱。

具有刚性的平面结构和具有最低的单线电子激发态 S_1 为 π、π_1^* 型的分子容易产生荧光。

大多数无机盐类金属离子不能产生荧光,而某些情况下,金属螯合物却能产生很强的荧光。

溶剂的性质、体系的 pH 和温度都会影响荧光的强度。

荧光分子与溶剂或其他溶质分子之间互相作用,使荧光强度减弱的现象称为荧光猝灭。引起荧光强度降低的物质称为猝灭剂。当荧光物质浓度过大时,会产生自猝灭现象。

5.2 荧光分析仪器结构

一般的荧光分光光度计与紫外分光光度计类似,由光源、单色器、样品池、检测器和信号显示系统。光学系统示意图如图 5-2 所示。

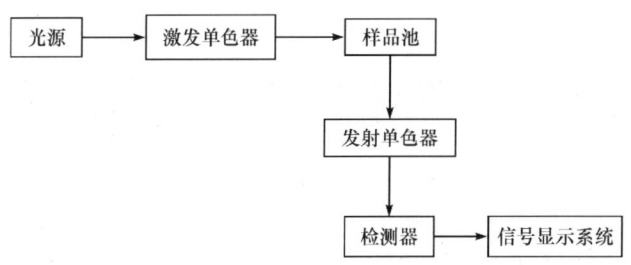

图 5-2 光学系统示意图

光源发出的光束经激发单色器色散,得到所需波长强度为 I_0 的单色光,照射到样品池上。荧光物质吸收光量子的能量被激发后,向四面八方发射荧光,为了消除入射光及杂散光的影响,荧光测量在与激发光成直角的方向。经过发射单色器色散,将所需的荧光与可能共存的其他干扰光分开,荧光照射于检测器上,荧光强度信号转化成电信号,并经放大器放大后,由记录仪记录或读出。

1. 光源

要求光源发射强度大,光强稳定,波长范围宽(在紫外区和可见区内有连续光谱),多采用高压汞灯、高压氙弧灯和激光光源。高压氙弧灯是荧光分光光度计应用最广泛的一种光源,这种光源是一种短弧气体放电灯,外套为石英,内充氙气,在 250～800 nm 光谱区呈连续光谱。高压汞灯发射的 365 nm、405 nm、436 nm 三条谱线在荧光分析中常用。高功率连续可调染料激光光源是一种单色性好、强度大的新型光源,因脉冲激光的光照时间短,可避免被照物质分解。但其设备复杂,应用不广。

2. 单色器

荧光分光光度计中应用最多的是光栅单色器,光路中有激发和发射两个单色器。

3. 样品池

荧光分光光度计使用四面透光的石英样品池。

4. 检测器

荧光分光光度计多采用光电倍增管为检测器。

5. 信号显示系统

目前,性能较好的荧光分光光度计多采用计算机进行主机控制、信号的处理和输出。

5.3 实 验 部 分

实验 17 奎宁的荧光特性和含量测定

一、实验目的

(1) 学习绘制奎宁的激发光谱和荧光光谱。
(2) 了解溶液的 pH 和卤化物对奎宁荧光的影响及荧光法测定奎宁的含量。
(3) 了解荧光分光光度计的结构、性能及操作。

二、实验原理

由于处于基态和激发态的振动能级几乎具有相同的间隔,分子和轨道的对称性都未改变,因此有机化合物的荧光光谱和激发光谱有镜像关系。

奎宁在稀酸溶液中是强荧光物质,它有 250 nm 和 350 nm 两个激发波长,荧光发射峰在 450 nm,在低浓度时,荧光强度与荧光物质浓度成正比[式(5-5)]。采用标准曲线法,将已知量的标准物质经过和试样同样处理后,配制系列标准溶液,测定这些溶液的荧光后,以荧光强度对标准溶液浓度绘制标准曲线,再根据试样溶液的荧光强度,在标准曲线上求出试样中荧光物质的含量。

三、仪器与试剂

1. 仪器

荧光分光光度计;石英皿;500 mL 容量瓶 2 个,250 mL 容量瓶 1 个,25 mL 容量瓶 10 个;5 mL 移液管 1 支,10mL 移液管 1 支。

2. 试剂

0.05 mol·L^{-1} 溴化钠溶液。

100.0 μg·mL^{-1} 奎宁储备液:称取 60.4 mg 硫酸奎宁二水合物,加 50 mL 1 mol·L^{-1} H_2SO_4 溶解,并用去离子水定容至 500 mL,将此溶液稀释 10 倍,得 10.00 μg·mL^{-1} 硫酸奎宁标准溶液。

四、实验步骤

1. 未知样中奎宁含量的测定

1) 系列标准溶液的配制

取 6 个 25 mL 容量瓶,分别加入 0 mL、1.00 mL、2.00 mL、3.00 mL、4.00 mL、5.00 mL 10.00 μg·mL^{-1} 硫酸奎宁标准溶液,用 0.05 mol·L^{-1} H_2SO_4 稀释至刻度,摇匀。

2) 绘制激发光谱和发射光谱

以 450 nm 为发射波长,在 200~400 nm 范围扫描激发光谱,确定最大激发波长。固定最大激发波长,在 400~600 nm 扫描荧光发射光谱。

3) 绘制标准曲线

固定最大激发波长和发射波长,测量系列标准溶液的荧光强度。

4) 未知样的测定

取 4~5 片药品,在研钵中研磨,准确称取约 0.1 g,用 0.05 mol·L^{-1} H_2SO_4 溶解,转移至 1000 mL 容量瓶中,用 0.05 mol·L^{-1} H_2SO_4 稀释至刻度,摇匀。

取上述溶液 2.00 mL 至 25 mL 容量瓶中,用 0.05 mol·L^{-1} H_2SO_4 溶液稀释至刻度,摇匀。与系列标准溶液同样条件,测量试样溶液的荧光强度。

2. 卤化物猝灭奎宁荧光实验

分别取 2.00 mL 10.00 μg·mL^{-1} 奎宁溶液于 5 个 25 mL 容量瓶中,分别加入 0.50 mL、1.00 mL、2.00 mL、4.00 mL、8.00 mL 0.05 mol·L^{-1} NaBr 溶液,用 0.05 mol·L^{-1} H_2SO_4 稀至刻度,摇匀。在最大激发波长和发射波长处测定荧光强度。

五、结果处理

(1) 以荧光强度对奎宁溶液浓度作图绘制标准曲线,并由标准曲线确定未知样品的浓度,计算未知样品中的奎宁含量。

(2) 以荧光强度对溴离子浓度作图并解释结果。

六、注意事项

奎宁溶液必须每天配制并避光保存。

七、思考题

(1) 为什么测量荧光必须和激发光的方向成直角?

(2) 如何绘制激发光谱和荧光光谱?

(3) 能否用 0.05 mol·L^{-1} 盐酸来代替 0.05 mol·L^{-1} H$_2$SO$_4$ 稀释溶液?为什么?

实验 18　胶束增敏荧光法测定铝

一、实验目的

(1) 学习基于形成荧光性配合物测定无机元素离子的方法。

(2) 了解胶束增敏荧光法的原理。

二、实验原理

无机化合物的荧光分析主要取决于待测元素与有机试剂形成配合物的反应。8-羟基喹啉-5-磺酸是一种重要的荧光试剂,在 pH 3～10 荧光较弱,与金属离子配位,其荧光大大增强,可用于 Al、Zn、Cd、Ga 等元素的测定。在 pH 4.5～5.5,Al(Ⅲ)与 8-羟基喹啉-5-磺酸形成荧光性配合物,阳离子表面活性剂胶束的存在使该体系的荧光显著增强,$\lambda_{em}/\lambda_{ex}$=385 nm/490 nm,可用于铝的测定。该法的线性范围为 0～0.3 μg·mL^{-1}。胶束增敏荧光法在分析领域广泛应用,但不同的荧光体系对各种表面活性剂有选择性的要求,其增敏机理也有待进一步研究。

表面活性剂是一种两性的分子,由极性的首基连接长链的尾部所组成,具有明显的亲水部分和疏水部分,根据首基的性质,表面活性剂可分为阳离子型、阴离子型、非离子型和两性型表面活性剂。

表面活性剂的浓度很低时,绝大部分被分散为单体,当表面活性剂的浓度达到临界胶束浓度(CMC)时,表面活性剂分子主动地缔合形成聚集体,称为胶束。胶束对荧光测定具有增溶、增敏和增稳等独特的作用。胶束溶液之所以能增强荧光强度,可以从直接影响荧光强度的两个重要因素——荧光物质在激发波长下的摩尔吸光系数及其荧光量子产率来考虑。

荧光物质在胶束溶液中所处的微环境(如极性、黏度和介电常数等)与水溶液中有十分显著差别,当荧光物质分子被分散和黏接到胶束系集(micellar assemblies)时,起到屏蔽作用,因而减少了碰撞的能量损失,降低了荧光质点自身浓度猝灭和外部猝灭剂的猝灭作用,其影响的净结果是胶束对处于激发单重态的荧光物质分子起到保护作用,有利于辐射去活化过程(荧光)与非辐射去活化过程及各种猝灭过程的竞争,从而提高荧光量子产率。另一方面,金属离子荧光螯合物荧光强度的增大不仅由于荧光量子产率的明显增大,也由于表面活性剂参与组成更高次的配合物而增大配合物的有效吸光面积,导致摩尔吸光系数增大,结果荧光强度增强。

表面活性剂通常分为:阳离子型,如溴代十六烷基三甲基铵(CTMAB);阴离子型,如十二烷基硫酸钠(SDS);两性型,如 3-(二甲基十二烷基铵)-(丙基-1-硫酸钠)(DDAPS);非离子型,如 p-1,1,3,3-四甲基丁基酚聚氧乙烯醚(TritonX-100)。

三、仪器与试剂

1. 仪器

荧光分光光度计;石英皿;25 mL 容量瓶 7 个;5 mL 移液管 1 支,10 mL 移液管 1 支。

2. 试剂

1.0 $\mu g \cdot mL^{-1}$ 8-羟基喹啉-5-磺酸水溶液;5×10^{-3} mol $\cdot L^{-1}$ CTMAB 水溶液。

1.000 mg $\cdot mL^{-1}$ 铝标准溶液:称取 1.0000 g 高纯铝丝,用(1+1)盐酸溶解,用 1 mol $\cdot L^{-1}$ 盐酸定容至 1000 mL 容量瓶中,摇匀,用时逐级稀释成 1.00 $\mu g \cdot mL^{-1}$。

乙酸-乙酸钠缓冲溶液:用 0.2 mol $\cdot L^{-1}$ 乙酸和 0.2 mol $\cdot L^{-1}$ 乙酸钠溶液配制,用酸度计调 pH=5.0。

四、实验步骤

1. 系列标准溶液的配制

在 6 个 25 mL 的容量瓶中,分别加入 0 mL、1.00 mL、2.00 mL、3.00 mL、4.00 mL、5.00 mL 1.00 $\mu g \cdot mL^{-1}$ 铝标准溶液,再依次加入 2.5 mL 1.0 $\mu g \cdot mL^{-1}$ 8-羟基喹啉-5-磺酸溶液、5 mL CTMAB 溶液、5 mL 乙酸-乙酸钠缓冲溶液,用去离子水稀释至刻度,摇匀。

2. 未知试样溶液的配制

移取 2 mL 未知液于 25 mL 容量瓶中,按上述步骤操作,配制试样溶液。

3. 绘制荧光激发光谱和发射光谱

选取系列标准溶液中含铝 0.20 $\mu g \cdot mL^{-1}$ 溶液,以 490 nm 为发射波长,在

300～450 nm 扫描激发光谱,确定最大激发波长。固定最大激发波长,在 420～550 nm 扫描荧光发射光谱,确定最大发射波长。

4. 系列标准溶液和未知试样溶液的测定

在 $\lambda_{em}^{max}/\lambda_{ex}^{max}$ 处分别测定系列标准溶液和未知试样溶液的荧光强度。

五、结果处理

以荧光强度对铝的浓度作图绘制标准曲线,由标准曲线确定未知试样的浓度。

六、注意事项

(1) 严格控制配合物形成的条件和试剂的加入顺序。
(2) 根据荧光强度的大小选择合适的激发狭缝和发射狭缝。
(3) 注意区分移取溶液的各移液管。

七、思考题

(1) 可以通过哪些途径用荧光法测定本身无荧光发射的无机离子?
(2) 本实验体系中 CTMAB 溶液的引入对荧光光谱、荧光强度产生哪些影响?可能的原因是什么?

实验 19 同步荧光法同时测定色氨酸、酪氨酸和苯丙氨酸

一、实验目的

(1) 学习固定波长差同步扫描。
(2) 学习用不同荧光法测定多组分混合物。

二、实验原理

根据和发射单色器在扫描过程中彼此间保持的关系,同步扫描技术可分为固定波长差、固定能量差和可变角(可变波长)同步扫描。固定波长差($\Delta\lambda=\lambda_{em}-\lambda_{ex}$)同步扫描技术具有简化光谱、谱带变窄、提高分辨率、减少光谱重叠、提高选择性、减少散射光影响等诸多优点,波长差的选择直接影响同步光谱的形状、带宽和信号强度,可实现多组分混合物组分的选择性测定。色氨酸(Try)、酪氨酸(Tyr)和苯丙氨酸(Phe)是天然氨基酸中仅有的能发射荧光的组分,可以用荧光法测定。但由于三者的激发光谱和发射光谱互相重叠,常规荧光法不能实现混合物中这三种组分的分别测定。研究表明,当仅有酪氨酸和色氨酸共存时,分别利用酪氨酸($\Delta\lambda<15$ nm)和色氨酸($\Delta\lambda<60$ nm)特征的同步扫描光谱,可以实现这两组分的分别测定。当同时含有这三种氨基酸时,可以在 pH=7.4 的缓冲介质中,以 $\Delta\lambda=55$ nm 进行同步扫描(图 5-3),利用苯丙氨酸 217 nm、酪氨酸 232 nm 和色氨酸 284 nm 的同步荧光峰进行分别测定。测定范围是苯丙氨酸

0.07~5 μg·mL^{-1},酪氨酸 0.02~1 μg·mL^{-1};色氨酸 0.001~0.5 μg·mL^{-1}。酪氨酸在 268 nm 处的同步荧光峰对色氨酸的测定有一定干扰,但可以校正。

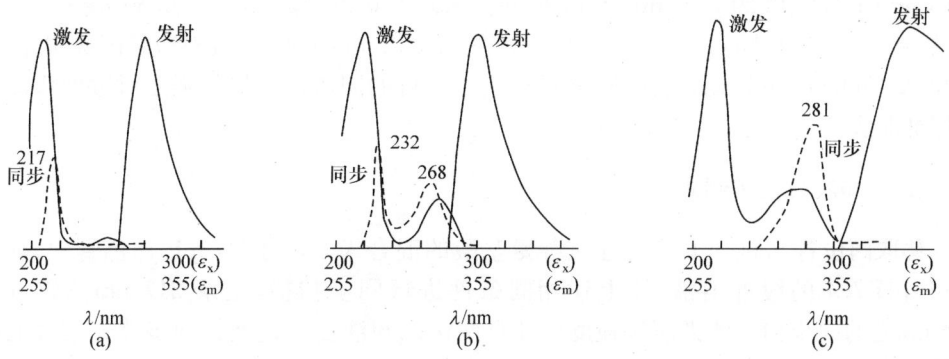

图 5-3　苯丙氨酸(a)、酪氨酸(b)和色氨酸(c)的激发、发射和同步($\Delta\lambda=55$ nm)光谱

三、仪器与试剂

1. 仪器

荧光分光光度计;石英皿;25 mL 比色管 23 个。

2. 试剂

苯丙氨酸、酪氨酸、色氨酸标准溶液:先配制 0.500 mg·mL^{-1} 标准溶液,再逐级稀释制备含苯丙氨酸 10.00 μg·mL^{-1}、含酪氨酸 2.00 μg·mL^{-1} 和含色氨酸 1.00 μg·mL^{-1} 的工作溶液。

KH_2PO_4-NaOH 缓冲溶液(pH=7.4):0.5 mol·L^{-1} NaOH 溶液与 0.5 mol·L^{-1} KH_2PO_4 按 4∶5(体积比)混合。

四、实验步骤

1. 荧光激发、发射和同步的光谱测定

分别移取苯丙氨酸(10.00 μg·mL^{-1},4.00 mL)、酪氨酸(2.00 μg·mL^{-1},8.00 mL)和色氨酸(1.00 μg·mL^{-1})标准溶液于 25 mL 比色管中,各加入 2 mL pH 7.4 的缓冲溶液,用水稀释至刻度,摇匀。测定其荧光激发、发射和同步($\Delta\lambda=55$ nm)光谱,确定其峰值波长和峰强度。

2. 绘制标准曲线

分别移取不同量的苯丙氨酸(10.00 μg·mL^{-1})、酪氨酸(2.00 μg·mL^{-1})和色氨酸(1.00 μg·mL^{-1})于 25 mL 的比色管中,各加入 2 mL pH 7.4 的 KH_2PO_4-NaOH 缓冲溶液,用水稀释至刻度,摇匀。制得的三个系列标准溶液分别为含苯丙氨酸 0.00 μg·mL^{-1}、1.00 μg·mL^{-1}、2.00 μg·mL^{-1}、3.00 μg·mL^{-1}、4.00 μg·mL^{-1}、

$5.00~\mu g \cdot mL^{-1}$;含酪氨酸 $0.00~\mu g \cdot mL^{-1}$、$0.20~\mu g \cdot mL^{-1}$、$0.40~\mu g \cdot mL^{-1}$、$0.60~\mu g \cdot mL^{-1}$、$0.80~\mu g \cdot mL^{-1}$、$1.00~\mu g \cdot mL^{-1}$;含色氨酸 $0.00~\mu g \cdot mL^{-1}$、$0.10~\mu g \cdot mL^{-1}$、$0.20~\mu g \cdot mL^{-1}$、$0.30~\mu g \cdot mL^{-1}$、$0.40~\mu g \cdot mL^{-1}$、$0.50~\mu g \cdot mL^{-1}$。用 $\Delta\lambda=55~nm$ 进行同步扫描,分别读取 217 nm、232 nm、284 nm 处对应苯丙氨酸、酪氨酸和色氨酸的同步荧光信号强度,然后分别以各自的同步荧光信号强度对浓度作图绘制标准曲线。

3. 未知液的光谱测定

移取两份各 5.00 mL 含上述三种氨基酸的混合未知液于 25 mL 比色管中,加入 2 mL pH 7.4 的缓冲溶液,按上述相同条件进行同步扫描,记录 217 nm、232 nm、284 nm 处的同步扫描荧光信号强度。计算两份未知液在上述波长同步荧光信号的平均值。

五、结果处理

(1) 以三种氨基酸各自的同步荧光强度对浓度作图绘制标准曲线,拟合出线性回归方程。

(2) 由混合未知液同步扫描在 217 nm 和 232 nm 处的同步荧光信号值,分别从苯丙氨酸和酪氨酸的标准曲线确定未知液中这两种氨基酸的含量。

(3) 若混合未知液中不含酪氨酸,则未知液中色氨酸的含量可根据其同步扫描在 284 nm 处的同步信号强度,由色氨酸的标准曲线确定。若混合未知液中含有酪氨酸,由于色氨酸在 284 nm 处的同步荧光信号受到酪氨酸 268 nm 处的同步荧光峰的影响,测定结果将偏高,偏高程度随酪氨酸量的增加而增加,可按照式(5-6)校正:

$$F = F_{284} - KF_{232} - F_0 \tag{5-6}$$

式中,K 为酪氨酸在 284 nm 与 232 nm 同步荧光信号的比值,可由单组分酪氨酸求得;F_{232} 为混合未知液中酪氨酸在 232 nm 处的同步荧光信号;F_{284} 为在波长 284 nm 处对混合未知液测得的同步荧光信号;F_0 为空白溶液在 284 nm 处产生的同步荧光信号;F 为混合未知液中真正由色氨酸在 284 nm 处产生的同步荧光信号。由 F 值从色氨酸标准曲线可确定混合未知液中色氨酸的含量。

(4) 列出未知液测定结果。

六、注意事项

(1) $\Delta\lambda$ 的选择直接影响同步荧光峰的峰形、峰位和强度,实验中应保持一致。

(2) 激发和发射狭缝宽度影响光谱的分辨率,实验中应选择合适的狭缝宽度。

七、思考题

(1) 同步扫描荧光技术有哪些优点?

(2) 在校正酪氨酸对色氨酸测定的影响时,式(5-6)中 KF_{232} 项的物理意义是什么?

第6章 红外光谱法

6.1 基本原理

用红外光照射分子时,能引起分子中振动能级的跃迁,因此红外吸收光谱(Infrared absorption spectroscopy,IR)又称为分子振动光谱。有机化合物大部分重要基团的振动频率出现在波长为 2.5~50 μm 的中红外区,所以通常所说的红外吸收光谱是指中红外吸收光谱。红外光谱图的横坐标是波长(μm)或频率,频率以波数(cm^{-1})表示,波数和波长互为倒数;纵坐标是吸收强度,一般用透光率($T\%$)表示。图 6-1 是 2-甲基-1-戊烯的红外光谱图。

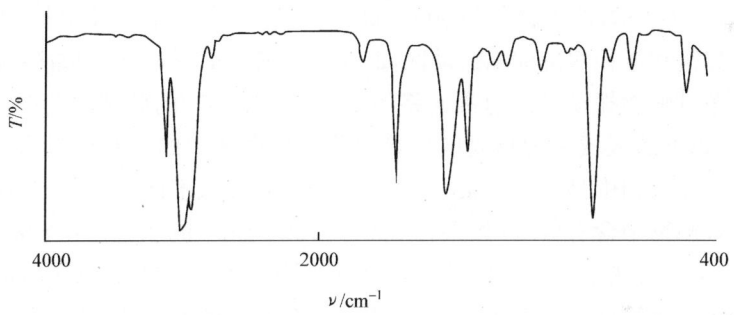

图 6-1 2-甲基-1-戊烯的红外光谱图

分子内原子在其平衡位置附近的振动有许多种方式。例如,线性的 CO_2 分子有以下四种振动方式:

$$
\begin{array}{cccc}
\underset{\leftarrow\ \rightarrow}{O=C=O} & \underset{\rightarrow\ \rightarrow}{O=C=O} & \underset{\downarrow}{\overset{\uparrow\ \ \uparrow}{O=C=O}} & \overset{\oplus\ \ \ominus\ \ \oplus}{O=C=O} \\
1388\ cm^{-1} & 2349\ cm^{-1} & 667\ cm^{-1} & 667\ cm^{-1} \\
(a) & (b) & (c) & (d)
\end{array}
$$

其中,原子沿着键轴方向来回运动,振动过程中键长发生变化的振动称为伸缩振动,如(a)、(b);原子在垂直于化学键的方向上运动,这种振动称为弯曲振动或变形振动,如(c)、(d)。如果再细分的话,可分为对称伸缩振动(a)、不对称伸缩振动(b)、面内变形振动(c)、面外变形振动(d)等。按统计学规律计算,一个由 N 个原子组成的线性分子有 $(3N-5)$ 种振动方式,非线性分子有 $(3N-6)$ 种振动方式。每一种振动有一定的频率,当红外光的频率与其相等时,分子就可能吸收红外光的能量,跃迁到较高能级上,而在检测得到的红外谱图的相应频率处产生吸收峰。由于种种原因,实际红外谱图上的吸收峰与分子基团振动数目并不相等。例如,在上述 CO_2 分子中有四种振动方式,而其红外谱图中只有两个吸收峰。这是因为:①在振动(a)中的正、负电荷中心在振动过程中始终重叠,即没有偶极矩的变化,这种没有偶极矩变化的振动是非红外活性的;②(c)和(d)两种振动方式实际上是相同的,它们具有相同的振动频率,故发生简并。一个基团的某种振动方式具有特定的频率,频率的大小由如下振动方程确定:

$$\nu = \frac{1}{2\pi c}\sqrt{\frac{k}{\mu}} \tag{6-1}$$

式中,ν 为频率,单位 cm^{-1};c 为光速;k 为化学键的力常数;μ 为折合质量,若是双原子分子,m_1、m_2 分别为两个原子的质量,则

$$\mu = \frac{m_1 m_2}{m_1 + m_2} \tag{6-2}$$

由振动方程[式(6-1)]可知,随着化学键强度的增加,振动频率向高波数方向移动;随着基团折合质量的增大,振动频率向低波数方向移动。为了便于研究,将红外光谱区 $4000\sim400\ cm^{-1}$ 划分为四个区域,$4000\sim2500\ cm^{-1}$ 是含氢基团伸缩振动区,$2500\sim2000\ cm^{-1}$ 是叁键和累积双键伸缩振动区,$2000\sim1500\ cm^{-1}$ 是双键伸缩振动区,$1500\sim1000\ cm^{-1}$ 是单键伸缩振动区。通常又将 $4000\sim1500\ cm^{-1}$ 的区域称为基团特征频率区,$1500\ cm^{-1}$ 以下的区域称为指纹区。基团特征频率区中的吸收峰具有很大的特征性,可用于确定化合物中是否存在某些官能团。例如,在双键区 $1700\ cm^{-1}$ 左右出现强吸收峰,说明被测物中含有羰基;如果在 $2000\sim1500\ cm^{-1}$ 的双键区中没有吸收峰,则说明被测物中不含有羰基、苯环等。指纹区与基团特征频率区不同,其中的吸收峰特征性差,但对分子整体结构十分敏感,一般用于与标准红外谱图比较。如果两个化合物的红外谱图中,不仅基团特征频率区的吸收峰一一对应,而且指纹区的吸收峰位置、形状、强度也一致,则一般可以判断两个化合物结构相同。

与紫外吸收光谱不同,红外吸收光谱的特征性很强,组成分子的原子不同、化学键不同以及基团的空间位置不同都会在红外谱图上显示出来,所以红外吸收光谱是有机化合物结构鉴定的重要工具。为了便于初学者解析红外谱图,图 6-2 列出了常见官能

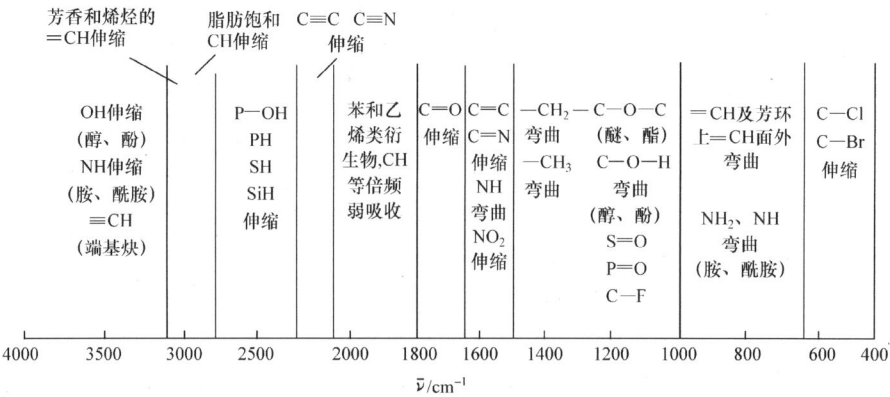

图 6-2　主要官能团在红外光谱中的位置

团在红外光谱中的位置。一些重要基团的红外特征吸收频率可以查阅各种介绍红外光谱的参考书或手册。

6.2 红外光谱仪结构

红外光谱仪可分为色散型红外光谱仪(通常称为红外分光光度计)和傅里叶变换红外光谱仪两大类。色散型红外光谱仪的原理与紫外分光光度计相似,光源发出的红外连续光需由单色器(分光系统)色散为单色光。图 6-3 是常见的双光束红外分光光度计的原理图。由光源发出的红外连续光经过一组反射镜分成两束平行的、等强度的红外光。它们分别通过样品池和参比池,然后进入单色器。单色器中装有一个半圆镜,它以一定的速度转动,让测量光束和参比光束交替通过,并投射到光栅上进行色散,而后进入检测器检测。当测量光束中部分光被样品吸收时,两束光的强度不相等,检测器便检测到一个交变信号。该信号被解调、放大后推动一个伺服马达,带动光锲移动插入参比光束,遮挡住部分参比光束,使两束光强度重新平衡。光锲与记录笔同步移动,记录下一个吸收峰。测量光束被吸收得越多,光锲插入参比光束越多,记录笔的移动距离越大,吸收峰就越强。同时,记录纸的移动与光栅转动同步,这样,就在记录纸上直接绘出纵坐标为透光率($T\%$)、横坐标为波长或波数的红外光谱。光栅转动一周,即绘制一张红外光谱图,大约需要几分钟至几十分钟。

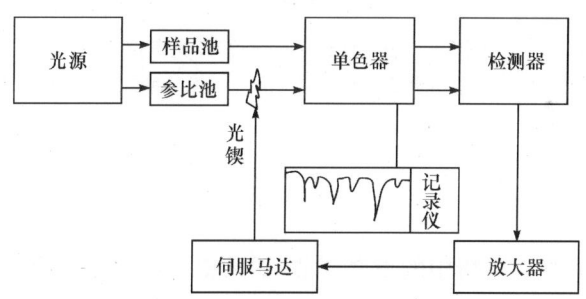

图 6-3 双光束红外分光光度计的原理图

傅里叶变换红外光谱仪(Fourier transform infrared spectrometer,简称 FT-IR)是 20 世纪 70 年代出现的新一代红外光谱仪,其结构和工作原理与色散型仪器完全不同。它由光源、迈克尔孙干涉仪、样品池、检测器和计算机组成(图 6-4),由光源发出的光经过干涉仪转变成干涉光,干涉光中包含了光源发出的所有波长光的信息。当上述干涉光通过样品时,某一些波长的光被样品吸收,成为含有样品信息的干涉光,由计算机采集得到样品的干涉图,经过计算机快速傅里叶变换后得到吸光度或透光率随频率或波长变化的红外光谱图。与色散型红外光谱仪不同,FT-IR 没有光栅或棱镜等色散元件,干涉仪也没有把光按频率分开,而只是将各种频率的光信号经干涉作用调制为干涉图函数,然后由计算机作傅里叶变换把干涉图计算转换为常见的红外光谱图。因此,FT-IR 的扫描速度非常快,约 1 s 就可获得全频域的光谱响应。不仅如此,FT-IR 还具有灵敏度高、分辨率和波数精度高、光谱范围宽等许多优点,因此发展迅速,将逐步取代色散型红外光谱仪。图6-5为Spectrum one型红外光谱仪。

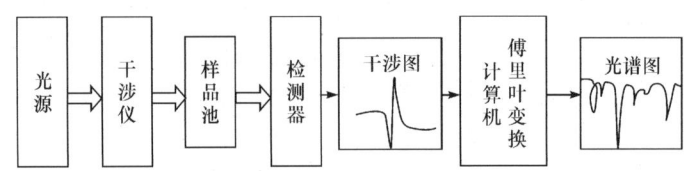

图6-4　FT-IR的原理图

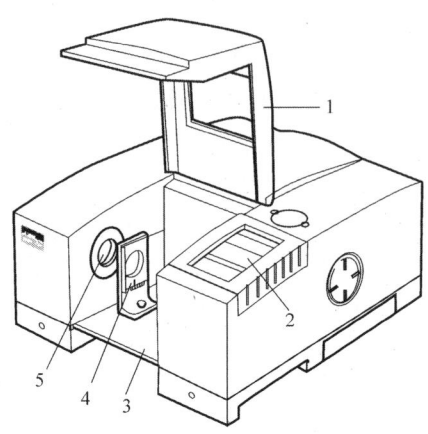

图6-5　Spectrum one型红外光谱仪

1-样品室盖;2-状态指示器;3-样品室的滑门;4-样品测试架;5-光束通道

6.3　制样技术

试样制备是红外光谱分析中的重要环节,如果想得到一张高质量的红外光谱图,除仪器性能和熟练操作技术外,很大程度上取决于合适的制样方法。应该注意的是,在与标准谱图对照时,必须采用相同的试样制备方法。红外制样方法可根据分析目的、样品性质以及测试要求来选择,现简单介绍几种常见的制样方法。

6.3.1　液体试样

液相光谱可分为液体试样和溶液试样两种。液体试样一般尽量不用溶液状态来测定,以免带入溶剂的吸收干扰。只有试样的吸收很强,无法用液膜法制备成很薄的吸收层时,或者是为了避免试样分子之间相互缔合的影响,才采用溶液测试。

溶液法是将一定量的干燥试样充分溶解在适当溶剂中(市售溶剂应事先进行脱水处理),然后用针筒注射到试样液体池内。同时用相同厚度的试样液体池或可变池装入空白溶剂作溶剂补偿或作背景扣除。

无论是固体样品还是液体样品,甚至有些气体样品,都可选择适当的溶剂转变成溶液后进行红外光谱测定,选择溶剂的原则是:溶剂在样品光谱范围内有良好的透明度,或只有少数的溶剂吸收峰;对样品有良好的溶解性;不与样品发生化学反应及明显的溶剂效应;不腐蚀样品池盐窗;毒性小。

对于一些吸收不太强的液体样品,可根据其黏度、挥发性等性质选用涂片法、夹片法或固定液池法等测定。对于一些吸收很强的样品,必须选择适当的溶剂配成一定浓度的溶液后进行测定。但是没有一种溶剂在整个中红外区都是红外透明的,所以需要时只能选用数种溶剂分别进行测定。例如,测定样品的光谱在 $4000\sim1300\ cm^{-1}$ 时可选用 CCl_4 为溶剂;测定样品的光谱在 $1300\sim600\ cm^{-1}$ 时可选用 CS_2 为溶剂;测定样品的光谱为 $2500\sim1500\ cm^{-1}$ 时可选用 $CHCl_3$ 为溶剂。各种不同的溶剂都有相应的红外透光范围,需要时读者可查找相关资料。

1. 涂片法

对于挥发性较小而黏度较大的样品(如油脂、邻苯二甲酸酯,高聚物裂解产物等),用不锈钢勺将样品均匀涂布在空白 KBr 片上,在红外灯下驱除溶剂和水分后测谱;对于吸收弱或因黏度低而涂层薄的样品,可再次涂上样品后重新测谱;对于吸收较强、黏度很大而不易均匀展薄的样品,可取两片空白盐片于红外灯下加热,然后在一块盐片上按长条形加入少量黏样,当样品受热后具有一定流动性时合上另一块加热的盐片,并用手使两盐片稍做上下、左右移动,以展开其间的黏样,最后放入样品池架。可借助固定螺丝来压薄黏样,但用力必须均匀适中,以免损坏盐片;对于某些黏度高而又不能加热展薄的样品(如加入固化剂后的环氧树脂黏样),可用适当的低沸点溶剂配成溶液后以低黏度样品方式制样。光谱测试完毕应及时清洗、干燥盐片。因涂膜厚度难以掌握,故涂片法一般只用于定性分析。

2. 夹片法

夹片法又称液膜法或可拆式液体池法,是液态样品制样中应用最广的一种方法。对于挥发性较小、黏度很低而吸收较强的液体样品(如二甲苯、甲苯等),可直接在 KBr 片上滴加 1~2 滴样品,再合上另一片 KBr 片,使样品在两盐片之间自然展成毛细层厚度,将它置于可拆卸液体池架中即可测绘光谱;对于挥发性较大或吸收很弱的液体样品,在两盐片之间加一块框形间隔片,然后将样品滴加在框形间隔片间,这样便形成一个可拆卸液池,即可进行测定。

6.3.2 固体样品

固体样品测试常用的制片方法有压片法、糊状法和薄膜法等。

1. 压片法

压片法是把固体样品的细粉均匀分散在碱金属卤化物中,并压制成透明薄片的方法。用于压片法的碱金属卤化物中,KCl 适于 $4000\sim400\ cm^{-1}$,KBr 适于 $4000\sim$

300 cm^{-1}，CsI 适于 4000～200 cm^{-1}。因 NaCl 晶格能高，不易压制成透明薄片，而 KI 不易精制，故它们都不用作压片法的分散剂。KBr 的价格比 CsI 便宜得多，波长适用范围也较宽，因此最为常用。测绘 200 cm^{-1} 以下远红外光谱时，常用聚四氟乙烯、聚乙烯蜡作为压片法的分散剂。

压片法的操作如下：先将试样、KBr 细粉、压芯级玛瑙研钵等置于红外灯下驱除水分，取 2 mg 左右试样（取样量视样品吸收强弱而定，一般为 0.5～5 mg），置于玛瑙研钵中充分研细，再加入 150～200 mg 已烘干并充分研细的 KBr 粉末（定量分析时样品和 KBr 粉末都要准确称量），混匀并继续研磨至 KBr 粉末黏附在研钵壁上，此时颗粒直径约 2 μm。将下压芯放入压模内，再用不锈钢小铲将混合粉料转移至下压芯上，然后放入压杆轻轻转动几下使粉料铺平，再取出压杆放入压芯及压杆，装好压模面即可移至压片机上压片。使用真空泵抽气（除去粉料上带有水汽的残留空气）加压至 16 MPa 并保持 2 min，停止抽气并降压，拆卸压模，取出透明薄片，随即测绘其光谱图。纯度高的 KBr 分散剂在整个中红外区都是红外透明的（可由分析纯 KBr 试剂中挑选，而不必使用昂贵的光谱纯试剂），所以一次测谱可得中红外区的全程光谱。压片法可用于定性和定量分析。对于不溶于有机溶剂的无机物（如矿物、黏土等）和不熔不溶的高聚物等都可采用 KBr 压片法测绘其红外光谱。

压片操作虽不复杂，但对初学者来说，经常会在压制过程中出现一些不正常现象，其现象、原因及纠正方法如表 6-1 所示。

表 6-1　KBr 压片质量不正常原因分析

一、由 KBr 粉末引起的		
不正常现象	原因	纠正方法
透过片子看远距离物体透光性差	KBr 不纯，至少混有 5% 以上的第二种化合物	选用纯的 KBr
不规则疙瘩斑	通常是由于 KBr 受潮或结块	干燥和粉碎
二、由试样引起的		
片子出现许多白色斑点，其余部分是清晰透明的	研磨不匀，有少量粗粒	重新研磨
不规则疙瘩或全部呈云雾状	样品受潮	干燥或抽真空时间长些
呈半透明云雾状浑浊	样品本身性质之故	选用其他制样方法
三、由压片技术引起的		
整个片子不透明	压力不够，加上分散不好	重新研磨或重新压制使其分散好一些
刚压好片子很透明，1 min 或更长时间以后出现不规则云雾状浑浊	抽真空不够	检查真空度，延长抽真空时间
片子中心出现云雾状	压膜表面不平整	调换新的或重抛光

2. 糊状法

糊状法又称糊剂法或矿物油法。此方法是将固体粉末分散或悬浮于石蜡油等糊剂中，然后将糊状物夹于两片 KBr 等盐片间测绘其光谱。凡是能够转变成粉末的样品都可以采用糊状法测定。尤其对采用 KBr 压片法，因吸湿引起水峰干扰的样品，与 KBr 粉末研磨时发生置换、配位等反应或在空气中研磨时产生氧化、分解、取向等效应的某些样品，采用糊状法制样更能显示其优点。

糊状法的操作如下：取 2～10 mg 粉末样品于玛瑙研钵中充分研细，然后加几滴（一般每毫克样品加一滴）与样品折光率相近的糊剂混合后研磨成糊状物，夹在两片空白 KBr 片间测绘其光谱图。采用氟化煤油为糊剂时，盐片的清洗需用三氯乙烷，或先用三氯甲烷再用变性乙醇清洗。

和压片法一样，该法的样品颗粒也必须研磨至 2 μm 左右，以免它产生散射而引起光谱基线倾斜、谱峰变形和位移。对于有些在空气中研磨会发生氧化、分解的样品，需在开始研磨样品时就加入糊剂，但往往不易研细样品。

3. 薄膜法

薄膜法多用于高聚物的制样，厚度在 50 μm 以下的高聚物薄膜可直接进行红外光谱测定。常用高聚物的成膜方法有挥发成膜、熔融成膜和热压成膜。

6.4 实验部分

实验 20 苯甲酸、乙酸乙酯的红外光谱测定

一、实验目的

（1）学习红外光谱法的基本原理及仪器构造。
（2）了解红外光谱法的应用范围。
（3）通过实验初步掌握各种物态的样品制备方法。

二、实验原理

红外光谱反映分子的振动情况。当用一定频率的红外光照射某物质时，若该物质的分子中某基团的振动频率与之相同，则该物质就能吸收此种红外光，使分子由振动基态跃迁到激发态。当用不同频率的红外光通过待测物质时，就会出现不同强弱的吸收现象。

由于不同化合物具有其特征的红外光谱，因此可以用红外光谱对物质进行结构分析。同时根据分光光度原理，若选定待测物质的某特征波数吸收峰，也可以对物质进行定量测定。

三、仪器与试剂

1. 仪器

红外光谱仪;油压式压片机;玛瑙研钵;盐片;红外干燥灯。

2. 试剂

KBr(A.R.);无水乙醇(A.R.);乙酸乙酯;苯甲酸;某未知物。

四、实验步骤

1. 固体样品苯甲酸的红外光谱测定

取约 1 mg 苯甲酸样品于干净的玛瑙研钵中,加约 100 mg KBr 粉末,在红外灯下研磨成粒度约 2 μm 细粉后,移入压片模中,将模子放在油压机上,加压力,在 16 MPa 的压力下维持 2 min,放气去压,取出模子进行脱模,可获得一片直径为 13 mm 的半透明盐片。将盐片装在样品池架上,即可进行红外光谱测定。

2. 液体样品乙酸乙酯的红外光谱测定

在一块干净抛光的 NaCl 或 KBr 片上滴加一滴乙酸乙酯样品,压上另一块盐片,将其置于样品池架上,即可进行红外光谱测定。

3. 未知物的红外光谱测定

根据教师提供的未知物,确定样品制备方法并测定其红外光谱。

五、结果处理

(1) 对苯甲酸及乙酸乙酯的特征谱带进行归属。
(2) 推测未知物可能的结构。

六、注意事项

(1) 固体样品经研磨(红外灯下)后仍应防止吸潮。
(2) 盐片应保持干燥透明,每次测定前均应用无水乙醇及滑石粉抛光(红外灯下),切勿水洗。

七、思考题

(1) 固体样品有哪几种制样方法?它们各适用于哪一种情况?
(2) 测试红外光谱时,分散剂一般常用 NaCl 和 KBr,它们适用的波数范围各为多少?

实验 21　用红外光谱法鉴别聚合物

一、实验目的

(1) 了解聚合物的红外光谱图特征。
(2) 学习通过红外光谱图确定聚合物类型。
(3) 进一步熟悉红外光谱仪的使用。

二、实验原理

最简单的聚合物结构是甲基封端的亚甲基链节链,这种形式就是聚乙烯(PE)或 PE 的结构。由于聚合物几乎完全由亚甲基基团组成,因此红外光谱图中仅存在亚甲基的伸缩和弯曲振动峰。在 2920 cm^{-1} 和 2850 cm^{-1} 处是亚甲基伸缩振动吸收峰;在 1464 cm^{-1} 和 719 cm^{-1} 处是亚甲基弯曲振动吸收峰。

将 PE 上每隔一个碳原子连接一个甲基就形成聚丙烯(PP),红外光谱图也就变得复杂了。除亚甲基外,还存在甲基、次甲基基团。甲基的吸收峰出现在 2969~2952 cm^{-1}(分裂的峰)、2868 cm^{-1} 和 1377 cm^{-1} 处;甲基的弯曲振动与亚甲基的弯曲振动吸收峰重叠,这个吸收峰轻微漂移到 1458 cm^{-1} 处。

如果将 PP 组成中的甲基基团由氯原子取代就形成聚氯乙烯(PVC)。甲基的伸缩和弯曲振动峰消失,取而代之的是 688 cm^{-1} 和 615 cm^{-1} 处出现的 C—Cl 伸缩振动吸收峰。在红外光谱图中,强谱带最大出现在 1255 cm^{-1} 处,这是由 CH_2 相邻碳原子与一个氯原子连接所产生的摇摆振动引起的;在 1200 cm^{-1} 处存在次甲基 C—H 的伸缩振动吸收峰,在 1435 cm^{-1} 和 1427 cm^{-1} 处出现的双峰是亚甲基弯曲振动吸收峰。

当亚甲基链的一端连接一个苯环形成聚苯乙烯(PS)时,红外谱图上就会同时出现亚甲基和单取代苯环吸收峰。PS 主要吸收峰是 2923 cm^{-1} 和 2850 cm^{-1} 处的亚甲基伸缩振动吸收峰;苯环不同平面上 C—H 键弯曲振动在 697 cm^{-1} 和 756 cm^{-1} 处出现强吸收峰;在 1601 cm^{-1}、1583 cm^{-1}、1493 cm^{-1} 和 1452 cm^{-1} 处是苯环的骨架振动特征吸收峰;3081 cm^{-1}、3060 cm^{-1} 和 3026 cm^{-1}、3002 cm^{-1} 处是芳香族 C—H 键伸缩振动吸收峰。

三、仪器与试剂

1. 仪器

傅里叶红外光谱仪。

2. 试剂

聚乙烯;聚丙烯;聚氯乙烯;聚苯乙烯。

四、实验步骤

分别将聚乙烯、聚丙烯、聚氯乙烯、聚苯乙烯制成薄膜,在红外光谱仪上测其红外谱图。

五、结果处理

（1）分别将聚乙烯、聚丙烯、聚氯乙烯、聚苯乙烯特征谱带进行归属。
（2）根据各自的红外谱图确定聚合物类型。

六、思考题

试述用红外光谱法鉴别聚合物的优点。

第 7 章 电位分析法

7.1 基本原理

电位分析法的基本原理是由指示电极、参比电极和待测溶液构成原电池,直接测量电池电动势并利用能斯特(Nernst)方程来确定物质含量,如图 7-1 所示。

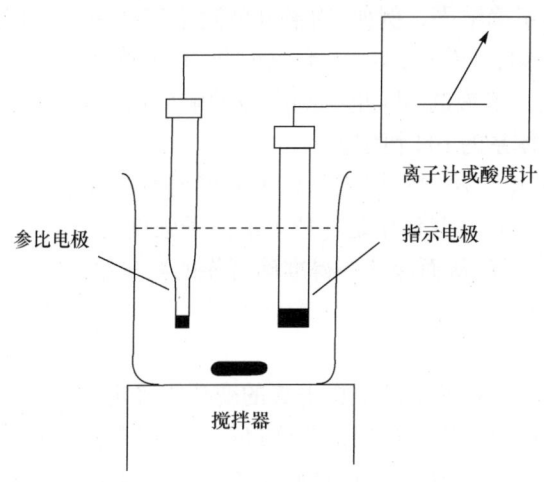

图 7-1 电位分析示意图

在溶液平衡体系不发生变化及电池回路零电流条件下,测得电池的电动势(或指示电极的电位)为

$$E = \varphi_{参比} - \varphi_{指示} \tag{7-1}$$

由于 $\varphi_{参比}$ 不变,$\varphi_{指示}$ 符合能斯特方程,因此 E 的大小取决于待测物质离子的活度(或浓度),从而达到分析的目的。

电位分析法主要有两种方式,即直接电位法与电位滴定法。

7.1.1 直接电位法

直接电位法的应用包括用玻璃电极测定溶液的 pH,用离子选择性电极测定溶液中离子浓度以及某些场合用选择性传感电极进行物质浓度的在线监测与控制。用直接电位法时,按下列能斯特一般方程进行:

$$E = \varphi \pm (RT/nF)\ln a \tag{7-2}$$

式中,n 为反应中电子转移数;阳离子取"+"号;阴离子取"一"号。可见电位与物质的离子活度对数呈线性关系。而对于分析化学来说,需要测量的是浓度而不是活度。活度与浓度的关系为

$$a = \gamma c \tag{7-3}$$

式中，γ 为离子的活度系数。因此

$$E = \varphi \pm (RT/nF)\ln(\gamma c) \tag{7-4}$$

若在测定中保持溶液的离子强度始终不变，即作校准曲线及测定样品时均保持溶液中相同的离子强度，则活度系数 γ 也不变，这样活度系数的影响可合并入常数项，式(7-4)可写为

$$E = \varphi' \pm (RT/nF)\ln c \tag{7-5}$$

这时电位与离子浓度对数呈线性关系，可直接测定样品中的离子浓度。

另外，共存离子的存在对离子选择性电极的响应值有影响，使测量结果产生偏差，严重时甚至不能得出正确结果。例如，用氟电极测定溶液中 F^- 含量时，若溶液中存在大量的铁、铝、铍、锆、铀、钍等，可与 F^- 形成配合物，干扰测定。这时可向溶液中加入柠檬酸盐来消除干扰。溶液的 pH 也影响电极的响应值，因此在直接电位法测定时需要加入缓冲溶液保持体系的 pH 恒定。

综上所述，在直接电位法中常加入总离子强度调节缓冲溶液(total ionic strength adjustment buffer, TISAB)，其作用是保持溶液离子强度为定值，控制缓冲溶液的 pH，同时消除共存离子的干扰，从而保证获得准确可靠的测量结果。

7.1.2 电位滴定法

通过测定滴定过程中待测溶液电极电势的变化来确定滴定终点的方法称为电位滴定法。电位滴定分析中测量电位的目的是通过在化学计量点处发生电位突变或曲线转折来判别化学计量点的位置，而不是通过测量电位来求物质的浓度。由于电位滴定法关心的是化学计量点附近的电位变化，而不是电位的绝对值，因此活度系数、液接电位和某些不影响滴定反应的共存离子不干扰测定，其准确度优于直接电位法。

电位滴定法配合各种指示电极可用于酸碱滴定、氧化还原滴定、配位滴定、沉淀滴定，并用于无机、有机及生化物质的测定。

7.2 仪器结构与原理

7.2.1 直接电位法常用仪器

直接电位法常用酸度计或离子计测定溶液的 pH 或电位值。由于许多电极具有很高的电阻，因此酸度计或离子计均需要很高的输入阻抗。本章所用的仪器有 pHS-2 或 pHS-3C 酸度计等。pH 玻璃电极、离子选择性电极和复合电极也可根据条件用其他型号代替。

7.2.2 电位滴定法常用仪器

电位滴定法又分为手动滴定法和自动滴定法。手动滴定法所需仪器简单，为上述酸度计或离子计，但操作不便。随着计算机技术与电子技术的发展，各种自动电位滴定

仪相继问世,使滴定更加准确、快速和方便。自动电位滴定仪有自动记录滴定曲线和自动终点停止两种方式。自动记录滴定曲线的方式是将滴定过程中体系的 pH 或电位值对所加的滴定剂体积变化的曲线自动记录下来,然后由电子学方法或计算机找出滴定终点,报告所消耗的滴定剂体积。其使用方便,不需事先求得终点电位,但需要高稳定性、高精确度的输液体系,以使滴定剂体积准确转变成电位或滴定时间信号。自动终点停止方式需事先求得滴定终点,将仪器终点电位先置于预定终点处,在滴定过程中,当电位值达到预定值时,滴定自动停止。

ZD-2 型自动电位滴定仪是利用到达等化学计量点电位时自动停止滴定液的加入,以实现自动滴定分析的仪器。配合使用各种电极,可以进行 pH 及 mV 的自动滴定。其控制系统是由电子线路组成的。

1. 电磁阀

电磁阀是根据通电线圈能吸引磁性物质的原理工作的。当一直流电压供给线圈时,线圈吸引磁铁,使具有弹性的橡皮管打开,液体自动流下,无电压加至线圈时,电磁阀的铁心被弹簧顶开,阀自动关闭,滴液不再流下。

2. $E\text{-}t$ 转换器

$E\text{-}t$ 转换器是供给电磁阀电源的装置,实际上是一个脉冲电压发生器。它的作用是产生开通和关闭两种状态的脉冲电压。

3. 终点给定和取样电路

$E\text{-}t$ 转换器的输入电压是由滴定过程中溶液的实际电位 E 与等化学计量点电位 E_0 的差值 $\Delta E = E - E_0$ 所决定。对于一个滴定过程,先找出等化学计量点电位 E_0,并在仪器中事先给定 E_0,通过取样电路将滴定池电极间的电位 E 的信号取出,然后与 E_0 比较,由差接法直接得到 ΔE。

滴定过程原理如下:首先将仪器的终点给定回路调节在已求出的等化学计量点电位 E_0。被测离子的浓度由电极转变成电位信号,经调制放大器放大后,一方面送至电表指示出来(或由记录仪记录下来);另一方面,由取样回路取出正比于电极信号的电位,与给定的等化学计量点电位相比较,其差值 ΔE 送到 $E\text{-}t$ 转换器作为控制信号,使 $E\text{-}t$ 转换器输出的脉冲信号加至电磁阀线圈两端,控制电磁阀开启和关闭时间,以调节滴定液流出的速度。当滴定远离等化学计量点时,溶液中的实际电位与等化学计量点电位相差较大,这时 $E\text{-}t$ 转换器输出到电磁阀的脉冲电压开通时间长,滴定液流出速度快;当滴定接近等化学计量点时,滴定液流出的速度慢;当滴定恰好达到等化学计量点时,溶液中实际电位与给定的等化学计量点电位相等,这时 $E\text{-}t$ 转换器输出电压中开通时间为 0(没有电压输出),电磁阀自动关闭,滴定过程结束。

在实际滴定过程中由于反应速率慢或搅拌不充分,滴落点附近先于整个溶液到达终点,故仪器还设置了延迟电路。延迟电路的作用是滴定到达终点时使电磁阀关闭,但不马上自锁,延迟 10 s。在这段时间内,若溶液电位有返回现象,使 $\Delta E > 0$,则电磁阀还可以自动打开补加滴定液。在 10 s 后,即使电位有返回现象,电磁阀也不再打开。

此外,为了既保证滴定准确度,又提高滴定速度,仪器还设置了预控制调节器,可以根据不同滴定对象和滴定要求选择滴定速度。在电位突跃较大或精度要求不高的场合,可以选择较快的滴定速度;反之,选择较慢的滴定速度。

7.3 实 验 部 分

实验 22 电位法测量水溶液的 pH

一、实验目的

(1) 了解直接电位法测量水溶液 pH 的原理。
(2) 掌握用酸度计测量 pH 的方法。
(3) 了解用标准缓冲溶液定位的意义和温度补偿装置的作用。

二、实验原理

pH 是表示溶液酸碱度的一种标度,定义为

$$\text{pH} = -\lg a_{\text{H}^+} \tag{7-6}$$

式中,a_{H^+} 为溶液中氢离子的活度。

在生产实践和科学研究中经常会遇到有关 pH 的问题,而比较精确的 pH 测量都需要用电化学方法(根据能斯特方程),用酸度计测量电动势来确定 pH。这种方法常用 pH 玻璃电极为指示电极(接酸度计的负极),饱和甘汞电极为参比电极(接酸度计的正极),与被测溶液组成如下的电池:

Ag | AgCl, Cl$^-$ (1 mol L^{-1}), H$^+$ (a_2) | 玻璃膜 | H$^+$ (a_1) ‖ KCl(饱和), Hg$_2$Cl$_2$ | Hg
    $E_{\text{Ag/AgCl}}$ $E_{\text{内}}$ $E_{\text{外}}$ E_{SCE}
              玻璃电极 |试液‖   饱和甘汞电极(SCE)

电池的电动势与氢离子活度 a_1 和 a_2 有关:

$$E_{\text{电池}} = E_{\text{SCE}} - E_{\text{Ag/AgCl}} - \frac{RT}{F} \ln \frac{a_1}{a_2} + E_a + E_j \tag{7-7}$$

式中,E_{SCE} 和 $E_{\text{Ag/AgCl}}$ 分别为外参比电极和内参比电极的电极电势;E_a 为不对称电位;E_j 为液接电位。假设在测定过程中 E_a 和 E_j 不变,而 E_{SCE}、$E_{\text{Ag/AgCl}}$ 和玻璃电极内充液的氢离子活度 a_2 的值一定,都可以合并为常数项,电池的电动势可以表示为

$$E_{\text{电池}} = \text{常数} + \frac{2.303RT}{F} \text{pH}_{\text{试液}} \tag{7-8}$$

式(7-8)中的常数项在一定条件下虽有定值,但却不能准确测定或计算得到。所以在实际测量时,要先用已知 pH 的标准缓冲溶液校正酸度计,称为"定位",使 $E_{\text{电池}}$ 和溶液 pH 的关系能满足式(7-8),然后再在相同条件下测量溶液的 pH。这两个电池的电位差分别为

$$E_{标准} = 常数 + \frac{2.303RT}{F}\text{pH}_{标准} \tag{7-9}$$

$$E_{试液} = 常数 + \frac{2.303RT}{F}\text{pH}_{试液} \tag{7-10}$$

因为测量条件(如温度、电极等)相同,将式(7-9)和式(7-10)相减时常数项消去。因此,水溶液 pH 的使用定义可表示为

$$\text{pH}_{试液} = \text{pH}_{标准} + \frac{E_{试液} - E_{标准}}{2.303RT/F} \tag{7-11}$$

由此可见,pH 的测量是相对的,每次测量的 $\text{pH}_{试液}$ 都是与其 pH 最接近的标准缓冲溶液进行对比的,测量结果的准确度首先取决于标准缓冲溶液 $\text{pH}_{标准}$ 的准确度。标准缓冲溶液是一种稀水溶液(离子强度应小于 $0.1 \text{ mol} \cdot \text{kg}^{-1}$),具有较强的缓冲能力,容易制备,稳定性好。

由于 pH 玻璃电极的内阻比较高(约 $10^8 \text{ }\Omega$),因此要求酸度计要有比较高的输入阻抗(大于 $10^{12} \text{ }\Omega$)才能保证一定的测量精度。质量好的酸度计测量 mV 的精度达 $\pm 1 \text{ mV}$,测量 pH 的精度可达 $\pm 0.02 \text{ pH}$。随着测试仪器的不断发展,现在所用测量 pH 的电极已制成了复合电极,但测量原理是相同的。

三、仪器与试剂

1. 仪器

pHS-3C 酸度计;磁力搅拌器;玻璃电极;饱和甘汞电极;复合电极;恒温水浴。

2. 试剂

三种未知 pH 的溶液;广泛 pH 试纸。

pH 分别为 4.00、6.86 和 9.18 的三种标准缓冲溶液(25 ℃)的配制见表 7-1。

表 7-1　缓冲溶液的配制

缓冲溶液	pH	配制方法	备注
饱和酒石酸氢钾	3.56	饱和溶液	
$0.05 \text{ mol} \cdot \text{L}^{-1}$ 邻苯二甲酸氢钾	4.00	$10.12 \text{ g} \cdot \text{L}^{-1}$	
$0.025 \text{ mol} \cdot \text{L}^{-1}$ 磷酸二氢钾	6.86	$3.388 \text{ g} \cdot \text{L}^{-1}$	用去 CO_2 水配制
$0.025 \text{ mol} \cdot \text{L}^{-1}$ 磷酸氢二钠		$3.533 \text{ g} \cdot \text{L}^{-1}$	
$0.01 \text{ mol} \cdot \text{L}^{-1}$ 硼酸	9.18	$Na_2B_4O_7 \cdot 10H_2O$ $3.80 \text{ g} \cdot \text{L}^{-1}$	

四、实验步骤

1. 开机前准备

按酸度计的说明书连接线路,准备好电极(电极使用前要用相应的溶液进行浸泡)。

接通电源,使酸度计预热 30 min,然后进行标定。

2. 标定

酸度计使用前先要标定。一般来说,酸度计在连续使用时,每天要标定一次。

(1) 连接电极(如果用复合电极,直接将复合电极的插头插入酸度计后电极转换器的插孔上;如果用玻璃电极和参比电极,将玻璃电极插头插入酸度计后电极转换器的插孔上,参比电极接入参比电极接口处)。

(2) 把选择开关旋钮调到 pH 挡。

(3) 调节温度补偿旋钮,使旋钮白线对准溶液温度值。

(4) 把斜率调节旋钮顺时针旋到底(调到 100% 位置)。

(5) 把清洗过并用滤纸吸干的电极插入 pH=6.86 的缓冲溶液中。

(6) 调节定位调节旋钮,使仪器显示读数与该缓冲溶液当时温度下的 pH 一致(如用混合磷酸盐定位温度为 10 ℃时,pH=6.92)。

(7) 用蒸馏水清洗电极,再插入 pH=4.00(或 pH=9.18)的标准缓冲溶液中,调节斜率旋钮,使仪器显示读数与该缓冲溶液中当时温度下的 pH 一致。

(8) 重复(5)~(7) 直至不用再调节定位或斜率两调节旋钮为止。

(9) 仪器完成标定。

3. 测定

1) 被测溶液与标定溶液温度相同时

(1) 用蒸馏水清洗电极头部,用被测溶液清洗一次。

(2) 把电极浸入被测溶液中,用玻璃棒或磁力搅拌器搅拌溶液,使溶液均匀,在显示屏上读出溶液的 pH。

2) 被测溶液与标定溶液温度不同时

(1) 用蒸馏水清洗电极头部,用被测溶液清洗一次。

(2) 用温度计测出被测溶液的温度值。

(3) 调节温度调节旋钮,使白线对准被测溶液的温度值。

(4) 将电极插入被测溶液内,用玻璃棒或磁力搅拌器搅拌溶液,使溶液均匀,在显示屏上读出溶液的 pH。

五、注意事项

(1) 经标定后,定位调节旋钮及斜率调节旋钮不应再有变动。

(2) 标定的缓冲溶液第一次用 pH=6.86 的溶液,第二次应接近被测溶液的值,如被测溶液为酸性,应选 pH=4.00 的缓冲溶液;如被测溶液为碱性,应选 pH=9.18 的缓冲溶液。

(3) 一般情况下,24 h 内仪器不需再标定。

(4) 经标定过的仪器即可用来测量被测溶液,被测溶液与标定溶液温度相同与否,相应的测量步骤也有所不同。

六、思考题

(1) 为什么在测量试液的 pH 时应选用 pH 与其相近的标准缓冲溶液校正酸度计？

(2) 在测量溶液的 pH 时，既然有用标准缓冲溶液"定位"这一操作步骤，为什么在酸度计上还要有温度补偿装置？

(3) 测量溶液的 pH 时，如何才能得到准确的结果？

实验 23 电位法测定水中及水泥中的微量氟

一、实验目的

(1) 了解离子选择性电极的主要特性，掌握离子选择性电极法测定的原理、方法及实验操作。

(2) 了解总离子强度调节缓冲溶液的意义和作用。

二、实验原理

氟离子选择性电极（简称氟电极）是晶体膜电极，它的敏感膜是难溶盐 LaF_3 单晶（定向掺杂 EuF_2）薄片制成，电极管内装有 $0.1\ mol·L^{-1}\ NaF$ 和 $0.1\ mol·L^{-1}\ NaCl$ 组成的内充液，浸入一根 Ag/AgCl 内参比电极。测定时，氟电极、饱和甘汞电极（外参比电极）和含氟试液组成下列电池：

$$Ag\,|\,AgCl\,\left|\,\dfrac{NaF(0.1\ mol\ L^{-1})}{NaCl(0.1\ mol\ L^{-1})}\,\right|\,LaF_3\ 单晶\,|\,含氟试液(a_{F^-})\,\|\,KCl(饱和),Hg_2Cl_2\,|\,Hg$$

$\quad E_{Ag/AgCl}\qquad\quad E_{内}\qquad\qquad E_{外}\qquad\qquad E_j\qquad\qquad E_{SCE}$

$\qquad\quad$ 氟电极 $\qquad\qquad\qquad\qquad|\qquad$ 试液 $\quad\|\qquad$ 饱和甘汞电极

一般离子计上氟电极接负极，饱和甘汞电极接正极，测得电池的电位差为

$$E_{电池}=E_{SCE}-(E_{膜}+E_{Ag/AgCl})+E_a+E_j \tag{7-12}$$

$$E_{膜}=E_{外}-E_{内}=0.059\lg\dfrac{a_{F^-}(内)}{a_{F^-}(外)}=K+0.059\lg\dfrac{1}{a_{F^-}}(25\ ℃) \tag{7-13}$$

在一定的实验条件下（如溶液的离子强度、温度等），外参比电极电势 E_{SCE}、活度系数 γ、内参比电极电势 $E_{Ag/AgCl}$、氟电极的不对称电位 E_a 以及液接电位 E_j 等都可以作为常数处理，而氟电极的膜电位 $E_{膜}$ 与 F^- 活度的关系符合能斯特方程，因此上述电池的电位差 $E_{电池}$ 与试液中氟离子浓度的对数呈线性关系，即

$$E_{电池}=K+0.059\lg c_{F^-}=K-0.059pF \tag{7-14}$$

即电池的电动势与试液中氟离子活度的对数呈线性关系。这就是应用离子选择性电极测定氟离子的理论依据。

在应用氟电极时需要考虑以下三个问题：

(1) 试液 pH 的影响。试液的 pH 对氟电极的电位响应有影响，pH 5～6 是氟电极使用的最佳 pH 范围。在低 pH 的溶液中，由于形成 HF、HF_2^- 等在氟电极上不响应的

型体，降低了 a_{F^-}。pH 高时，OH^- 浓度增大，OH^- 在氟电极上与 F^- 产生竞争响应。并且 OH^- 能与 LaF_3 晶体膜产生以下反应：

$$LaF_3 + 3OH^- \rightleftharpoons La(OH)_3 + 3F^-$$

从而干扰电位响应，因此测定需要在 pH 5～6 的缓冲溶液中进行，常用的缓冲溶液是 HAc-NaAc。

(2) 用离子选择性电极测量的是溶液中离子的活度，因此必须控制试液和标准溶液的离子强度相同。大量柠檬酸钠的存在可以达到控制溶液离子强度的目的。

(3) 氟电极的选择性较好，但能与 F^- 形成配合物的阳离子[如 Al(Ⅲ)、Fe(Ⅲ)、Th(Ⅳ)等]以及能与 La(Ⅲ) 形成配合物的阴离子对测定有不同程度的干扰。为了消除金属离子的干扰，可以加入掩蔽剂[如柠檬酸钠(Na_3Cit)、EDTA 等]。

用离子选择性电极进行定量分析的方法有标准曲线法和标准加入法等。为了便于应用标准加入法，设计了供离子选择性电极专用的反对数图纸(格氏图纸)。

三、仪器与试剂

1. 仪器

pHS-3C 酸度计(上海雷磁仪器厂)；磁力搅拌器；饱和甘汞电极；氟离子选择性电极(使用前应在去离子水中浸泡 1～2 h)。

2. 试剂

$0.100\ mol \cdot L^{-1}$ KF 标准溶液：称取 9.400 g $KF \cdot 2H_2O$(或 5.800 g KF)放入烧杯中，加入去离子水溶解后转移至 1000 mL 容量瓶中，用去离子水稀释至刻度，摇匀，保存于聚乙烯塑料瓶中备用，用时逐级稀释为 $1.00 \times 10^{-2}\ mol \cdot L^{-1}$、$1.00 \times 10^{-3}\ mol \cdot L^{-1}$。

$1.5\ mol \cdot L^{-1}$ 柠檬酸钠：称取 882.3 g 柠檬酸钠溶解于 2 L 去离子水中，用(1+1)盐酸调节 pH 为 6 左右。

$0.5\ mol \cdot L^{-1}$ 柠檬酸钠：移取 333 mL $1.5\ mol \cdot L^{-1}$ 柠檬酸钠溶液，用水稀释至 1 L，用(1+1)盐酸调节 pH 为 6 左右。

四、实验步骤

1. 标准曲线法

(1) 装上氟离子选择性电极和甘汞电极，连接酸度计，氟电极的插头插入电极转换器的插孔，甘汞电极的插头接入仪器后部的参比电极的接口，将 pH、mV 的选择旋钮旋至"mV"，此时甘汞电极为正极，氟电极为负极。

(2) 取 25.00 mL 水样，置于 50 mL 容量瓶中，加入 10 mL $1.5\ mol \cdot L^{-1}$ 柠檬酸钠缓冲溶液，用去离子水稀释至刻度，摇匀。倒出部分溶液于小塑料烧杯中，放入搅拌磁子，插入氟电极和饱和甘汞电极，连接酸度计，在磁力搅拌器上搅拌 1 min 后，停止搅拌,约 1 min 后读取稳定的电位值。

(3) 标准曲线的制作:取适量氟标准溶液置于 50 mL 容量瓶中,配制 1.00×10^{-5} mol·L^{-1}、5.00×10^{-5} mol·L^{-1}、1.00×10^{-4} mol·L^{-1}、5.00×10^{-4} mol·L^{-1}、1.00×10^{-3} mol·L^{-1} 氟离子标准系列,加 10.0 mL 1.5 mol·L^{-1} 柠檬酸钠缓冲溶液,用去离子水稀释至刻度,摇匀。按(2)中操作测定各标准溶液的电位值。

2. 标准加入法

(1) 取水样 25.00 mL,置于 100 mL 干燥的塑料烧杯中,加入 25.00 mL 0.5 mol·L^{-1} 柠檬酸钠缓冲溶液。按上述操作测定其电位值,然后依次加入 0.50 mL、1.00 mL、1.50 mL、2.00 mL 1.00×10^{-2} mol·L^{-1} 氟标准溶液,分别测定其电位值。

(2) 准确称取 0.2 g 水泥样,置于 100 mL 烧杯中,加入 10 mL 水使试样分散,然后加入 5 mL(1+1)盐酸,加热至微沸并保持 1~2 min,以快速滤纸过滤,用温水洗五六次,冷却后,加入 2~3 滴溴酚蓝指示剂[2%(质量分数)乙醇溶液],也可用茜素红代替,用 15%(质量分数)氢氧化钠溶液和(1+1)盐酸调节溶液的酸度,使溶液的颜色刚刚由蓝色变为黄色(应防止氢氧化铝沉淀产生)。用茜素红指示剂时,溶液的颜色是刚刚由黄色变为红色。然后移入 100 mL 容量瓶中,用水稀释至刻度,摇匀。

吸取 25.00 mL 上述试样溶液,置于 100 mL 干燥的烧杯中,按标准加入法测定其电位值。

五、结果处理

(1) 以测得的电位值 E(mV)为纵坐标、pF(或 c_F)为横坐标,在(半对数)坐标纸上作出标准曲线。根据所测试液的电位值,于标准曲线上查得其浓度,然后计算水样中氟的物质的量浓度。

(2) 用反对数图纸上绘制关系曲线,求得直线与横轴的交点 V,以此计算样品中氟的物质的量浓度。

六、思考题

(1) 标准曲线法和标准加入法各有何优缺点?
(2) 用离子选择性电极测定溶液中的离子浓度时,为什么要控制溶液的离子强度?
(3) 从标准曲线上可以得到哪些离子选择性电极的特性参数?

实验 24 碘离子选择性电极电势选择性系数的测定

一、实验目的

(1) 了解离子选择性电极的主要特性,掌握离子选择性系数测定的原理、方法及实验操作。

(2) 了解总离子强度调节缓冲溶液的意义和作用。

二、实验原理

碘离子选择性电极的传感膜是用碘化银和硫化银沉淀制成,为沉淀型膜电极。内参比溶液为 1.00×10^{-3} mol·L^{-1} 的碘化钾溶液,以银/碘化银电极为内参比电极,测量时以饱和甘汞电极为外参比电极,饱和硝酸钾琼脂盐桥组成电池。电池电动势与碘离子的活度在 $10^{-7}\sim10^{-1}$ mol·L^{-1},电动势与碘离子活度的对数呈直线关系。测定时为了控制溶液中的离子强度,在试液中加入硝酸钾,并使其浓度保持在 0.2 mol·L^{-1}。另外,为了避免碘离子被空气氧化,还需加入亚硫酸钠。当有 Ag$^+$、S^{2-}、CN$^-$ 等存在时,干扰碘测定。

理想的离子选择性电极只对特定的离子产生电位响应。事实上,电极不仅对一种离子有响应,对与欲测离子共存的某些离子也能响应。假设 i 为某离子选择性电极的欲测离子,j 为共存的干扰离子,n_i 和 n_j 分别为 i 离子和 j 离子的电荷。$K_{i,j}$ 为干扰离子 j 对欲测离子 i 的选择性系数。它可理解为在其他条件相同时提供相同电位的欲测离子活度 a_i 和干扰离子活度 a_j 的比值,即

$$K_{i,j}=\frac{a_i}{a_j^{n_i/n_j}} \tag{7-15}$$

$K_{i,j}$ 值越小越好。选择性系数越小,说明 j 离子对 i 离子的干扰越小,即此电极对欲测离子的选择性越好。利用电位选择性系数可以大致估算在主响应离子的活度下,由干扰离子引起的误差:

$$误差(\%)=\frac{K_{i,j}a_j^{n_i/n_j}}{a_i}\times100 \tag{7-16}$$

选择性系数的测定方法有两种,分别为分别溶液法和混合溶液法。混合溶液法又分为固定干扰法和固定主响应离子法两种。固定干扰法是配制一系列含固定活度的干扰离子 j 和不同活度的主响应离子 i 的标准混合溶液,分别测量电位值,然后以电位值 E 对 $\lg a_i$ 或 pa_i 作图,如图 7-2 所示。将交点 M 对应的活度 a_i 代入式(7-16)求算选择性系数。固定主响应离子法是配制一系列含固定活度的主响应离子 i 和不同活度的干扰离子 j 的标准混合溶液,分别测定它们的电位值,然后以 E 对 $\lg a_j$ 作图,可以求得 $K_{i,j}$。

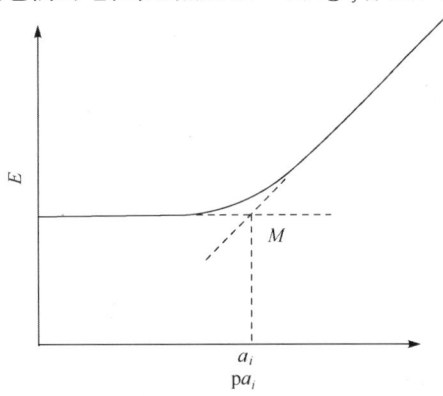

图 7-2 固定干扰法

三、仪器与试剂

1. 仪器

pHS-3C 酸度计；碘离子选择性电极；饱和甘汞电极；0.1 mol·L^{-1} 硝酸铵套管盐桥。

2. 试剂

1 mol·L^{-1} 硝酸钾溶液；0.01 mol·L^{-1} 亚硫酸钠溶液；0.1 mol·L^{-1} S^{2-}、Cl$^-$、Br$^-$ 等离子的标准溶液。

1.00×10^{-1} mol·L^{-1} 碘化钾标准溶液：准确称取 8.300 g 基准碘化钾于烧杯中，加入蒸馏水溶解后，定量转移至 500 mL 容量瓶中，用蒸馏水稀释至刻度，摇匀。溶液含碘离子的浓度为 1.00×10^{-1} mol·L^{-1}。配系列标准溶液时用蒸馏水逐级稀释即可。

四、实验步骤

于 50 mL 容量瓶中配制系列溶液，使碘离子浓度固定为 1.00×10^{-5} mol·L^{-1}、1.00×10^{-4} mol·L^{-1}、1.00×10^{-3} mol·L^{-1}，使其中亚硫酸钠浓度为 1.00×10^{-3} mol·L^{-1}、硝酸钾浓度为 0.2 mol·L^{-1}，改变干扰离子浓度，使其分别为 1.00×10^{-5} mol·L^{-1}、1.00×10^{-4} mol·L^{-1}、1.00×10^{-3} mol·L^{-1}、1.00×10^{-2} mol·L^{-1}、1.00×10^{-1} mol·L^{-1}。分别测量各溶液的电位值。测量电位时，溶液不加搅拌，注意读取稳定的电位值。

碘离子电极使用前与使用后，用蒸馏水浸泡洗涤数次。实验完毕后，浸入蒸馏水中保存。长期不用时，宜干保存。

五、结果处理

绘制 E-lgc_j 关系图，按原理求得碘离子对干扰离子的电位选择性系数。

六、思考题

(1) 选择性系数的测定有哪几种方法？
(2) 为什么混合溶液法比较接近实际情况？

第8章 库仑分析法和伏安法

库仑分析法是根据电解过程中消耗的电量,由法拉第定律确定被测物质含量的方法。库仑分析法可分为恒电流库仑分析法和控制电位库仑分析法两种。

以测定电解过程中的电流-电压曲线(伏安曲线)为基础的一大类电化学分析法称为伏安法。它是一类应用广泛而重要的电化学分析法。极谱分析也属于伏安法。

8.1 基本原理

8.1.1 普通电解法与极谱分析

电解分析法使用大表面积工作电极,电解液在搅拌状态下进行电解。因此,普通电解法电极表面与溶液本体的浓度完全一样,不存在浓差极化现象。电极的电流-电位曲线如图8-1(a)所示。若采用滴汞电极作工作电极,其面积非常小,因而该电极上电流密度(单位滴汞面积通过的电流)非常大,且在电解过程中对电解液不加搅拌(图8-2),这时电流-电位曲线如图8-1(b)所示。

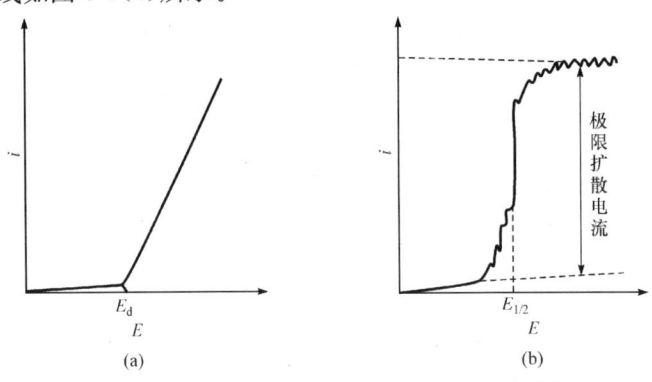

图8-1 普通电解(a)与极谱(b)的电流-电位曲线

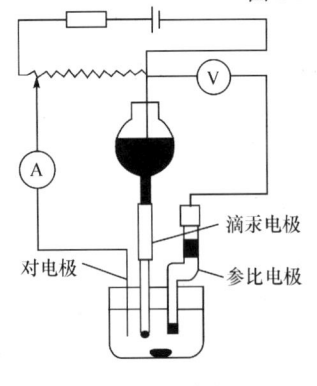

图8-2 极谱分析

以Cu^{2+}还原为例,当滴汞电极上的电位由正向负扫描时,电极表面Cu^{2+}浓度迅速减小,直至变为零。这时虽然溶液本体中Cu^{2+}浓度不为零,但Cu^{2+}从溶液本体中扩散至电极表面受扩散过程控制,电位再向负向增加,电流也不再增加,而是达到一个恒定值,其大小由Cu^{2+}扩散运动的速率限制。只要Cu^{2+}一到达电极表面,它就立即被还原,因而阴极被浓差极化。电流到达一个极限值,称为极限扩散电流。因此,极谱分析是一种在特殊条件下的电解形式,即体系在不加搅拌、一支工作电极处于高浓差极化、高电流密度的条件下进行的,其工作电极常用滴汞电极。

8.1.2　迁移电流、残余电流及毛细管噪声

总极谱电流中包括迁移电流、残余电流、电容电流、极限扩散电流及毛细管噪声等,其中仅极限扩散电流为法拉第电流,与被测电活性物质浓度有关,其他电流的存在将干扰极谱测定的灵敏度和准确度。因此,在选择分析条件、发展新型极谱仪器时均应考虑尽量降低这些干扰电流的比例,增加极限扩散电流的比例。迁移电流是电解液中待测离子在电极的电场作用下迁移产生的电流。向电解液中加入一定浓度的惰性支持电解质,可以降低迁移电流。

8.1.3　极谱分析法的分类

自从发明极谱分析方法以来,极谱技术有了很大的发展。在经典极谱法的基础上逐渐发展了单扫描示波极谱、微分脉冲极谱、溶出伏安法以及各种极谱催化波方法。

1. 经典极谱法

经典极谱图上极限电流的一半处对应的电位 $E_{1/2}$ 称为极谱半波电位[图 8-1(b)]。半波电位可用于对组分进行定性分析,而图上的极限电流包括迁移电流、残余电流和扩散电流。其中仅扩散电流与电活性待测组分浓度成正比,利用它进行定量分析。极限扩散电流可用尤考维奇(Ilkovic)方程表示：

$$i_d = 7.6 n D^{1/2} m^{2/3} t^{1/6} c_0 \qquad (8-1)$$

式中,i_d 为极限扩散电流,单位 μA;n 为参与电极反应的电子转移数;D 为去极剂在底液中的扩散系数,单位 $cm^2 \cdot s^{-1}$;m 为汞滴的流速,单位 $mg \cdot s^{-1}$;t 为汞滴的周期,单位 s;c_0 为去极剂的浓度,单位 $mol \cdot L^{-1}$。

经典极谱中加入扫描电压的速度缓慢,一般为 $0.2\ V \cdot min^{-1}$。分析速度慢,汞消耗量大,分析灵敏度及相邻峰的分辨率均较低。

2. 单扫描示波极谱法

单扫描示波极谱控制每一滴汞的生长周期为 7 s。在 7 s 周期结束时仪器发出一敲击信号将汞滴击落,新的一滴汞又开始生长。这样可保证每次测定期间汞滴大小重现。由于汞滴生长周期的前 5 s 内汞滴的表面积变化相对较大,电容充、放电电流变化也比较大。示波极谱在这前 5 s 期间,电极上只加初始电位,数值不随时间变化,在后 2 s 期间以约 $250\ mV \cdot s^{-1}$ 的速度快速扫描,这样电容电流降低。同时,在每一滴汞生长周期内加一次扫描电压,在示波器上记录一次电流-电位曲线,称为单扫描示波极谱。

示波极谱法与经典极谱相比有许多优点。两者极谱图形状不同,如图 8-3 所示。

经典极谱为 S 形,而示波极谱呈峰形。示波极谱比经典极谱灵敏度高 4~6 倍,相邻峰的分辨好,分析速度也快。

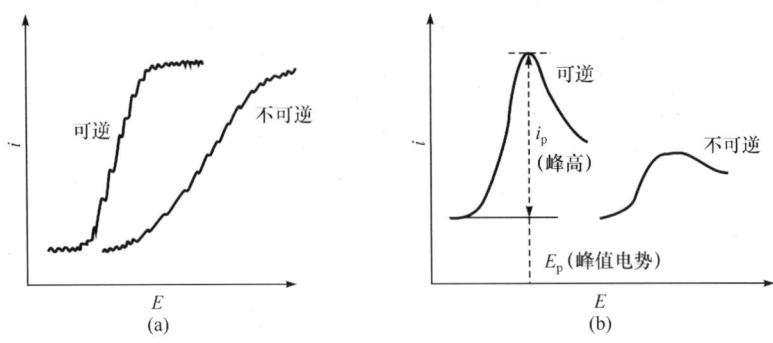

图 8-3 经典极谱(a)与示波极谱(b)曲线的比较

3. 极谱催化波

1) 化学反应与电极反应平行的极谱法

在普通极谱分析中,电流只由去极剂扩散速率控制。因为电极反应的速率相对于扩散速率来说是非常快的。但在极谱电流中,有一种电流,其大小不是取决于去极剂的扩散速率,而是取决于伴随电极过程的化学反应速率。这类极谱电流总称为极谱动力波。

极谱动力波可分为三类:第一类是化学反应超前于电极反应(记作 CE);第二类是化学反应滞后于电极反应(记作 EC)。这两类动力波与定量分析关系不大,这里不再讨论。第三类动力波是催化波,即化学反应与电极反应平行的极谱波:

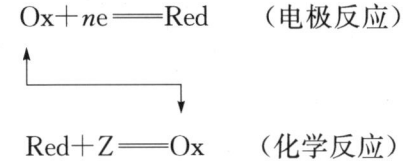

一种电活性物质 Ox 在电极上还原,生成 Red。这时溶液中事先加入过量的另一种物质 Z,Z 能与 Red 反应又生成 Ox,此再生的 Ox 在电极上又一次还原。这样循环往复,使电流大大增加,从而提高了测定的灵敏度。在这样的反应中,电活性物质 Ox 的浓度实际上未变化,消耗的是物质 Z。在反应中 Ox 相当于一种催化剂,催化了 Z 的还原。因催化反应增加的电流称为催化电流。它与催化剂 Ox 的浓度成正比,且数值上要比单纯只是扩散电流时大很多倍,有时甚至提高三四个数量级,对痕量物质的分析具有特别重要的意义。

2) 配合物吸附波

某些配位体或它们与金属离子的配合物在电极表面强烈吸附。这种配位与吸附的共同作用,使去极剂在电极表面得到富集,同时还催化或加速了电极过程,不仅提高了极谱分析的灵敏度,还使许多在极谱上本身没有良好还原波,或者在电极上不可逆以致难以直接测定的金属离子(如 Al^{3+}、Ca^{2+}、Mg^{2+}、Be^{2+}、Ga^{3+}、In^{3+}、Ti^{4+}、Zr^{4+}、Nb^{5+}、Ya^{5+}、Co^{2+}、Ni^{2+}、Ge^{4+}、Fe^{2+} 以及稀土和铂系金属等)可以形成灵敏的配合物吸附波而测定。一些有机酸或配位体也可用该法测定,大大扩大了极谱分析的使用范围。配合物吸附波机理十分复杂,这里不再讨论。

3) 催化氢波

催化波中还有一类催化氢波。氢离子在汞电极上有很大的超电位。当某些有机化合物或金属配合物存在时,能促进 H^+ 的还原,并使其还原电位正移。这些有机化合物或配合物即为催化剂。催化氢波的电流比催化剂本身的电流大得多,但不会超过同溶液中 H^+ 的正常氢波。在一定浓度范围内催化剂的浓度与氢的催化电流呈线性关系,并有很高的检测灵敏度。因而催化氢波是测定痕量催化剂的灵敏方法。

可以形成催化氢波的物质有两大类:一类是由于去极剂的还原,在电极上沉积有催化活性的物质,能催化氢离子还原的电极反应;另一类则是有机化合物、金属配合物的催化氢波。

4. 阳极溶出微分脉冲极谱法

1) 阳极溶出伏安法

阳极溶出伏安法是在充分搅拌下,使待测物质在选定的电位下电解富集一定时间,将待测物质从体积较大的电解液中电解富集到一滴悬挂的汞滴(悬汞电极)、表面镀汞的玻碳电极或惰性金属电极(镀汞膜电极)上,使其浓度大大提高。然后以由负向正进行电位扫描,使富集在电极上的物质氧化溶出,根据溶出过程的极化曲线来进行定量分析。这种方法实际上是把恒电位电解和伏安法结合起来,其优点是灵敏度高,可测量低至 $10^{-11}\sim10^{-10}$ $mol·L^{-1}$ 的痕量物质。

2) 脉冲极谱法

在极谱分析中,为了进一步提高检测灵敏度,需要降低测量信号中的噪声。噪声主要有残余电流、毛细管噪声等。1960 年巴克(Barker)提出的脉冲极谱法是目前伏安曲线极谱新技术中灵敏度最高的一种方法。脉冲极谱法按脉冲电位的方式不同分为常规脉冲极谱法和微分脉冲极谱法两种。

8.2 仪器结构与原理

8.2.1 JP-2 型示波极谱仪

JP-2 型示波极谱仪是单扫描示波极谱仪,具有灵敏度高,分辨率好的优点。其原理图如图 8-4 所示。

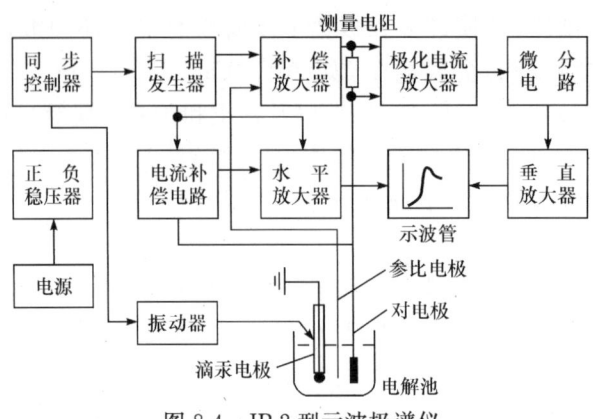

图 8-4 JP-2 型示波极谱仪

在汞滴下落的 7 s 周期的后 2 s,由扫描发生器产生一随时间线性增加的电位加于电极上。同时,此扫描电位经水平放大器送至示波管作为光点的水平偏转信号,即极谱波的电位坐标电极上产生的极化电流经测量电阻变为电位信号,经极化电流放大器与垂直放大器加至示波管作为光点的垂直偏转信号,即极谱波的电流坐标。这样,在每一滴汞下落期间就得到一幅单扫描示波极谱图。仪器还设置同步控制器以控制汞滴的下落周期与扫描发生器同步,以及各种补偿电路以改善前放电物质电流、电容电流等的影响。此外,仪器还设有一阶导数、二阶导数极谱功能。近来,带有计算机控制的 JP-303 型极谱仪可进行极谱曲线的自动记录和数据处理。

8.2.2 LK2005A 型电化学工作站

LK2005A 型电化学工作站采用组合式结构,分为计算机和电化学主机两部分,如图 8-5 所示。基于新一代计算机系统配置下,采用 WindowsXP 中文操作系统,建立全汉化的系统工作站(workstation)。其窗口菜单均采用中文管理和提示:设定电化学分析方法,选择实验参数,I/O 口管理,数据处理,图像显示,中文打印分析结果。计算机和主机之间采用串口通信,以控制单片机系统施加于电化学池的起始电位、终止电位、电位增量、扫描速度、脉冲幅度、方波周期等实验参数以及控制实验进程,实验数据通过 I/O 传递给工作站进行处理。

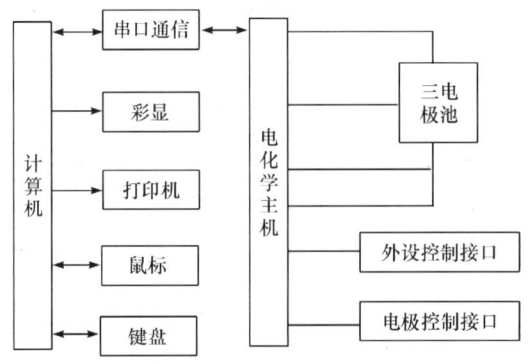

图 8-5 LK2005A 型电化学工作站

8.3 实 验 部 分

实验 25　库仑滴定法测定砷

一、实验目的

(1) 了解库仑滴定法的基本原理和要求。
(2) 掌握库仑滴定法的实验技术。
(3) 了解双铂极电流法指示滴定终点的原理。

二、实验原理

库仑滴定法是借助恒定的电流,以 100% 的电流效率,电解某一溶液,产生一种物质(滴定剂),然后以此物质与被分析物质进行定量的化学反应,反应的终点可用指示剂、电位法或电流法指示。因为一定量的被分析物质需要一定量的试剂与之作用,一定量的试剂又被一定量的电量所电解出来的,故根据电解所消耗的电量,即可按法拉第电解定律求得被分析物质的含量。这种滴定方法所需的滴定剂不是由滴定管加入的,而是借助该方法产生出来的,滴定剂的量与电解所消耗的电量(库仑数)成正比,所以称为库仑滴定法。

库仑滴定法仪器装置如图 8-6 所示,用 45 V 以上的干电池或直流稳压电源作为电解电源,通过溶液的电解电流可通过调节可变电阻 R 而改变,由校正过的毫安计指示。采用高压电源的目的是减小由于电解过程中电解池的反电动势的变化而引起的电解电流的变化,也就是使电解电流在实际上保持恒定。这样才能准确计算滴定过程中所消耗的电量。为了防止各种干扰电极反应的发生,必须将电解池的阳极与阴极分开,通过盐桥将它们连接起来。实验时,被分析溶液用磁力搅拌器搅拌。

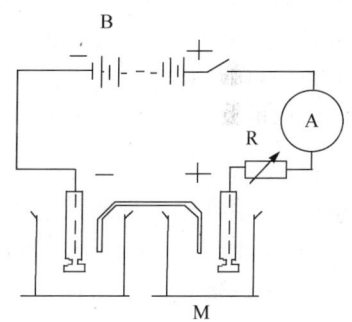

图 8-6　库仑滴定的仪器装置
B-45 V 直流电源;A-毫安计;
R-可变电阻;M-电磁力搅拌器

本实验采用恒电流电解碘化钾的缓冲溶液(用碳酸氢钠控制溶液的 pH),使碘离子在铂阳极上氧化为碘,然后与试液中的砷(Ⅲ)作用,用淀粉指示反应终点,当砷(Ⅲ)全部被氧化为砷(Ⅴ)后,过量的碘将使淀粉溶液变为蓝紫色,指示终点,根据测量电解产生碘时所消耗的电量(电流×时间),即可按法拉第定律计算溶液中砷的含量。

三、仪器及试剂

1. 仪器

干电池或直流稳压电源(45 V 以上);毫安计或万用表(经校正过);可变电阻(约 5000 Ω);单刀开关;导线;磁力搅拌器;面积约 1 cm^2 铂电极 2 只;饱和氯化钾液体盐桥;秒表。

2. 试剂

1%淀粉水溶液(新配制);(1+1)硝酸。

$1.00×10^{-3}$ mol·L^{-1} 亚砷酸溶液:准确称取 197.84 mg As_2O_3(基准)于烧杯中,加入稀氢氧化钠溶解,用硫酸调节 pH=6 左右,定量于 2000 mL 的容量瓶中。

碘化钾缓冲溶液:溶解 60 g 碘化钾、10 g 碳酸氢钠,然后稀释至 1 L,并加入 2~3 mL 亚砷酸溶液,以防止被空气氧化。

1 mol·L^{-1} 硫酸钠:溶解 142 g 硫酸钠,然后稀释至 1 L。

四、实验步骤

(1) 将铂电极浸入温热的(1+1)硝酸中数分钟,取出用水冲净,按图 8-6 连接仪器。量取 30 mL 碘化钾缓冲溶液及 2~3 滴淀粉溶液,置于 50 mL 烧杯中,放入搅拌磁子。将烧杯置于磁力搅拌器上,作为电解池的阳极部分。同时量取 30 mL 硫酸钠溶液,置于另一 50 mL 烧杯中,作为电解池的阴极部分,将两个铂电极分别浸入上述两溶液中,用盐桥将电解池的阳极部分及阴极部分连接起来。

接通电源,迅速调节电阻 R,使电解电流为 1~2 mA($R_{标}$=100 Ω, E=0.1 V),记录电流值(为了计算方便,最好调节电流为整数值,如 1.00 mA 或 2.00 mA),继续进行电解,至溶液刚出现蓝紫色时立即拉开开关,停止电解。

(2) 移取 5.00 mL 亚砷酸试液,置于阳极部分烧杯中。按下开关的同时开动秒表,电解至溶液重新刚出现蓝紫色时,按下秒表并拉开开关,记录电解时间(s)。

另取试液,重复实验 2 次。

五、结果处理

根据几次实验结果,求出电解时间的平均值,按法拉第电解定律计算亚砷酸试液的物质的量浓度。

六、思考题

(1) 写出库仑滴定法的反应式以及两个电极上的电极反应式。
(2) 采用高压电源如何使电解电流保持恒定?
(3) 本实验的误差来源是什么?实验中应注意些什么问题?

实验26 单扫描示波极谱法测定铜和铅

一、实验目的

(1) 了解单扫描示波极谱法的原理及其特点。
(2) 掌握示波极谱仪的使用方法及其应用。

二、实验原理

单扫描极谱法是在一滴汞的生长后期,当汞滴的面积基本保持恒定,将电极电势从一个数值线性改变到另一个数值,同时用示波器或记录仪、绘图仪等观察、记录电流随电位的变化。其扫描速度较直流极谱法快(如国产示波极谱仪的扫描速度为 $0.25 \text{ V} \cdot \text{s}^{-1}$),在一滴汞上只加一次扫描电压。如果用示波器来观察极谱曲线,也称为单扫描示波极谱法。

单扫描极谱法的 i-E 曲线有常规波和一次导数波。对常规波来说,电压扫描开始时,电极电势还没有达到被测离子的还原电位,这时的电流为残余电流,也是极谱波的基线。当电极电势负移到被测离子可以还原时,由于电位扫描速度较快,在瞬间使汞滴表面去极剂离子很快在电极上还原,离子浓度急剧下降,若来不及补充,且扩散层厚度增加,所以 i-E 曲线上出现电流峰。电流峰的最大值称为峰电流 i_p,对应的电位称为峰电位 E_p。

对可逆电极反应,峰电流 i_p 可以由兰德尔斯-谢夫契克(Randles-Sevcik)方程表示:

$$i_p = 2.29 \times 10^5 n^{3/2} D^{1/2} v^{1/2} m^{2/3} t_p^{2/3} c \qquad (8-2)$$

式中,n 为电极反应中电子跃迁数;D 为去极剂的扩散系数,单位 $\text{cm}^2 \cdot \text{s}^{-1}$;$v$ 为电极电势扫描速率,单位 $\text{V} \cdot \text{s}^{-1}$;$m$ 为滴汞电极汞的流速,单位 $\text{mg} \cdot \text{s}^{-1}$;$t_p$ 为电流峰出现的时间(从汞滴开始生成时算起),单位 s;c 为其浓度,单位 $\text{mmol} \cdot \text{L}^{-1}$;$i_p$ 为峰电流,单位 μA。

三、仪器与试剂

1. 仪器

JP-2 型示波极谱仪;三电极系统,参比电极为饱和甘汞电极。

2. 试剂

Cu^{2+} 标准溶液:称取 1.0000 g 纯铜[光谱纯(S.P.)],加入 20 mL(1+1)HNO_3 溶解后,加入 5 mL(1+1)硫酸蒸发到冒白烟,冷却后,加入 50 mL 水溶解,移入 100 mL 容量瓶中,用水稀释至刻度,摇匀,此溶液含 Cu 1.00 $\text{mg} \cdot \text{mL}^{-1}$。准确移取 25.00 mL 上述溶液,稀释至 250.0 mL,此溶液含 Cu 0.100 $\text{mg} \cdot \text{mL}^{-1}$。

Pb 标准溶液：称取 0.6643 g 碳酸铅（S.P.），置于 250 mL 烧杯中，加入 25 mL (1+1)HCl 加热溶解，移入 500 mL 容量瓶中，冷却后用水稀释至刻度，摇匀，此溶液含 Pb 1.00 mg·mL^{-1}。移取 25.00 mL 上述溶液，稀释至 250.0 mL，此溶液含 Pb 0.100 mg·mL^{-1}。

底液：50 g NaCl、250 mL 浓 HCl 溶于水中，稀释至 1000 mL，摇匀。

抗坏血酸（固体）。

四、实验步骤

取 10.00 mL 未知液（含 Cu、Pb），加入 20 mL 底液，移入 50 mL 容量瓶中，稀释至刻度，摇匀。取部分溶液于 25 mL 小烧杯中，加入约 0.3 g 固体抗坏血酸，搅拌溶解后，在示波极谱仪上于一定的原点电位下开始扫描，记录 Cu、Pb 的峰电流高度。

分别取 2.00 mL 和 4.00 mL 0.100 mg·mL^{-1} Pb 标准溶液同上操作步骤，于一定的原点电位下记录两个 Pb 标准溶液的峰电流高度。

分别取 1.00 mL 和 5.00 mL 0.100 mg·mL^{-1} Cu 标准溶液同上操作步骤，于一定的原点电位下记录两个 Cu 标准溶液的峰电流高度。

五、结果处理

用比较法计算未知液中 Cu、Pb 的浓度。

六、注意事项

（1）绝对不允许在插上电解池插头，电极浸在电解池中的情况下开机和关机。

（2）示波管价值昂贵且寿命有限，如果有 3 min 以上间歇应用亮度旋钮将光点熄灭。

七、思考题

（1）与直流极谱法相比，单扫描示波极谱法有何特点？

（2）单扫描极谱波为什么呈峰形？

实验 27　催化氢波法同时测定痕量铂和铑

一、实验目的

学习催化氢波法同时测定痕量铂、铑的原理和测定方法。

二、实验原理

在 H_2SO_4-NH_4Cl-$(CH_2)_6N_4$-N_2H_4-H_2SO_4 底液中，导数示波极谱可测定 10^{-11} mol·L 和 10^{-10} mol·L^{-1} 的 Rh(Ⅲ) 和 Pt(Ⅳ)，是这两种元素最灵敏的测定方法。两峰电位相差 240 mV，可在 Pt∶Rh(物质的量比)=200∶1~1∶10 的同时测

定此两元素的含量。其他共存离子(如 50 倍钌、锇,近 10^4 倍的铱、银、钯、金)不干扰测定,但钨的存在干扰测定,需事先除去,Rh(Ⅲ)与Pt(Ⅳ)的催化机理不完全相同。Rh(Ⅲ)催化机理如下:

$$(CH_2)_6N_4 + 6H_2O + 4H^+ \Longleftrightarrow 6CH_2O + 4NH_4^+$$

$$2CH_2O + [RhCl_4]^- \Longleftrightarrow [Rh(CH_2O)_2Cl_4]^-$$

$$[Rh(CH_2O)_2Cl_4]^- + H_3O^+ \Longleftrightarrow [Rh(CH_2O)_2Cl_4]H + H_2O$$

$$[Rh(CH_2O)_2Cl_3]H + e^- \Longleftrightarrow [Rh(CH_2O)_2Cl_4]^- + \frac{1}{2}H_2$$

六亚甲基四胺水解产物甲醛与铑(Ⅲ)生成配合物$[Rh(CH_2O)_2Cl_4]^-$吸附在电极表面,并吸收 H_3O^+ 中的质子形成$[Rh(CH_2O)_2Cl_4]H$,促进了电极上 H^+ 的还原。

铂(Ⅳ)的催化机理如下:硫酸肼与$(CH_2)_6N_4$的水解产物 HCHO 反应,生成 $HC=N-NH_2$(以 $CH_2=N-R$ 表示)。

$$[PtCl_6]^{2-} + CH_2=N-R \Longleftrightarrow [Pt(CH_2=N-R)Cl_5]^- + Cl^-$$

$$[Pt(CH_2=N-R)Cl_5]^- + H_3O^+ \Longleftrightarrow Pt(CH_2=NH-R)Cl_5 + H_2O$$

$$Pt(CH_2=NH-R)Cl_5 + e^- \Longleftrightarrow [Pt(CH_2=N-R)Cl_5]^- + \frac{1}{2}H_2$$

硫酸肼的存在使体系的稳定性增加,这是因为若不加硫酸肼,六亚甲基四胺水解产生的甲醛不断增加,使$[Rh(CH_2O)_2Cl_4]^-$转变成无催化活性的配合物,导致催化电流下降。硫酸肼与甲醛反应消除了过量甲醛,从而稳定了 Rh(Ⅲ)配合物,同时硫酸肼与甲醛反应产物 $CH_3=N-R$ 正是与铂反应形成配合物所需的物质,所以对铂的体系也有稳定化作用。

三、仪器与试剂

1. 仪器

JP-2 型示波极谱仪;三电极系统,参比电极为饱和甘汞电极。

2. 试剂

7.5 $mol \cdot L^{-1}$ H_2SO_4 溶液;12%(质量分数)NH_4Cl 溶液;0.012 $mol \cdot L^{-1}$ $(CH_2)_6N_4$;0.03%(质量分数)硫酸肼溶液。

$[PtCl_6]^{2-}$ 标准溶液:含 Pt 1.00 $\mu g \cdot mL^{-1}$。

$[RhCl_6]^{3-}$ 标准溶液:含 Rh 1.00 $\mu g \cdot mL^{-1}$。

Pt、Rh 混合工作液:使用前由上述标准溶液配制 50 mL,分别含 Pt 0.20 $\mu g \cdot L^{-1}$、Rh 0.20 $\mu g \cdot L^{-1}$。

四、实验步骤

1. 标准曲线的制作

分别向 6 个 10 mL 容量瓶中加入 1.00 mL 12％ NH_4Cl、1.00 mL 0.012 mol·L^{-1} $(CH_2)_6N_4$、1.00 mL 0.03％硫酸肼溶液、1.00 mL 7.5 mol·L^{-1} H_2SO_4 溶液,以及 0.00 mL、0.10 mL、0.20 mL、0.30 mL、0.40 mL、0.50 mL Pt 和 Rh 混合工作液,加水至刻度,摇匀。转移至 15 mL 干烧杯中,在 JP-2 型极谱仪上,选择一阶导数挡,从 -0.90～-1.40 V 扫描测定导数极谱波。此时 $E_p(Pt)$ 在 -1.0 V 附近,$E_p(Rh)$ 在 -1.27 V 附近。

2. 样品中 Pt、Rh 含量的测定

取 5.00 mL 含 Pt、Rh 的混合样品,其余步骤同标准曲线制作过程,在同样条件下测定峰高,平行测定 3 次。

五、结果处理

以峰高对 Pt、Rh 的浓度作图,绘制标准曲线。由标准曲线查得 Pt、Rh 含量。计算平均值及标准偏差。

六、注意事项

试剂的纯度应较高,加入量应准确,标准溶液与试样的成分应相近。

七、思考题

(1) 如何证明本实验体系的极谱波是催化氢波而不是 $CH_2=N-R$ 等的还原波?
(2) 硫酸肼对 Pt 和 Rh 测定有稳定作用,其原理分别是什么?

实验 28 阳极溶出微分脉冲极谱法测定高纯 MgO 中的 Cu、Pb、Cd、Zn

一、实验目的

学习阳极溶出微分脉冲极谱(DPS)法测定高纯试剂中痕量杂质的方法。

二、实验原理

测定高纯 MgO 中 Cu、Pb、Cd、Zn 的含量,可以将 MgO 用高纯 HCl 溶解后,在 HAc-NaAc 底液中,于 -1.2 V 下电解富集至悬汞电极上,然后由 -1.2 V 反向扫描至 $+0.15$ V,测定其氧化溶出电流。

由于高纯试剂中待测物质含量低(在 $10^{-9} \sim 10^{-7}$ 数量级),因此测量结果的准确和可靠程度与测量过程中是否带进额外的污染、容器特性和试剂的纯度均有关。

三、仪器与试剂

1. 仪器

PAR-384 多功能极谱仪;303 滴汞电极;三电极系统,参比电极为 Ag/AgCl 电极。

2. 试剂

高纯 N_2。

高纯 HCl 溶液:将 100 mL 二次蒸馏水与 100 mL 浓 HCl(A.R.)敞口同置于空干燥器中,室温下任其平衡 48 h,HCl 挥发,被水吸收。这样可得高纯度无污染的 HCl,浓度为 $3 \sim 4$ mol·L^{-1},其中微量元素含量可低至 0.1 μg·L^{-1}。

HAc-NaAc 缓冲溶液:取 12 g 冰醋酸,加 200 mL 二次蒸馏蒸水,由 NaOH 调节至 pH 4.50,加水稀释至 1 L,浓度为 0.2 mol·L^{-1} HAc-NaAc。将此溶液置于汞阴极电解池中通氮除氧,于-1.2 V(相对于 SCE)电位下电解 48 h。在不关闭电压的情况下将除去可还原金属离子的溶液取出待用。此溶液中过渡金属离子浓度可低于 0.1 μg·L^{-1},用作超痕量测定的空白或底液。

Cu^{2+}、Pb^{2+}、Cd^{2+}、Zn^{2+} 混合储备液:由高纯的铜片、铅粒、镉粒、锌粒配制 10.00 μg·mL^{-1} Cu^{2+}、Pb^{2+}、Cd^{2+}、Zn^{2+} 标准溶液。使用前稀释至每种离子含量均为 50.00 μg·L^{-1} 的标准溶液,备用。

MgO 样品:视样品中待测元素的含量确定称取一定量的样品,确保所含 MgO 的质量在 $0.1 \sim 0.5$ μg,加 2 mL HCl(G.R.)溶解,蒸发至干,加 1.0 mL HAc-NaAc 缓冲溶液,用水稀释至 10.00 mL。

四、实验步骤

1. 标准曲线的制作

在 4 个 10 mL 容量瓶中分别加入 0.00 mL、0.20 mL、0.80 mL、1.60 mL Cu^{2+}、Pb^{2+}、Cd^{2+}、Zn^{2+} 含量均为 50.00 μg·L^{-1} 的标准溶液,1.0 mL HAc-NaAc 缓冲溶液,用水稀释至刻度。转入干燥的电解池中,加入搅拌磁子,置于 303 电极的支架上。按下列选定条件进行测定:方式键选"DPS",通 N_2 除气时间"240",悬汞电极汞滴大小为"中",初始电位"-1.20 V",终电位"0.15 V",富集时间"240",平衡时间"30",脉冲高度"25 mV",扫描增量"2 mV"。以 0.00 μg·L^{-1} 的样品为空白,1.00 μg·L^{-1}、4.00 μg·L^{-1}、8.00 μg·L^{-1} 的 3 杯为标准 1、标准 2 和标准 3,进行阳极溶出微分脉冲极谱测定,并按空白扣除方式分别制作 Cu^{2+}、Pb^{2+}、Cd^{2+}、Zn^{2+} 标准曲线。

2. 样品中 Cu^{2+}、Pb^{2+}、Cd^{2+}、Zn^{2+} 含量的测定

吸取 5.00 mL 样品,加 1.00 mL HAc-NaAc、4.00 mL 水,在与标准曲线制作方法相同的条件下测定样品,平行测定 3 次。

五、结果处理

计算报告样品中 Cu^{2+}、Pb^{2+}、Cd^{2+}、Zn^{2+} 含量的平均值与标准偏差。

六、注意事项

本实验中样品测定浓度极低,在样品处理及操作过程中都要严格防止污染,容量仪器要清洗干净,试剂纯度要求很高,否则难以获得可靠结果。

七、思考题

(1) 设计用 DPS 测定高纯锌中痕量铜的方法及步骤。

(2) 当保持银电极电势较正时,电极表面电解生成少量 Ag^+,若溶液中存在痕量卤素离子、SCN^- 等,它们可与 Ag^+ 反应,在银电极表面生成难溶盐膜而得到富集,再对电极由正电位向负电位方向扫描,作阴极溶出可测定痕量卤素离子、SCN^- 等,试以水中痕量 I^- 测定为例,简要说明测定步骤。

实验 29 循环伏安法测定电极反应参数

一、实验目的

(1) 学习循环伏安法测定电极反应参数的基本原理。
(2) 熟悉 CHI 电化学工作站的使用和伏安法测量的实验技术。

二、实验原理

循环伏安法(CV)是最重要的电分析化学研究方法之一。在电化学、无机化学、有机化学、生物化学的研究领域应用广泛。由于它仪器简单、操作方便、图谱解析直观,通常是首先进行实验的方法。

CV 是将循环变化的电压施加于工作电极和参比电极之间,记录工作电极上得到的电流与施加电压的关系曲线。这种方法也常称为三角波线性电位扫描方法。图 8-7 表明了施加电压的变化方式:起扫电位为 0.8 V,反向起扫电位为 -0.2 V,终点又回扫到 0.8 V,扫描速度可通过斜率反映,其值为 50 $mV \cdot s^{-1}$。虚线表示的是第二次循环。一台现代伏安仪具有多种功能,可方便地进行一次或多次循环,任意变换扫描电压范围和扫描速度。

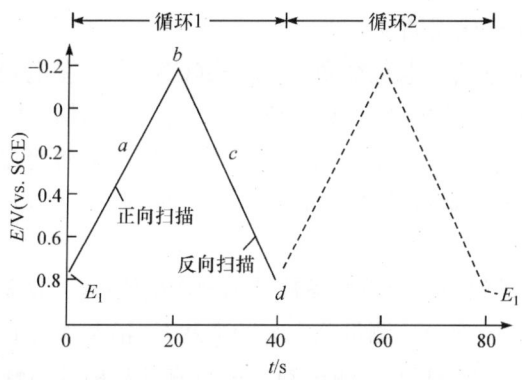

图 8-7 循环伏安的典型激发信号

当工作电极被施加的扫描电压激发时,其上将产生响应电流。以该电流(纵坐标)对电位(横坐标)作图称为循环伏安图。典型的循环伏安图如图 8-8 所示,该图是在 1.0 mol·L^{-1} KNO$_3$ 电解质溶液中,$6×10^{-3}$ mol·L^{-1} K$_3$Fe(CN)$_6$ 在 Pt 工作电极上的反应所得到的结果。

从图 8-8 可见,起始电位 E 为 0.8 V(a 点),电位比较正的目的是避免电极接通后 K$_3$Fe(CN)$_6$ 发生电解。然后沿负的电位扫描,如箭头所指方向,当电位至 K$_3$Fe(CN)$_6$ 可还原时,即析出电位,将产生阴极电流(b 点),其电极反应为

$$[Fe(CN)_6]^{3-} + e^- \rightleftharpoons [Fe(CN)_6]^{4-}$$

随着电位的变负,阴极电流迅速增加($b→d$)。直至电极表面的 [Fe(CN)$_6$]$^{3-}$ 浓度趋近于零,电流在 d 点达到最高峰。然后电流迅速衰减($d→g$),这是因为电极表面附近溶液中的 [Fe(CN)$_6$]$^{3-}$ 几乎全部电解转变为 [Fe(CN)$_6$]$^{4-}$ 而耗尽,即贫乏效应。当电压扫至 -0.15 V (f 点)处,虽然已经转向开始阳极化扫描,但这时的电极电势仍相当负,扩散至电极表面的 [Fe(CN)$_6$]$^{3-}$ 仍在不断还原,故仍呈现阴极电流,

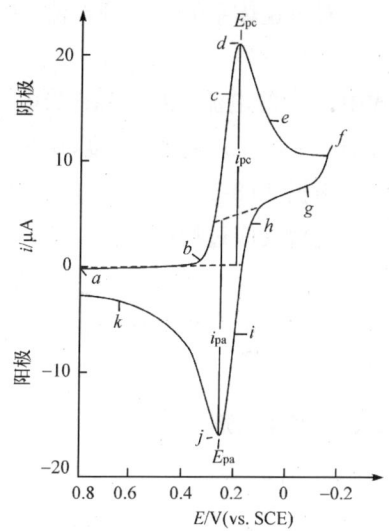

图 8-8　$6×10^{-3}$ mol·L^{-1} K$_3$Fe(CN)$_6$ 在 1 mol·L^{-1} KNO$_3$ 溶液中的循环伏安图
扫描速度 50 mV·s^{-1},
铂电极面积 2.54 mm^2

而不是阳极电流。当电极电势继续正向变化至 [Fe(CN)$_6$]$^{4-}$ 的析出电位时,聚集在电极表面附近的还原产物 [Fe(CN)$_6$]$^{4-}$ 被氧化,其电极反应为

$$[Fe(CN)_6]^{4-} - e^- \rightleftharpoons [Fe(CN)_6]^{3-}$$

这时产生阳极电流($i→k$)。阳极电流随着扫描电位正移迅速增加,当电极表面的 [Fe(CN)$_6$]$^{4-}$ 浓度趋于零时,阳极化电流达到峰值(j 点)。扫描电位继续正移,电极表面附近的 [Fe(CN)$_6$]$^{4-}$ 耗尽,阳极电流衰减至最小(k 点)。当电位扫至 0.8 V 时,完成

第一次循环,获得了循环伏安图。

简而言之,在正向扫描(电位变负)时,$[Fe(CN)_6]^{3-}$ 在电极上还原产生阴极电流而指示电极表面附近其浓度变化的信息。在反向扫描(电位变正)时,产生的 $[Fe(CN)_6]^{4-}$ 重新氧化产生阳极电流而指示其是否存在和变化。因此,CV 能迅速提供电活性物质电极反应过程的可逆性、化学反应历程、电极表面吸附等许多信息。

循环伏安图中可得到的几个重要参数是阳极峰电流(i_{pa})、阴极峰电流(i_{pc})、阳极峰电位(E_{pa})和阴极峰电位(E_{pc})。测量确定 i_p 的方法是:沿基线作切线外推至峰下,从峰顶作垂线至切线,其间高度即为 i_p(图 8-8)。E_p 可直接从横轴与峰顶对应处读取。

对可逆氧化还原电对的式量电位 $E^{\ominus\prime}$ 与 E_{pa} 和 E_{pc} 的关系可表示为

$$E^{\ominus\prime}=(E_{pa}+E_{pc})/2 \tag{8-3}$$

而两峰之间的电位差值为

$$\Delta E_p = E_{pa} - E_{pc} \approx 0.059/n \tag{8-4}$$

对可逆体系的正向峰电流,由兰德尔斯-谢夫契克方程可表示为

$$i_p = 2.69 \times 10^5 n^{3/2} AD^{1/2} v^{1/2} c \tag{8-5}$$

式中,i_p 为峰电流,单位 A;n 为电子转移数;A 为电极面积,单位 cm^2;D 为扩散系数,单位 $cm^2 \cdot s^{-1}$;v 为扫描速度,单位 $mV \cdot s^{-1}$;c 为浓度,单位 $mol \cdot L^{-1}$。

根据式(8-5),i_p 与 $v^{1/2}$ 和 c 都呈直线关系,对研究电极反应过程具有重要意义。在可逆电极反应过程中,有

$$i_{pa}/i_{pc} \approx 1 \tag{8-6}$$

对简单的电极反应过程,式(8-4)和式(8-6)是判别电极反应是否为可逆体系的重要依据。

三、仪器和试剂

1. 仪器

CHI 电化学分析仪;铂碳电极、铂丝辅助电极和 Ag/AgCl 参比电极组成电极系统。

2. 试剂

2.0×10^{-2} mol·L^{-1} 铁氰化钾溶液;2.0×10^{-2} mol·L^{-1} 抗坏血酸溶液;1.0 mol·L^{-1} 硝酸钾溶液;0.5 mol·L^{-1} KH_2PO_4 溶液。

四、实验步骤

1. 铂碳电极预处理

将铂碳电极在金相砂纸($6^\#$)上轻轻擦拭光亮,用超声波清洗 1~2 min。

2. 配制试液

（1）在 5 个 50 mL 容量瓶中分别加入 0 mL、0.50 mL、1.00 mL、2.00 mL、5.00 mL 2.0×10^{-2} mol·L^{-1} 铁氰化钾溶液，再分别加入 5.0 mL 0.5 mol·L^{-1} 硝酸钾溶液，用蒸馏水稀释至刻度，摇匀。

（2）在 5 个 50 mL 容量瓶中分别加入 0 mL、0.50 mL、1.00 mL、2.00 mL、5.00 mL 2.0×10^{-2} mol·L^{-1} 的抗坏血酸溶液，再分别加入 10.00 mL 0.5 mol·L^{-1} 的 KH_2PO_4 溶液，用蒸馏水稀释至刻度，摇匀。

3. 循环伏安法测量

将配制的系列铁氰化钾溶液逐一转移至电解池中，插入干净的电极系统。起始电位 0.8 V，转向电位 -0.1 V，以 50 mV·s^{-1} 的扫描速度测量，记录循环伏安图。当测量 2.0×10^{-3} mol·L^{-1} 的溶液时，逐一变化扫描速度：20 mV·s^{-1}、50 mV·s^{-1}、100 mV·s^{-1}、125 mV·s^{-1}、150 mV·s^{-1}、175 mV·s^{-1}、200 mV·s^{-1} 进行测量。在完成每一个扫速的测定后，轻轻搅动几下电解池的试液，使电极附近溶液恢复至初始条件。

如上操作测定抗坏血酸试液。

五、结果处理

（1）列表总结铁氰化钾的测量结果（E_{pa}、E_{pc}、i_{pa}、i_{pc}）。
（2）列表总结抗坏血酸的测量结果（E_{pa}、i_{pa}）。
（3）绘制铁氰化钾的 i_{pa} 和 i_{pc} 与相应浓度 c 的关系曲线；绘制 i_{pa} 和 i_{pc} 与相应 $v^{1/2}$ 的关系曲线。
（4）绘制抗坏血酸 i_{pa} 与相应浓度 c 的关系曲线、i_{pa} 与相应 $v^{1/2}$ 的关系曲线。
（5）计算铁氰化钾电极反应的 n 和 $E^{\ominus\prime}$。
（6）绘制抗坏血酸的 E_{pa} 与 v 的关系曲线。

六、思考题

（1）铁氰化钾溶液与抗坏血酸溶液的循环伏安图有何差别？怎样解释？
（2）铁氰化钾的 E_{pa} 与其相应的 v 是什么关系？由此可表明什么？
（3）由铁氰化钾和抗坏血酸各自的循环伏安图解释它们在电极上的可能反应机理。

实验 30 对苯二酚的电化学行为及测定

一、实验目的

（1）了解对苯二酚的危害，学会利用电化学方法测定对苯二酚。

(2) 熟悉 CHI 电化学工作站的使用和不同的实验技术。

(3) 通过实验数据分析对苯二酚测定的机理。

二、实验原理

图 8-9 对苯二酚结构式

对苯二酚是重要的化工原料,具有较大的毒性,对人体和环境有很大的危害,因而对苯二酚的检测一直是生物化学和电化学领域的重要研究课题之一。对苯二酚的结构式如图 8-9 所示。对苯二酚具有电化学活性,容易被氧化,因此可以用电化学方法进行检测。

三、仪器和试剂

1. 仪器

CHI 电化学分析仪;铂碳电极、铂丝辅助电极和 Ag/AgCl 参比电极组成电极系统;10 mL 电解池;移液枪。

2. 试剂

$0.100\ mol \cdot L^{-1}$、$1.00 \times 10^{-2}\ mol \cdot L^{-1}$、$1.00 \times 10^{-3}\ mol \cdot L^{-1}$ 对苯二酚溶液;$2.0 \times 10^{-2}\ mol \cdot L^{-1}$ 铁氰化钾溶液;$1.0\ mol \cdot L^{-1}$ 硝酸钾溶液;PBS 缓冲溶液。

四、实验步骤

1. 铂碳电极的预处理

将铂碳电极在 1500 目和 2000 目的金相砂纸上抛光,然后在抛光布上,用 $0.05\ \mu m$ 抛光粉(Al_2O_3)与水的混合物将铂碳电极研磨抛光成镜面,然后依次用 1∶1 乙醇、水超声清洗 1~2 min,最后用二次蒸馏水冲洗干净。利用铁氰化钾溶液检测预处理效果。

2. 循环伏安曲线的绘制

(1) 在 10 mL 电解池中,准确加入 10.00 mL pH 6.0 PBS 缓冲溶液,加入 100 μL $1.0 \times 10^{-3}\ mol \cdot L^{-1}$ 对苯二酚溶液,搅拌均匀。

(2) 将三电极体系放入上述溶液中,在 -0.2~0.4V 范围内,以 $50\ mV \cdot s^{-1}$ 的扫描速度进行循环伏安扫描,得到循环伏安曲线。

3. pH 的影响

固定对苯二酚的浓度为 $1.0 \times 10^{-5}\ mol \cdot L^{-1}$,改变向电解池中加入的 PBS 缓冲溶液的 pH,绘制其循环伏安图。根据峰电流的大小,选出测定对苯二酚所用的最佳 pH。

4. 扫描速度的影响

在最佳 pH 下,固定对苯二酚的浓度为 $1.0 \times 10^{-5}\ mol \cdot L^{-1}$,逐一变化扫描速度:

$20\ mV \cdot s^{-1}$、$50\ mV \cdot s^{-1}$、$100\ mV \cdot s^{-1}$、$125\ mV \cdot s^{-1}$、$150\ mV \cdot s^{-1}$、$175\ mV \cdot s^{-1}$、$200\ mV \cdot s^{-1}$进行测量。在完成每一个扫速的测定后,要轻轻搅拌几下电解池的试液,使电极附近溶液恢复至初始条件,并记录循环伏安图。

5. 测量技术的选择

在最佳 pH 下,固定对苯二酚的浓度为 $1.0 \times 10^{-5}\ mol \cdot L^{-1}$,以 $50\ mV \cdot s^{-1}$ 的扫描速度,分别进行方波伏安法(SWV)、微分脉冲伏安法(DPV)和线性扫描伏安法(LSV)的扫描,并记录其图形,根据峰电流的大小和峰形进行测量技术的选择。

6. 工作曲线的绘制

在最佳 pH 下,固定加入电解池中 PBS 的用量,通过移液枪改变加入的对苯二酚的量,在 $1.00 \times 10^{-6} \sim 2.50 \times 10^{-3}\ mol \cdot L^{-1}$ 范围内选取 8~10 不同浓度的对苯二酚溶液,以 $50\ mV \cdot s^{-1}$ 的扫描速度,分别进行扫描,并记录其图形。根据峰电流的大小,绘制工作曲线,并确定工作曲线的线性范围。

7. 未知液的测定

取 100 μL 未知液于 10 mL 干燥电解池中,加入 10.00 mL 最佳 pH 的 PBS 缓冲溶液底液,加入干净的搅拌磁子,用选用的最佳测量技术测量其峰电流,利用工作曲线法计算未知液中对苯二酚的浓度。

五、结果处理

(1) 判断电极反应的可逆性。
(2) 绘制 pH 对峰电流影响的曲线,选取底液 PBS 溶液的最佳 pH。
(3) 根据所得数据和现象判断电极反应是受吸附控制还是受扩散控制,并说明理由。

六、思考题

(1) 电极预处理过程中,通过什么数据表明电极预处理成功?
(2) 对苯二酚在电极表面发生的反应是什么?
(3) 测定对苯二酚时,工作曲线的线性范围是多少?所测定的未知样品中对苯二酚的浓度是多少?

第9章 气相色谱法

9.1 基本原理

气相色谱法是色谱法中的一种,它分析的对象是气体和可挥发的物质。气相色谱法实际上是一种物理分离的方法,基于不同物质物化性质的差异,在两相——固定相(色谱柱)和流动相(载气)构成的两相体系中具有不同的分配系数(或吸附性能),当两相做相对运动时,这些物质随流动相一起迁移,并在两相间进行反复多次的分配(吸附-脱附或溶解-析出),使分配系数只有微小差别的物质在迁移速度上产生了很大的差别,经过一段时间后,各组分实现分离。被分离的物质顺序通过检测装置,给出每个物质的信息,一般是一个对称或不对称的色谱峰。根据出峰的时间和峰面积的大小,对被分离的物质进行定性和定量分析。

气相色谱法分离的原理主要是基于组分与固定相之间的吸附或溶解作用,相邻两组分之间分离的程度既取决于组分在两相间的分配系数,又取决于组分在两相间的扩散作用和传质阻力,前者与色谱过程的热力学因素有关,后者与色谱过程的动力学因素有关。气相色谱的两大理论——塔板理论和速率理论分别从热力学和动力学的角度阐述了色谱分离效能及其影响因素。

塔板理论是在对色谱过程进行多项假设的前提下提出的。它的贡献在于借助化工中塔板理论的概念推导出流出曲线方程:

$$c = \frac{W\sqrt{n}}{V_R \sqrt{2\pi}} e^{-\frac{\pi}{2}(1-\frac{V}{V_R})^2} \tag{9-1}$$

式中,c 为气相中组分的浓度;W 为进样量;V_R 为组分的保留体积;V 为载气体积;n 为理论塔板数。式(9-1)即为流出曲线方程,是塔板理论的基本方程。它是以体积 V 作为变数,表示流出组分浓度变化的方程。当 n 值很大时,式(9-1)为一个正态分布(高斯分布)方程,其对应的图形如图 9-1 所示。此方程能与实际色谱峰图形较好地符合,由塔板理论计算出的反映分离效能的理论塔板数可用于评价实际分离的效果。

由上述流出曲线方程可以推导出理论塔板数 n 的计算公式:

$$n = 5.54 \left(\frac{V_R}{y_{1/2}}\right)^2 = 5.54 \left(\frac{t_R}{y_{1/2}}\right)^2 \tag{9-2}$$

式中,n 为理论塔板数;V_R 为组分的保留体积;t_R 为组分的保留时间;$y_{1/2}$ 为半峰宽。

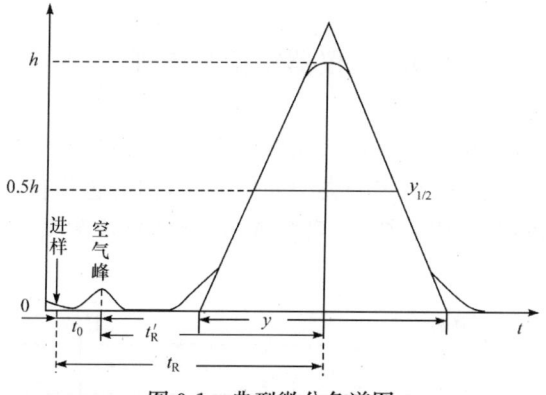

图 9-1　典型微分色谱图

速率理论是在对色谱过程动力学因素进行研究的基础上提出的,考虑到色谱分离过程中影响柱效的涡流扩散、分子扩散以及气相和液相传质阻力,建立了速率理论方程:

$$H = 2\lambda d_p + \frac{2\gamma D_g}{u} + 0.01\frac{k^2 d_p^2}{(1+k)^2 D_g}u + \frac{2k^2 d_f^2}{3(1+k)^2 D_l}u \tag{9-3}$$

或简化为

$$H = A + \frac{B}{u} + C_g u + C_l u \tag{9-4}$$

式中,A 为涡流扩散项系数,与载气流速变化无关;B 为分子扩散项系数;C_g 为气相传质阻力系数,表示气-液或气-固两相进行质量交换时的阻力;C_l 为液相传质阻力系数。

从速率理论方程[式(9-3)或式(9-4)]可以看出,影响板高的因素很多,但当色谱体系选定后,唯一的变数就是载气线速度 u,当线速度较小时,$C_g u$ 和 $C_l u$ 两项对板高的贡献可以忽略,此时分子扩散项是影响板高的主要因素;当线速度较大时,B 项对板高的贡献可以忽略,这时传质阻力项起主要作用。因此,当分子扩散项及传质阻力项对板高影响最小时柱效最高,这时对应于一最佳线速度 u_{opt}(图 9-2),在实际工作中应考虑最佳线速度这一重要因素。

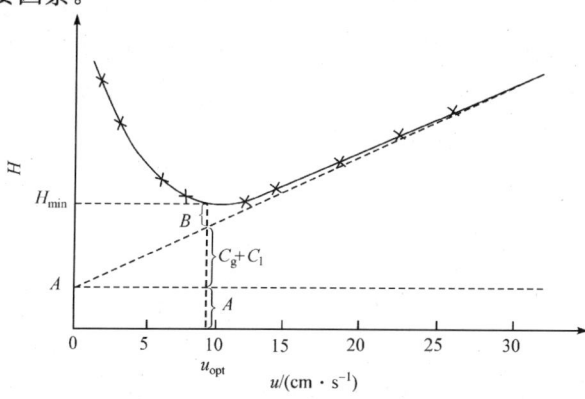

图 9-2　最佳流速曲线图

9.2 仪器结构与原理

气相色谱仪是实现气相色谱过程的仪器,按其使用目的可分为分析型、制备型和工艺过程控制型。但无论气相色谱仪的类型如何变化,构成色谱仪的 5 个基本组成部分均相同,分别是载气系统、进样系统、分离系统(色谱柱)、检测系统及数据处理系统,其流程图如图 9-3 所示。

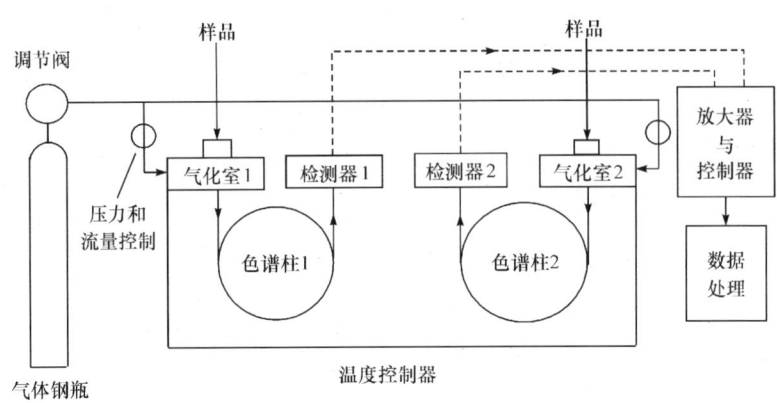

图 9-3 气相色谱仪流程图

9.2.1 载气系统

载气是气相色谱过程中的重要一相——流动相,因此正确选择载气,控制气体的流速,是气相色谱仪正常操作的重要条件。

1. 载气的选择

可作为载气的气体很多,原则上说,只要没有腐蚀性,且不与被分析组分发生化学反应的气体都可作为载气。常用的有 H_2、N_2、He、Ar 等。在实际应用中载气的选择主要是根据检测器的特性决定,同时考虑色谱柱的分离效能和分析时间。例如,以热导池作检测器时,基本上都是采用氢气或氦气作载气,因为它们相对分子质量小,热导系数大,黏度小,有利于提高检测灵敏度和分析速度。

2. 载气的控制

在气相色谱分析过程中,调节最佳载气流速并保持恒定是保证有效分析的前提。速率理论指出,溶质在柱中的保留行为直接受载气流速的影响,载气流速不稳定会相应地引起保留时间的不稳定,或影响检测器的灵敏度、噪声及漂移,对定性、定量分析结果产生不确定的影响。因此,载气流速的稳定是保证气相色谱分析的重要条件。为此,要求载气系统的各部件有良好的设计和工作状态。

9.2.2 进样系统

气相色谱可以分析气体,也可以分析具有挥发性的液体或固体物质,对于沸点高或不挥发的物质,可采用衍生化或裂解的方法,将转化后的样品进行色谱分析。

1. 注射器进样

微量注射器可用作气体样品和液体样品的进样器,方便易得、成本低廉,但重复性较差。在使用时,注意进样量与所选用的注射器相匹配,最好是在注射器最大容量下使用。

2. 气体进样阀

由于气体进样的体积比较大(在检测灵敏度相同的情况下,所需气体的体积比液体大两三个数量级),常用六通阀进样,进样量由定量管决定,可以按需要更换,进样量的重复性可达0.5%。

3. 自动进样器

在工业流程色谱分析和大批量样品的常规分析中,主要采用自动进样的方式,它在提高劳动效率和提高精度方面均显示了优越的性能。

4. 分流进样器

分流进样器主要用于毛细管柱气相色谱的进样系统中。由于毛细管柱样品容量很小,一般为 $10^{-4} \sim 10^{-3}$ mL 液样,这样小的样品量用普通的进样器是不可能的。目前多采用分流技术来解决,即进样量可以比较多,样品气化后,小部分被载气带入色谱柱中,大部分被放空,放空部分与进入色谱柱部分之比称为分流比,一般分流比为 10~100。

5. 气化室

气化室是进样系统中不可缺少的组成部分,它的作用是把液体样品瞬间加热变成蒸气,然后由载气带入色谱柱。

9.2.3 色谱柱

气相色谱中的色谱柱基本有两类,即填充柱和毛细管柱。填充柱的直径为 2~6 mm,柱长为0.5~10 m。毛细管柱的直径为 0.1~0.5 mm,柱长为 20~100 m。毛细管柱也称开管柱,一般柱内没有填料,多在内壁涂上一层固定液膜或沉积一层吸附剂。柱的形状多为螺旋形,其材质可用不锈钢、玻璃、熔融石英。

色谱柱内的填充物质是至关重要的,可遵照"相似相溶"的原则进行选择,常将色谱柱比作气相色谱仪的"心脏",主要是因为柱填料和柱温决定了色谱分离的成败。

9.2.4 检测系统

检测器是气相色谱仪的关键部件。它的作用是将经色谱柱分离后顺序流出的化学组分的信息转变为便于记录的电信号,然后对被分离物质的组成和含量进行鉴定和测量。原则上,被测组分和载气在性质上的任何差异都可以作为设计检测器的依据,但在实际中常采用的检测器只有几种,这些检测器结构简单,使用方便,具有通用性或选择性。

1. 热导检测器

热导检测器属浓度型检测器,即检测器的响应值(给出的检测信号)与组分在载气中的浓度成正比。这种检测器的基本原理是基于不同物质具有不同的热导系数,当被测组分与载气的热导系数不同时,它们的差异可通过一个放入金属池体内由 4 个等值电阻组成的直流电桥实现,四臂热导检测器的工作原理如图 9-4 所示。

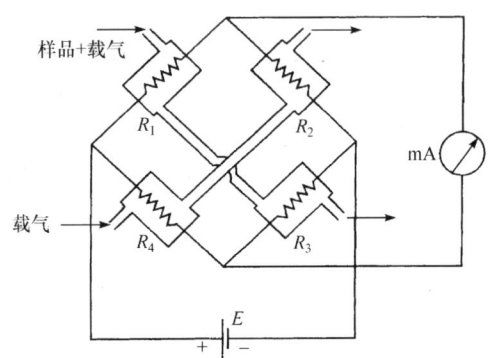

图 9-4 四臂热导检测器工作原理

进样前,载气以同样的流速通过参考臂和测量臂,使直流电桥处于平衡状态。进样后,当通过测量臂的载气中含有被测组分时,测量臂中的气体导热系数发生了变化,使热丝温度变化,导致热丝电阻值的变化,破坏了原来桥路的平衡状态,电桥输出的不平衡信号以及信号的大小可作为组分信息的度量。

热导检测器几乎对所有的物质都有响应,是目前应用最广泛的通用型检测器。由于在检测过程中样品不被破坏,因此可用于制备和其他联用鉴定技术。

2. 氢火焰离子化检测器

氢火焰离子化检测器是对有机化合物进行分析的常用检测器,主要优点是灵敏度高($10^{-11} \sim 10^{-10}$ g),线性范围宽(10^7),操作条件不苛刻,响应稳定可靠。氢火焰离子化检测器属质量型检测器,即检测器的响应值与单位时间内进入检测器的组分量成正比。其检测原理是利用有机化合物在氢火焰中离子化的机理,当微量有机化合物被引入氢火焰时,产生大量的碳正离子,电流急剧增加,几乎与引入氢火焰中有机化合物的速率成正比。将此微弱的电流变化通过微电流放大器放大,并通过高阻转换成电压信号,便可作为被分离组分信息的度量。氢火焰离子化检测器工作原理如 9-5 图所示。

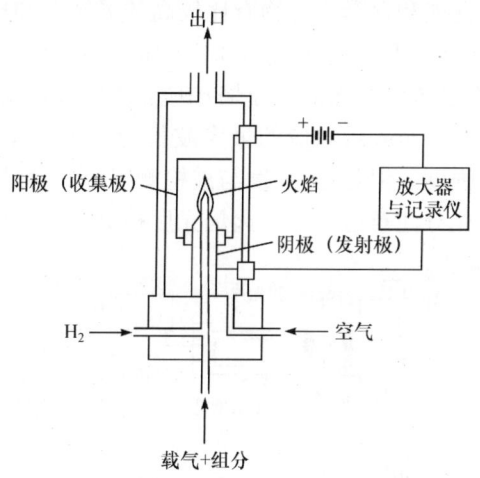

图 9-5　氢火焰离子化检测器工作原理

氢火焰离子化检测器是一种选择型检测器,它只能检测在氢火焰中燃烧产生大量碳正离子的有机化合物,有些物质(如 CO、CS_2 等)由于产生的离子流很小,因此基本上无法利用这种检测器进行测定。

3. 电子捕获检测器

电子捕获检测器是放射性离子化检测器,其工作原理如 9-6 图所示。检测的基本原理是载气分子(N_2)通过检测器时,在辐射线(主要是 β 射线)的作用下电离成正离子和自由电子,自由电子在电场条件下形成检测器的基流。当对电子有亲和力的电负性强的组分进入检测器时,这些组分捕获电子,形成带有负电荷的离子。由于电子被捕获,因而降低了检测器原有的基流,电信号发生了变化,检测器电信号的变化与被测组分浓度成正比。电子捕获检测器是一种浓度型检测器,它适用于含电负性强的卤素、酯、羟基及过氧化物官能团的有机化合物的分析。

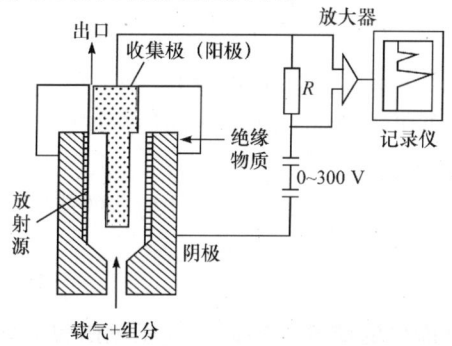

图 9-6　电子捕获检测器工作原理

4. 火焰光度检测器

火焰光度检测器对含硫和含磷化合物有比较高的灵敏度和选择性。磷的最小检出量为 $1.7×10^{-12}$ g·s^{-1}，硫的最小检出量为 $3.5×10^{-11}$ g·s^{-1}。其检测原理是含磷和含硫物质在富氢火焰(有过剩氢存在的还原焰)中燃烧时，分别发射具有特征的光谱，磷最大谱峰对应的波长为 526 nm，硫对应的最大波长为 394 nm，透过干涉滤光片，用光电倍增管测量特征光的强度。但是，其强度与被检测组分的含量不是简单的线性关系，在采用这种检测器时要充分注意这一点。火焰光度检测器工作原理如 9-7 图所示。

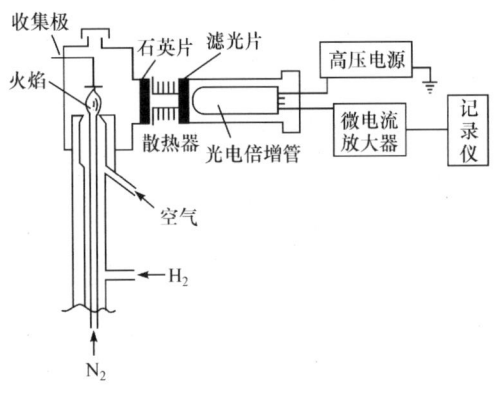

图 9-7　火焰光度检测器工作原理

9.2.5　数据处理系统

数据处理系统目前多采用计算机型色谱数据处理机和配备操作软件包的工作站，既可对色谱数据进行自动处理，又可对色谱系统的参数进行自动控制。

9.3　实　验　部　分

实验 31　气相色谱的基本操作及进样练习

一、实验目的

（1）了解气相色谱仪的主要结构组成和应用。
（2）掌握仪器基本操作和调试程序，熟悉气路运行过程。
（3）明确热导池检测器的操作注意事项。
（4）掌握气相色谱进样操作要领，练习微量注射器的使用方法。

二、实验原理

通过实验了解气相色谱仪的结构与原理。气相色谱仪是实现气相色谱过程的仪器，按其使用目的可分为分析型、制备型和工艺过程控制型。但无论气相色谱仪的类型如何变化,构成色谱仪的 5 个基本组成部分均相同,分别是载气系统、进样系统、分离系统(色谱柱)、检测系统及数据处理系统。

三、仪器与试剂

1. 仪器

GC9790 型气相色谱仪;热导检测器(TCD);邻苯二甲酸二壬酯(DNP)色谱柱;微量进样器(1 μL)。

2. 试剂

环己烷(A.R.);载气(氮气或氢气,纯度 99.99% 以上)。

四、实验步骤

1. 开机操作步骤

(1) 通气:连接色谱柱,在检查气路密封良好的情况下,先逆时针旋转钢瓶总阀,调整减压阀输出压力为 0.4~0.5 MPa,调节气相色谱仪上的载气稳压阀(总压),使其输出压力为 0.2~0.3 MPa,调节柱前压 1 和 2 的稳流阀 3 圈,载气流量氮气约为 30 mL·min^{-1},氢气约为 40 mL·min^{-1}。

(2) 通电:检查仪器开关都应处于"关闭"位置,然后开启气相色谱仪右侧的电源开关,仪器接通电源以后计算机首先进入仪器的自检程序,其状态显示为指示灯全部打开,直到屏幕出现"OK!"字样后表示仪器自检通过,可以进入正常操作程序,并且显示器自动切换到屏幕显示状态,等待用户输入操作信息,此时若不进行任何信息输入,仪器保持此状态 15 s 后,将执行上一次关机前所设定的储存参数。

(3) 升温:系统自检完毕后,通过按"热导"、"注样器"、"柱箱"键,设定热导检测器的温度、注样器的温度和色谱柱的温度,各温度设定值检查无误后,按"输入"键,仪器进入加热升温状态。当实际温度达到设定温度后,恒温后仪器已进入稳定状态。

(4) 热导池电流调整:通过按"参数"键,设定热导检测器控制器参数,选择极性为 1,桥电流为 120 mA(氢气作载气)。

(5) 打开计算机和色谱工作站,双击桌面上"HW-2000 色谱工作站"图标,进入色谱工作站操作界面,把此界面中的信号通道改为 B,选择"操作"菜单中的"谱图采集"命令或单击工具条上的"谱图采集"绿色按钮,这时文档窗口谱图区内开始有谱线走动,按下色谱仪上通桥电流的红色按键,通上桥电流,观察基线是否稳定。基线稳定后,通过"调零"旋钮调整基线位置。基线位置调整好以后,即可进样分析。

2. 液体进样操作练习

(1) 每人选用一支 1 μL 微量进样器,在实验教师的指导下,取 0.5 μL 的环己烷进样,进样的同时按下绿色遥控开关或单击工具条上的谱图采集绿色按钮,进行谱图采集,文档窗口内开始有谱图走动。如果要调节谱图在横向和纵向上的缩放,请分别调节"谱图参数"表中"满屏时间"和"满屏量程"两个谱图显示参数,也可分别单击这两个参数旁的"满屏"按钮,使当前已采集到的谱图分别在横向和纵向上满屏。如果谱图严重闪烁,可以通过加大满屏时间值来降低闪烁的程度。

(2) 待色谱峰出完后,选择"操作"菜单中"手动终止"命令或工具条上的手动停止红色按钮,这时将终止程序对谱图信号数据的实时采集和处理。实际上,当谱图采集时间到达谱图参数表中的"采集时间"参数所指定的值时,不用手动下达这个命令,程序也会自动结束谱图信号数据的实时采集和处理。

(3) 在谱图采集结束时程序会弹出一保存对话框,提示将整个文档窗口中的内容存到哪个磁盘文件中,这时可将程序推荐的文件名改为更有意义的文件名进行保存,然后记录色谱峰的峰面积。峰面积记录完毕后,执行下一次的进样操作,这样的操作总共进行 8 次,最后以 8 次进样的峰面积求出极差和相对标准偏差。

(4) 微量进样器的使用方法及注意事项教师会进行讲解,每次实验后,要用适当溶剂清洗进样器。

3. 关机

实验结束后,首先按起桥电流的红色按钮,切断桥电流。然后将"柱箱"、"检测器"、"注样器"的温度都设定为 50 ℃,待各温度降至设定温度后,关闭主机上的加热电源开关和总电源开关,最后关闭载气。

五、注意事项

(1) 取好样后应立即进样,进样时整个动作应稳定、连贯、迅速。
(2) 硅橡胶密封垫圈在几十次进样后容易漏气,须及时更换。
(3) 先通载气,确保载气通过热导检测器后,再打开热导桥流。
(4) 当使用双气路色谱仪时,两路的载气流速应保持相同。
(5) 热导检测器使用氢气作载气时,必须将毛细管系统稳压阀置于关闭状态。

六、思考题

(1) 为什么有时同一样品同一进样量时色谱峰形(如峰高)不同?
(2) 为什么有时进样后不出峰?

实验 32 填充柱的制备

一、实验目的

(1) 学习固定液的配制及涂渍方法。
(2) 掌握色谱柱的装柱技术及柱的老化技术。
(3) 掌握评价柱性能的方法。

二、实验原理

色谱柱是色谱仪的心脏,样品中各组分之间的分离就是在色谱柱中进行的。制备一根分离效能较高的色谱柱是完成色谱分离的关键。

色谱柱一般可分为填充柱和毛细管柱两类,都是由柱管和固定相组成。填充柱内需填充固体固定相或液体固定相,前者经活化处理后可以直接装柱使用,后者则需预先均匀地涂渍在担体上,然后才能装柱使用。和毛细管柱相比,填充柱制备较容易、使用方便,柱容量大、性能稳定,是使用最普遍的一种柱型。

在确定了适当的固定液、担体和两者的配比后即可制备填充柱。为了节约试剂,需要根据色谱柱的容量估算担体的用量,按所选液担比称取固定液及担体,估计溶剂的用量。为了提高柱效,固定液的涂渍要求液膜均匀、担体粒度均匀、装填均匀、适当紧密。老化处理是为了更进一步除去残余溶剂和低沸点杂质,并使固定液在担体表面有一个再分布过程,从而涂得更加均匀牢固,柱性能得到改善和趋于稳定。

三、仪器与试剂

1. 仪器

GC9790 型气相色谱仪;不锈钢色谱柱(ϕ4 mm×2 m);真空泵;培养皿(100 mm);6201 红色硅藻土载体(80~100 目);红外灯;量筒;玻璃棉;纱布;烧杯;三通玻璃活塞;缓冲瓶;分样筛(80 目、100 目各一只)。

2. 试剂

邻苯二甲酸二壬酯(色谱固定液);乙醚(A.R.)。

四、实验步骤

1. 色谱柱管的准备

(1) 色谱柱的试漏。将色谱柱的一端出口堵死,并使柱子全部浸在水中,然后通气,在高于使用操作压力下,若没有气泡冒出,则说明色谱柱密封良好,不漏气。

(2) 色谱柱的清洗。将不锈钢柱用 5%~10%(质量分数)氢氧化钠水溶液抽洗四五次,以除去管内壁的油渍和污物,然后用自来水冲洗至中性,烘干后备用。

2. 载体、固定液、溶剂用量的计算

(1) 载体用量 m_s。根据色谱柱的长度及直径计算柱容积,再过量 20%~40% 即可。

柱容积:
$$V_c = \pi r^2 L = 3.14 \times 0.2^2 \times 200 = 25.1 (cm^3)$$

实际用量:

$$V_s = 25.1 \times (1+0.2) = 30.1 (\text{cm}^3)$$

用量筒量取所需载体 30.1 cm³，用天平称其质量 m_s（精确至 0.01 g）。

（2）固定液用量 m_l。按照需要的配比称出固定液。配比即固定液与载体质量之比。例如，配比 15%，即 $m_l : m_s = 15 : 100$，则

$$m_l = \frac{15}{100} m_s$$

在分析天平上称取质量为 m_l 的固定液于 100 mL 烧杯中。

（3）溶剂用量。溶剂用量为载体体积的 1.3 倍左右，即 30.1 mL×1.3＝39 mL。

3. 固定液的涂渍

（1）活化载体。将载体倒入烧瓶中，接上真空泵抽空维持 10 min，以除去载体所吸附的空气。

（2）配制溶液。向称量好的固定液中加入 39 mL 乙醚，搅拌使其全部溶解。

（3）涂渍。将担体倒入所配溶液中，使溶液将载体全部浸没，轻轻摇动，以赶出气泡。

（4）干燥。将烧杯放在通风橱中使溶剂自然挥发，并随时轻轻摇动，以避免出现结块现象。待近干后再将烧杯置于红外灯下烘烤，进一步除去溶剂，直至溶剂无气味、担体完全干燥为止。在烘烤过程中，应注意温度不要过高，并经常轻轻拍打烧杯，若出现结块现象，则用力拍散。烘好的样品应色泽均匀，不结块。

4. 色谱柱的填充

在色谱柱的一端塞入一小段（约 0.5 cm）玻璃棉，管口包扎一小块数层细纱布，经三通活塞及缓冲瓶与真空泵相连，开启真空泵减压抽气。柱管的另一端接一小漏斗，向漏斗中连续加入固定相，并用细铅笔状的木条轻轻敲打柱管，边抽边敲，使柱中各部分填充均匀，当漏斗中固定相不能再下降时，视为柱已填满，此时先使三通活塞通大气，然后关闭真空泵，去掉漏斗，在此端也塞入一段玻璃棉，并做好标记。塞入玻璃棉时应注意不要用力过大，以免担体破碎，降低柱效率。泵抽装柱示意图如图 9-8 所示。

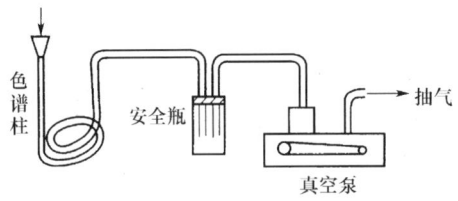

图 9-8 泵抽装柱示意图

5. 色谱柱的老化

将色谱柱（原接漏斗一端）接到气化室，另一端接空，通氮气，流量为 10～15

mL·min^{-1},缓缓升高柱温至比固定液最高使用温度低 20~30 ℃,在此温度下维持 4~8 h。然后将色谱柱冷却到室温,将柱子的另一端与检测器相连,再次升温至 130 ℃ 以下,检查基线。如基线符合要求,表明色谱柱老化完全,可以用于分析。

五、注意事项

(1) 除溶剂和干燥的操作要求在通风橱内进行,过程要缓慢,速度太快可能使担体爆裂,烘烤温度不要太高,以免固定液被空气氧化。

(2) 涂渍过程中,不能用玻璃棒搅拌。振动容器动作要轻,以免弄碎担体,出现未活化或未涂渍的表面,降低柱效。

(3) 低沸点、易挥发的固定液不能用泵抽装柱法。

(4) 溶剂用量的原则是宁可多一些,切不可不足。

(5) 填装过程中要边抽、边振动、边加入固定相,保证装填紧密而均匀,不要振得太猛,切勿用铁器敲击,以免震碎担体,也不要让固定相断流,否则管内的固定相时紧时松,甚至断层。

(6) 装填时接真空泵的一端应与检测器相接,另一端则接气化室。如果接反,柱效会降低,故两端要分别标明。

(7) 老化时柱子最好不要与检测器连接,以免污染检测器,有时为了方便,老化前也可与检测器连接,但检测器一定要先升温,且不能低于柱温,以防馏出物冷凝。

六、思考题

(1) 常规涂渍时应注意什么问题?为什么除去溶剂不能用电炉或酒精灯加热?

(2) 色谱柱老化的目的是什么?老化温度应如何确定?温度过高和过低有何影响?

(3) 为什么要将色谱柱装填料一端接气化室,另一端接检测器?能否颠倒?为什么?

实验 33 气-固色谱法分析 O_2、N_2、CO 及 CH_4 混合气体

一、实验目的

(1) 了解气相色谱仪的组成及各部件的功能。

(2) 加深理解气-固色谱的原理和应用。

(3) 掌握气体分析的一般实验方法。

二、实验原理

气相色谱是进行气体分析的有力手段。气体是指在室温下呈气态的物质,如永久气体(H_2、O_2、N_2、CO 及水蒸气等)、烯类气体、低沸点碳氧化合物、含氮气体、含氯气体、惰性气体等。对这些气体样品的分析通常是采用气-固色谱法。其原理是利用色谱

柱中填充的固体吸附剂对样品中各组分进行吸附-解吸能力的不同,从而使各组分得以分离。在这种吸附色谱中常用吸附等温线来描述气体样品在吸附剂上的浓度与其在载气中浓度的比值。也就是说,固体吸附剂上气体样品的浓度随气相中气体样品浓度的增加而线性增加,使得吸附等温线为一条直线,所得到的色谱峰为一对称峰。然而,在实际分析中,这样的吸附等温线很难得到,只有在样品浓度极低的情况下才有可能出现。多数情况下是处于非线性的状态,相应的色谱峰或是拖尾峰或是伸舌峰。因此,样品进样量直接影响色谱峰的形状,同时也影响保留时间的重现性。例如,进样量过大时,峰形拖尾,保留时间位移,各组分之间的分离变差。所以样品的进样量应尽量减少,此时吸附等温线近似为直线。

三、仪器与试剂

1. 仪器

GC 9790 型气相色谱仪;热导检测器;色谱柱(5A 分子筛 60～80 目,$\phi 4$ mm×3 m);皂膜流量计;注射器;六通阀。

2. 试剂

N_2;O_2;CO;CH_4 标准气;氢气;混合气样品。

四、实验步骤

(1) 打开 H_2 钢瓶,以 H_2 为载气,确保载气流经热导检测器,调节流速约为 30 mL·min^{-1}。

(2) 打开色谱仪的电源开关,待自检结束后,打开加热电源开关,在操作面板上通过按"注样器"、"柱箱"、"热导"键将气化室、柱箱、检测器的温度分别设定为 80 ℃、60 ℃、80 ℃。

(3) 打开计算机和色谱工作站,点击计算机桌面上"HW-2000 色谱工作站"图标,进入色谱工作站操作界面,选择色谱通道 B,点击快捷菜单上的绿色按钮进入谱图采集状态。

(4) 当实际温度达到设定值后,通过仪器上的控制面板设定热导检测器桥电流为 100 mA,然后打开热导检测器开关,通上桥电流,观察基线是否稳定,通过"调零"旋钮调整基线位置。

(5) 待仪器稳定后,用注射器注入 0.3 mL N_2,记录组分的保留时间和半峰宽。

(6) 将进样量分别调整为 0.50 mL、2.00 mL、4.00 mL、6.00 mL 重复(5)的操作,必要时采用六通进样阀进样。

(7) 注入 1.00 mL 混合气样品,记录每个色谱峰的保留时间和半峰宽。

(8) 分别注入 0.30 mL N_2、O_2、CO、CH_4 标准样品,记录每种物质的保留时间。

(9) 实验结束后首先关闭热导桥流的开关,随后关闭其他电源。

(10) 待柱温降至室温后,关闭载气钢瓶。

五、结果处理

(1) 考察并讨论进样量对组分保留时间和半峰宽的影响。
(2) 利用峰面积校正归一法(校正)计算混合物中 N_2、O_2、CO、CH_4 各组分的质量分数。
(3) 利用面积百分法(不经校正)对 N_2、O_2、CO、CH_4 进行定量计算,与(3)的计算结果进行比较并讨论。

六、注意事项

(1) 先通载气,确保载气通过热导检测器后,方可打开桥流开关。
(2) 如果使用记录仪记录半峰宽,要调整适当的记录纸速,以保证测量的精度。
(3) 在用注射器进样时,因进样器内外有一定的压差,应注意安全使用注射器。

七、思考题

(1) 气相色谱仪有单气路和双气路之分,二者各有什么特点?
(2) 在分析永久性气体时常采用热导检测器,这是为什么? 热导检测器的检测灵敏度与其桥电流值有什么关系吗? 如何确定使用桥流?
(3) 在色谱分析中,经常会出现色谱峰不对称的现象,除进样量的影响外,还有什么其他影响因素?
(4) 色谱归一化法定量有何特点? 使用该方法应具备什么条件?

实验34 校正归一法定量测定苯系物中各组分的含量

一、实验目的

(1) 掌握气相色谱中利用保留值定性和归一化法定量的分析方法。
(2) 掌握相对校正因子的测定方法。
(3) 熟悉热导检测器的原理和应用。

二、实验原理

在混合物样品得到分离之后,利用已知物保留值对各色谱峰进行定性分析是色谱法中最常用的一种定性方法。它的依据是在相同的色谱操作条件下,同一种物质应具有相同的保留值,当用已知物的保留时间(保留体积、保留距离)与未知物组分的保留时间进行对照时,若两者的保留时间完全相同,则认为它们可能是相同的化合物。这个方法的前提是各组分的色谱峰必须分离为单独峰,同时还要有作为对照用的标准物质。

归一化法是色谱分析中一种简便的定量方法。当样品中所有组分都能得到良好的分离并都能被检测而得到色谱峰时,则可利用校正归一化法定量计算样品中各组分的

质量分数,计算公式如下:

$$P_i = \frac{A_i f_i}{A_1 f_1 + A_2 f_2 + \cdots + A_n f_n} \times 100\% \tag{9-5}$$

式中,P_i 为 i 组分的质量分数;$A_1, A_2, \cdots, A_n$ 为各组分的峰面积;$f_1, f_2, \cdots, f_n$ 为各组分的相对校正因子(或绝对校正因子)。式(9-5)中的峰面积 A 也可用峰高 h 代替。

试样中各组分经色谱柱分离后进入检测器被检测,在一定操作条件下,被测组分 i 的质量(m_i)或其在载气中的浓度与检测器响应信号(色谱图上表现为峰面积 A_i 或峰高 h_i)成正比,可写为

$$m_i = f'_i A_i \tag{9-6}$$

式中,f'_i 为比例常数,称为被测组分 i 的绝对质量校正因子。式(9-6)就是色谱定量分析的依据。由于同一种检测器对不同物质具有不同的响应值,这样就不能用峰面积直接计算物质的含量。为了使检测器产生的响应信号真实地反映物质的含量,需要对响应值进行校正,这就是校正因子的意义。根据式(9-6)得

$$f'_i = \frac{m_i}{A_i} \tag{9-7}$$

可见 f'_i 就是单位峰面积所代表的物质的质量,它主要由仪器的灵敏度决定。由于 f'_i 值与色谱操作条件有密切关系而不易准确测定,因此在色谱定量分析中,采用相对校正因子 f_i,即被测物质 i 与标准物质 s 的绝对校正因子之比,此值不受实验条件的影响,只与检测器类型有关:

$$f_i = \frac{f'_i}{f'_s} = \frac{m_i/A_i}{m_s/A_s} = \frac{m_i A_s}{m_s A_i} \tag{9-8}$$

式中 f'_s, m_s, A_s 分别为标准物质的绝对校正因子、质量及峰面积。按被测组分使用的不同计量单位,可分为质量校正因子和体积校正因子等(通常把"相对"二字略去)。

测定 f_i 时,先准确称量被测物质 i 和标准物质 s 的 m_i 和 m_s,混合后在一定的实验条件下进行色谱测定,然后测量相应的峰面积 A_i 和 A_s,再按式(9-8)计算 f_i 值。

三、仪器与试剂

1. 仪器

GC9790 型气相色谱仪;色谱柱(7% DNP,$\phi 3\text{ mm} \times 2.5\text{ m}$);热导检测器;微量注射器(1 μL、5 μL)。

2. 试剂

标准样(正己烷、苯、甲苯);未知样;正己烷(A.R.);苯(A.R.);甲苯(A.R.);氢气。

四、实验步骤

(1) 打开载气,确保载气流经热导检测器,调节流速约为 30 mL·min^{-1}。
(2) 打开色谱仪的电源开关,待自检结束后,打开加热电源开关,在操作面板上通

过按"注样器"、"柱箱"、"热导"键将气化室、柱箱、检测器的温度分别设定为 150 ℃、100 ℃、120 ℃。

(3) 打开计算机和色谱工作站,点击计算机桌面上"HW-2000 色谱工作站"图标,进入色谱工作站操作界面,选择色谱通道 B,点击快捷菜单上的绿色按钮进入谱图采集状态。

(4) 当实际温度达到设定值后,通过仪器上的控制面板设定热导检测器桥电流为 100 mA,然后打开热导检测器开关,通上桥电流,观察基线是否稳定,通过"调零"旋钮调整基线位置。

(5) 在选定的载气流速下,用 5 μL 微量注射器注入 2 μL 未知样品,进样的同时按下快捷菜单上的绿色按钮,开始采集谱图,当谱图采集结束后,按下快捷菜单上的红色按钮停止谱图采集,记录各色谱峰保留时间和峰面积。重复操作 3 次。

(6) 用 1 μL 的微量进样器分别注入 0.5 μL 正已烷、苯、甲苯,记录各自的保留时间(目的是利用保留时间定性分析未知组分)。

(7) 用 5 μL 微量注射器注入 2 μL 正已烷、苯、甲苯标准溶液,记录保留时间和峰面积,重复操作 3 次(目的是计算校正因子)。

(8) 实验结束后,首先按起桥电流的红色按钮,切断桥电流。然后将柱温、检测器、注样器的温度设定为 50 ℃,待温度降至设定温度后,关闭各部分电源开关,最后关闭载气。

五、结果处理

(1) 列表整理定性、定量原始数据及计算结果。
(2) 试用苯为标准物质,利用相对校正因子计算正已烷、苯和甲苯的含量。

六、注意事项

(1) 先通载气,确保载气通过热导检测器后,再打开热导桥流。
(2) 当使用双气路色谱仪时,两路的载气流速应保持相同。
(3) 定量分析数据应重复 3 次。
(4) 热导池系统使用氢气作载气时,必须将毛细管系统稳压阀置于关闭状态。

七、思考题

(1) 保留值有几种表示方法?利用保留值定性有哪些局限性?如何解决?
(2) 在色谱定量分析中,为什么需要测定被测组分的相对质量校正因子?
(3) 校正因子有几种表示方法?它们之间有什么关系?
(4) 什么情况下可以不使用定量校正因子?
(5) 实验条件不稳定对定性和定量结果会产生哪些影响?

实验 35　双柱法定性及外标法定量测定未知组分的含量

一、实验目的

(1) 了解双柱法定性和外标法定量的原理与应用。

(2) 进一步掌握气相色谱法中利用保留值定性的实验技术。

二、实验原理

双柱法定性也是利用保留值定性的一种方法。严格地说，仅在一根色谱柱上利用已知物保留时间对未知峰进行定性分析是不太可靠的，因为在某些实验条件下，两种或多种组分在同一根色谱柱上可能具有相同的保留时间，所以采用双柱法定性更为可靠。

根据碳数规律，在一定温度下，同系物保留值的对数与分子中的碳原子数呈线性关系：

$$\lg t'_R = a + bm \tag{9-9}$$

式中，t'_R 为组分的相对保留时间 ($t'_R = t_R - t_M$)；m 为碳数；a 为截距，反映了同系物组分的特性；b 为斜率，反映了固定相和同系物组分之间的相互作用，主要体现了固定液的特性。

大量实验证明，同系物在不同极性色谱柱上的保留值遵守下列关系式：

$$\lg t'_R(\mathrm{I}) = A \lg t'_R(\mathrm{II}) + C \tag{9-10}$$

式中，$t'_R(\mathrm{I})$ 为该组分在 I 柱上的保留值；$t'_R(\mathrm{II})$ 为该组分在 II 柱上的保留值。式(9-10)指出，同系物在不同极性固定液上的保留值对数具有良好的线性关系，如图 9-9 所示。

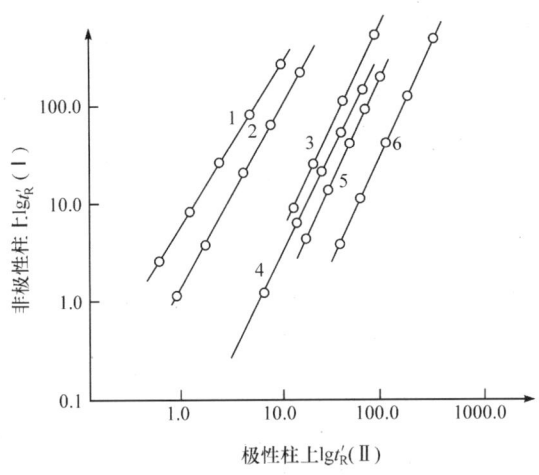

图 9-9　双柱保留值对数曲线图

1-烷烃；2-环烷烃；3-酯类；4-醛类；5-酮类；6-醇类

在实际应用时必须选择两根极性相差较大的柱子，如一根为强极性柱，另一根为非极性柱,使组分的保留值有较大的差别。以 $\lg t'_R(Ⅰ)$ 为横坐标、$\lg t'_R(Ⅱ)$ 为纵坐标,利用作图法可对未知物进行定性分析。

外标定量法也称定量进样-校正曲线法,是常用的一种简便、快速的定量方法。在一定操作条件下,用已知纯样配制成系列标准样品,定量进样,然后绘制响应值(峰面积)和组分含量的校正曲线,在分析时注入相同体积的未知样品,从色谱图得出未知样品的峰面积,由校正曲线查出对应的含量,校正曲线的纵坐标也可以是峰高。

三、仪器与试剂

1. 仪器

GC 9790 型气相色谱仪;热导检测器;色谱柱(Ⅰ柱为 10％甲基硅酮油,Ⅱ柱为 10％聚乙二醇-1500);皂膜流量计;微量注射器。

2. 试剂

正构烷烃系列标准样品(4 个);伯醇系列标准样品(4 个);酮类或酯类系列标准样品(4 个);未知样品;氢气。

四、实验步骤

(1) 打开载气,确保载气流经热导检测器,调节两柱流速约为 30 mL·min^{-1}。

(2) 打开色谱仪的电源开关,待自检结束后,打开加热电源开关,在操作面板上通过按"注样器"、"柱箱"、"热导"键将气化室、柱箱、检测器的温度分别设定为 160 ℃、100 ℃、150 ℃。

(3) 当实际温度达到设定值后,通过仪器上的控制面板设定热导检测器桥电流为 100 mA,然后打开热导检测器开关,通上桥电流,观察基线是否稳定,通过"调零"旋钮调整基线位置。

(4) 检查色谱仪各部件的参数,调整至进样状态。

(5) 将 4 个正构烷烃同系物样品分别注入Ⅰ柱和Ⅱ柱,进样量为 0.5 μL,记录保留时间。

(6) 将 4 个伯醇同系物样品分别注入Ⅰ柱和Ⅱ柱,进样量为 0.5 μL,记录保留时间。

(7) 将 4 个酮类同系物样品分别注入Ⅰ柱和Ⅱ柱,进样量为 0.5 μL,记录保留时间。

(8) 将空气样品分别注入Ⅰ柱和Ⅱ柱,记录保留时间。

(9) 将待测样品分别注入Ⅰ柱和Ⅱ柱,进样量为 0.5 μL,记录保留时间。

(10) 配制已定性物质的系列浓度标样用于制作标准曲线,将它们分别注入Ⅰ柱或Ⅱ柱,进样量为 0.5 μL,记录保留时间和峰面积。

(11) 注入 0.5 μL 待测样品,记录保留时间和峰面积。

(12) 实验结束,首先按起桥电流的红色按钮,切断桥电流。然后将柱温、检测器、注样器的温度设定为 50 ℃,待温度降至设定温度后,关闭各部分电源开关,最后关闭载气。

五、结果处理

(1) 列表计算各物质相对保留时间的对数值,并绘制双柱保留值对数图。
(2) 根据未知样品的保留值,在对数图上进行定性。
(3) 绘制定量标准曲线。
(4) 计算未知样品的含量。

六、注意事项

(1) 确保载气流经两柱和热导检测器。
(2) 在校正曲线的线性范围内进行定量分析。
(3) 热导池系统使用氢气作载气时,必须将毛细管系统稳压阀置于关闭状态。

七、思考题

(1) 保留值受哪些因素的影响?如何提高测量的准确性?
(2) 双柱定性的优缺点是什么?采用双柱法定性应注意什么?
(3) 双柱保留值对数呈线性关系,其直线的斜率和截距的物理意义是什么?

实验 36 内标法定量分析正己烷中的环己烷

一、实验目的

(1) 了解内标法的定量原理以及选择内标物的原则。
(2) 学会用内标法进行定量分析的实验技术。
(3) 熟悉氢火焰离子化检测器的特点和使用方法。

二、实验原理

内标法也是常用的一种比较准确的定量方法。当样品中的所有组分因各种原因不能全部流出色谱柱,或检测器不能对各组分都有响应,或只需测定样品中某几个组分时,可用内标法定量。内标法的原理是准确称取一定量样品,加入一定量的内标物,根据被测物和内标物的质量及其在色谱图上的峰面积比,求出被测组分的含量,计算公式如下:

$$P_i = \frac{A_i f_i W_s}{A_s f_s W_m} \times 100\% \tag{9-11}$$

式中,P_i 为组分 i 的质量分数;W_m 和 W_s 分别为样品和内标物的质量;A_i 和 A_s 分别为被测组分和内标物的峰面积;f_i 和 f_s 分别为被测组分和内标物的质量校正因子。为了方便起见,常以内标物本身作为标准物,其 $f_s = 1.00$。内标法要求选择一个适宜的内标物,它在样品中不存在,当加入内标物进行色谱分离时,在色谱图上它应与被测组分靠近并与其他组分完全分离,内标物的量也应与被测组分的量相当,以提高定量分析的准确度。

内标法的定量分析方法中还有一种内标工作曲线法。首先配制一系列的标准溶液,测得相应的 A_i/A_s 值,绘制 (A_i/A_s)-(m_i/m_s) 标准曲线,如图 9-10 所示。这样可在无需预先测定 f_i 的情况下,称取固定量的试样和内标物,混合均匀后即可进样,根据 A_i/A_s 值求得样品的含量。内标法定量结果准确,对于进样量及操作条件不需严格控制,更适用于工厂的控制分析。

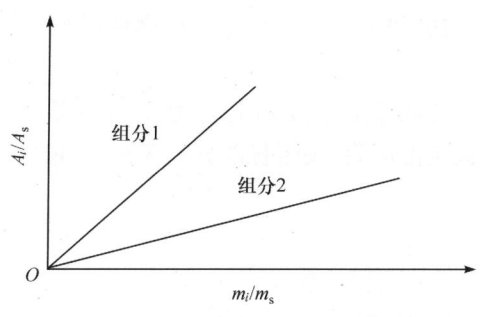

图 9-10　内标工作曲线法示意图

三、仪器与试剂

1. 仪器

GC9790 型气相色谱仪;氢火焰离子化检测器;色谱柱(GDX-401,80～100 目,ϕ4 mm×2 m);微量进样器(1 μL、5 μL)。

2. 试剂

氢气;氮气;压缩空气;正己烷(A.R.);环己烷(A.R.);苯(A.R.);未知样品。

四、实验步骤

(1) 通载气,确保载气流经色谱柱,调节流速约为 30 mL·min^{-1}。

(2) 打开色谱仪的电源开关,待自检结束后,打开加热电源开关,在操作面板上通过按"注样器"、"柱箱"、"检测器"键将气化室、柱箱、检测器的温度分别设定为 120 ℃、80 ℃、100 ℃。

(3) 打开计算机和色谱工作站,点击计算机桌面上"HW-2000 色谱工作站"图标,进入色谱工作站操作界面,选择色谱通道 A,点击快捷菜单上的绿色按钮进入谱图采集状态。

(4) 待设定温度平衡以后,通 H$_2$ 和压缩空气,调整流速分别为 30 mL·min^{-1} 和 300 mL·min^{-1}。用点火枪点燃氢焰,并检查氢火焰是否已点燃。通过"调零"旋钮调整基线位置。

(5) 待色谱仪稳定后,用微量注射器注入 0.5 μL 按质量法配制的已知浓度的环己烷、苯标准溶液,记录保留时间和峰面积。重复操作 3 次(目的是计算组分的校正因子)。

(6) 将 0.2 μL 环己烷、正己烷和苯的标样分别注入色谱柱,记录各自的保留时间(目的是利用保留时间定性分析未知组分)。

(7) 称量一定量的未知样品 W_m。

(8) 称量一定量的内标物 W_s,将其加入上述未知样品中,并混合均匀。

(9) 取 0.5 μL 含有内标物的未知样品注入色谱柱,记录保留时间和峰面积,此步骤重复 3 次。

(10) 实验结束后,首先关闭氢气、压缩空气,然后将柱温、检测器、注样器的温度设定为 50 ℃,待温度降至设定温度后,关闭各部分电源开关,最后关闭载气。

五、结果处理

(1) 列表整理保留值及峰面积的数据。

(2) 计算校正因子(绝对校正因子和相对校正因子)。

(3) 以苯为内标物利用内标法计算环己烷的含量。

六、注意事项

(1) 在点燃氢火焰离子化检测器时,可先通入氢气,以排除气路中的空气。然后通入流速大于 50 mL·min^{-1} 的氢气和小于 500 mL·min^{-1} 的空气(这样容易点燃),点燃后,再调整到工作流速 H_2 为 30 mL·min^{-1},空气为 300 mL·min^{-1}。

(2) 检测器的灵敏度范围设置要适当,以保持稳定的基线。

(3) 切勿将大量氢气排入室内。

七、思考题

(1) 实验中选取苯为内标物是否合适?为什么?

(2) 内标法定量有什么优点?它对内标物有何要求?

(3) 实验中是否需要严格控制进样量,实验条件若有变化是否会影响测定结果?为什么?

(4) 在内标工作曲线法中,是否需要应用校正因子?为什么?

(5) 氢火焰离子化检测器和热导检测器相比,各有什么特点?

实验 37 填充色谱柱的柱效测定及 H-u 曲线的测绘

一、实验目的

(1) 了解气相色谱仪的基本结构与操作技术。

(2) 学习色谱柱的柱效测定方法及有效塔板数的计算方法。

(3) 学习测绘色谱柱的 H-u 曲线及利用曲线求最佳线速度和最小塔板高度。

二、实验原理

评价色谱柱效能的重要指标是有效理论塔板数($n_{有效}$)或有效理论塔板高度($H_{有效}$),通常是有效理论塔板数越多或有效理论塔板高度越小,色谱柱效能越高。它们除与固定相的性质和色谱操作条件有关外,还与色谱柱的装填状况密切相关。因此,对新装填色谱柱的性能进行评价,主要的评价参数为 $n_{有效}$ 和 $H_{有效}$,分别由式(9-12)和式(9-13)计算:

$$n_{有效}=5.54\left(\frac{t'_R}{y_{1/2}}\right)^2 \tag{9-12}$$

$$H_{有效}=\frac{L}{n_{有效}} \tag{9-13}$$

$$t'_R=t_R-t_M \tag{9-14}$$

式中,$n_{有效}$ 为有效理论塔板数;$H_{有效}$ 为有效理论塔板高度;L 为色谱柱长;t'_R 为组分校正保留时间;t_R 为组分保留时间;t_M 为空气保留时间;$y_{1/2}$ 为半峰宽。

首先将气相色谱仪调整到可进样状态,采用热导检测器以苯为样品进样,出峰后测得苯的保留时间和苯峰的半峰宽,即 t_R 和 $y_{1/2}$,再以空气为样品进样,出峰后测得空气的保留时间 t_M(也称死时间),根据式(9-12)和式(9-13)分别计算有效理论塔板数和有效理论塔板高度。

从速率理论方程得知,色谱柱的分离效能与很多因素有关,包括担体颗粒的直径、载气的相对分子质量、组分在气相和液相中的扩散系数以及液膜厚度等,但对已填充好的色谱柱来说,上述有些因素均已固定,唯一的变数就是载气的流速。流速过大或过小都对柱效不利,只有在最佳流速操作时,色谱柱才有最大的分离效能。根据实验条件将色谱仪调整至可进样状态,其他色谱条件不变,只调节载气流速,在 $10\sim100$ mL·min^{-1} 选取六七个不同的流速。在所选取的载气流速条件下进样,记录样品组分的保留时间和色谱峰的半峰宽,然后以空气为样品,并记录空气的保留时间,按照式(9-15)计算载气的线速度 u:

$$u=\frac{L}{t_M} \tag{9-15}$$

式中,u 为载气线速度;L 为色谱柱长;t_M 为死时间。

以理论塔板高度 H 为纵坐标、u 为横坐标绘制 H-u 曲线。曲线的最低点也就是最小理论塔板高度所对应的流速,即最佳流速 u_{opt}。在实际工作中,为了缩短分析时间,在不影响组分分离的情况下,采用比最佳流速稍大的流速作为工作流速。

三、仪器与试剂

1. 仪器

GC9790型气相色谱仪;热导检测器;色谱柱(7%邻苯二甲酸二壬酯,ϕ4 mm×2 m);微量注射器(1 μL)。

2. 试剂

苯(A.R.)；氢气。

四、实验步骤

(1) 打开载气,确保载气流经热导检测器,并调整载气流速为 40 mL·min^{-1}。

(2) 打开色谱仪的电源开关,待自检结束后,打开加热电源开关,在操作面板上通过按"注样器"、"柱箱"、"热导"键将气化室、柱箱、检测器的温度分别设定为 150 ℃、100 ℃、120 ℃。

(3) 打开计算机和色谱工作站,点击计算机桌面上"HW-2000 色谱工作站"图标,进入色谱工作站操作界面,选择色谱通道 B,点击快捷菜单上的绿色按钮进入谱图采集状态。

(4) 当实际温度达到设定值后,通过仪器上的控制面板设定热导检测器桥电流为 100 mA,然后打开热导检测器开关,通上桥电流,观察基线是否稳定,待基线稳定后,通过"调零"旋钮调整基线位置。

(5) 仪器稳定后,在选定的载气流速下,用 1 μL 微量注射器注入 0.5 μL 样品,进样的同时按下快捷菜单上的绿色按钮,开始采集谱图。当谱图采集结束后,按下快捷菜单上的红色按钮停止谱图采集,记录色谱峰保留时间和半峰宽。

(6) 在此流速下注入空气样品,记录空气峰的保留时间 t_M。

(7) 将载气流速分别调整为 10 mL·min^{-1}、20 mL·min^{-1}、30 mL·min^{-1}、50 mL·min^{-1}、60 mL·min^{-1},测量样品和空气的保留时间以及样品的半峰宽。

(8) 实验结束后,首先按起桥电流的红色按钮,切断桥电流。然后将柱温、检测器、注样器的温度设定为 50 ℃,待温度降至设定温度后,关闭各部分电源开关,最后关闭载气。

五、结果处理

(1) 利用式(9-15)分别计算不同载气流速下的线速度。

(2) 利用式(9-12)和式(9-13)分别计算不同载气流速下的有效理论塔板数和有效理论塔板高度。

(3) 绘制 H-u 最佳流速曲线,并求出最佳线速度和最小塔板高度。

六、注意事项

(1) 先通载气,确保载气通过热导检测器后,再打开热导桥流。

(2) 当使用双气路色谱仪时,两路的载气流速应保持相同。

(3) 改变载气流速后,待仪器稳定后再进样。

(4) 控制柱温的升温速率,切勿过快,以保持色谱柱的稳定性。

七、思考题

(1) 用热导检测器时,为什么要先通好载气后再打开热导桥流?
(2) 热导检测器的检测灵敏度与其桥电流值有什么关系?如何确定使用桥流?
(3) 流动相速度过高或过低为什么会使柱效下降?
(4) 若将载气改为氮气后,预测 H-u 曲线的变化,并解释原因。

实验 38 载气流速及柱温变化对分离度的影响

一、实验目的

(1) 进一步理解分离度的概念及其影响因素。
(2) 掌握分离度的计算方法。
(3) 了解实验条件的选择对色谱分析的重要性。

二、实验原理

理论塔板数(n)或有效理论塔板数($n_{有效}$)是衡量柱效的重要指标,从理论上,理论塔板数越多,柱效越高。但理论塔板数多到什么程度才能满足实际分离的要求,一般很难给出确切的定量指标。然而,分离度(R_s)可以作为色谱柱总分离效能的量化指标,因为它从本质上反映了热力学和动力学两方面的因素。分离度主要是针对两个相邻色谱峰而言,在混合物中一般指难分离物质对的相邻两峰之间的保留时间差越大,越有利于分离;两峰的峰宽越窄,越有利于分离。因此,按上述定义,分离度 R_s 正比于相邻两峰保留值之差,反比于两峰宽之和的一半,即

$$R_s = \frac{t_{R,2} - t_{R,1}}{\frac{1}{2}(Y_1 + Y_2)} \tag{9-16}$$

或

$$R_s = \frac{t_{R,2} - t_{R,1}}{\frac{1}{2}(y_{1/2,1} + y_{1/2,2})} \tag{9-17}$$

式中,$t_{R,2}$ 和 $t_{R,1}$ 分别为组分 1 和 2 的保留时间;Y_1 和 Y_2 分别为组分 1 和 2 峰的基线宽度;$y_{1/2,1}$ 和 $y_{1/2,2}$ 分别为组分 1 和 2 的半峰宽。式(9-16)和式(9-17)的物理意义相同,只是数值不同。两组分保留值差别的大小取决于固定相的性质,即色谱柱的选择性。而色谱峰的宽窄主要是动力学问题,也是柱效的表征。因此,分离度与固定相的选择性和柱效有密切的关系,从分离度的基本定义可以推导出下列表达式:

$$R_s = \frac{1}{4}\sqrt{n}\frac{\alpha-1}{\alpha}\frac{k}{1+k} \tag{9-18}$$

式中,α 为色谱柱的选择性,也称相对保留值,可以定量地描述色谱体系中两种物质迁

移速度不同的特性。相对保留值的定义为

$$\alpha = \frac{t'_{R,2}}{t'_{R,1}} = \frac{t_{R,2} - t_M}{t_{R,1} - t_M} = \frac{k_2}{k_1} \tag{9-19}$$

式中,$t'_{R,2}$和$t'_{R,1}$分别为组分 1 和 2 的调整保留时间;$t_{R,1}$和$t_{R,2}$分别为组分 1 和 2 的保留时间;t_M为空气保留时间;k_1和k_2分别为组分 1 和 2 的容量因子。组分在固定相中的质量(W_s)和分配在气相中的质量(W_g)之比称为容量因子,以 k 表示:

$$k = \frac{W_s}{W_g} = \frac{t'_R}{t_M} \tag{9-20}$$

k 值主要由组分和固定液的性质决定,它可以通过 t'_R 和 t_M 进行计算。

从式(9-18)可以看出,分离度 R_s 是理论塔板数 n、相对保留值 α 及容量因子 k 的函数,因此,可通过调整柱温、柱压和气液体积等因素改变 n、α 或 k,从而达到改善分离度的目的。

三、仪器与试剂

1. 仪器

GC9790 型气相色谱仪;热导检测器;色谱柱(10%SE-30)。

2. 试剂

乙醇(A.R.);丙醇(A.R.);丁醇(A.R.);未知样品。

四、实验步骤

(1) 打开载气,确保载气流经热导检测器,并调整流速约为 40 mL·min^{-1}。

(2) 打开色谱仪的电源开关,待自检结束后,打开加热电源开关,在操作面板上通过按"注样器"、"柱箱"、"热导"键将气化室、柱箱、检测器的温度分别设定为 150 ℃、100 ℃、120 ℃。

(3) 打开计算机和色谱工作站,点击计算机桌面上"HW-2000 色谱工作站"图标,进入色谱工作站操作界面,选择色谱通道 B,点击快捷菜单上的绿色按钮进入谱图采集状态。

(4) 当实际温度达到设定值后,通过仪器上的控制面板设定热导检测器桥电流为 100 mA,然后打开热导检测器开关,通上桥电流,观察基线是否稳定,通过"调零"旋钮调整基线位置。

(5) 待仪器稳定后,注入 5 μL 未知样品,记录保留时间和半峰宽。

(6) 分别注入 0.5 μL 乙醇、丙醇、丁醇,记录各自的保留时间。

(7) 注入 40 μL 左右的空气样品,记录空气峰的保留时间 t_M。

(8) 将柱温分别恒温在 80 ℃、90 ℃、110 ℃、130 ℃,重复测量未知样品和空气的保留时间及半峰宽,流速为 40 mL·min^{-1}。

(9) 将载气流速分别调整为 20 mL·min^{-1}、30 mL·min^{-1}、60 mL·min^{-1}、80 mL·min^{-1}，重复测量未知样品和空气的保留时间及半峰宽，柱温恒定为 100 ℃。

(10) 实验结束后，首先按起桥电流的红色按钮，切断桥电流。然后将柱温、检测器、注样器的温度设定为 50 ℃，待温度降至设定温度后，关闭各部分电源开关，最后关闭载气。

五、结果处理

(1) 计算不同柱温下丙醇与乙醇、丙醇与丁醇的分离度，说明柱温对分离度的影响。

(2) 计算不同载气流速下的丙醇与乙醇、丙醇与丁醇的分离度，说明载气流速对分离度的影响。

六、注意事项

(1) 改变柱温和流速后，待仪器稳定后再进样。
(2) 为了保证峰宽测量的准确，应调整适当的峰宽参数。
(3) 控制柱温的升温速率，切勿过快，以保持色谱柱的稳定性。

七、思考题

(1) 分离度是不是越高越好？为什么？
(2) 影响分离度的因素有哪些？提高分离度的途径是什么？
(3) k 值的最佳范围是 2~5，如何调整 k 值？
(4) 在给定条件下，如果使丙醇与相邻两峰的分离度为 $R_s=1.5$，所需的柱长是多少（假设塔板高度为 $H=10$ mm）？

实验 39　程序升温毛细管柱色谱法分析中药小茴挥发油中的反式茴香醚

一、实验目的

(1) 了解程序升温在气相色谱分析中的重要作用。
(2) 掌握程序升温色谱法的操作方法。
(3) 了解毛细管色谱法在复杂样品分析中的应用。

二、实验原理

程序升温是气相色谱分析中一项常用而且十分重要的技术。每一个预分析的组分都对应一个最佳的柱温，但是当分析样品比较复杂、沸程很宽的时候，若使用同一柱温进行分离，其分离效果很差，低沸点的组分由于柱温太高，很早流出色谱柱，色谱峰重叠在一起不易分开；高沸点的组分则由于柱温太低，很晚流出色谱柱，甚至不流出色谱柱，其结果是各组分的色谱峰分布疏密不均，有时还出现怪峰，给分析工作带来困难。

程序升温是指在一个分析周期中,色谱柱的温度按照适宜的程序连续地随时间呈线性或非线性升高的色谱操作模式。在程序升温中,首先采用足够低的初始温度,使低沸点组分得到良好的分离,然后随着温度不断升高,高沸点的组分也能较快流出,并和低沸点组分一样得到良好的分离和峰形。因此,对于沸程较宽、组分较多的混合物样品,必须采用程序升温来代替等温操作。程序升温的方式可分为线性升温和非线性升温,根据分析任务的具体情况,通过实验选择适宜的升温方式,可以得到比较理想的分离效果。

毛细管柱的柱效比填充柱高得多,这是由于单位柱长液相体积小、气相体积大(开管柱),在一定温度下容量比降低,虽然毛细管柱的每米板数与填充柱相当,但由于毛细管是空的,可以使用很长的柱子,所以总的柱效很高,因此在分离难分离物质对(如 $\alpha=1.03$)时,必须采用毛细管柱色谱。由于它的分离效率高,因此对所涂渍的固定液性质要求不像填充柱那样苛刻,避免了精选固定液的麻烦,只需几根极性不同的毛细管柱即可进行大多数较复杂样品的分析。

中药小茴所含微量成分复杂,其极性和沸点变化范围较大,采用定温色谱方法不能一次进行很好的分离,本实验采用程序升温毛细管色谱法测定中药小茴挥发油中的反式茴香醚,实验结果良好。

三、仪器与试剂

1. 仪器

9790 型气相色谱仪(带氢火焰离子化检测器和程序升温装置);毛细管柱(ϕ0.32 mm×30 m,SE-54 固定液)。

2. 试剂

氢气;压缩空气;氮气;小茴;反式茴香醚标样。

四、实验步骤

(1) 制备小茴挥发油的方法是,先称取 50 g 小茴,按常规方法进行水蒸气蒸馏,用正己烷作溶剂进行萃取,收取有机相,在真空条件下旋蒸除去正己烷溶剂,剩余少量有机相萃取物作为分析样品。

(2) 通载气(N_2),调节流速约为 30 mL·min^{-1}。

(3) 打开色谱仪的电源开关,待自检结束后,打开加热电源开关,在操作面板上通过按"注样器"、"检测器"键将气化室、检测器的温度分别设定为 250 ℃、200 ℃。设置柱温升温程序:初始温度为 50 ℃;50 ℃(10 min)~70 ℃(5 min),升温速率为 2 ℃·min^{-1};再升至 150 ℃(2 min),升温速率为 5 ℃·min^{-1};最终升至温度 200 ℃(10 min),升温速率为 2 ℃·min^{-1}。

(4) 打开计算机和色谱工作站,点击计算机桌面上"HW-2000 色谱工作站"图标,进入色谱工作站操作界面,选择色谱通道 A,点击快捷菜单上的绿色按钮进入谱图采集状态。

(5) 通 H_2 和压缩空气,调整流速分别为 30 mL·min^{-1} 和 300 mL·min^{-1}。用点火枪点燃氢焰,并检查氢火焰是否已点燃。通过"调零"旋钮调整基线位置。

(6) 待初始温度稳定,准备指示灯亮以后,分别注入 0.6 μL 小茴挥发油样品和 0.2 μL 反式茴香醚标样,进样的同时立即按下"启动"键开始程序测定,同样可以从显示屏上监视温度运行状态。

(7) 设置柱温为 200 ℃,在等温条件下重复上述操作。

(8) 实验结束后,首先关闭氢气、压缩空气,然后将柱温、检测器、注样器的温度设定为 50 ℃,待温度降至设定温度后,关闭各部分电源开关,最后关闭载气。

五、结果处理

(1) 计算反式茴香醚的绝对校正因子,计算小茴挥发油中反式茴香醚的含量。

(2) 以反式茴香醚为指定组分,计算所用色谱柱的有效理论塔板数(假定第一色谱峰的保留时间为死时间 t_M)。

(3) 用面积百分法计算反式茴香醚的含量,并比较两种计算结果。

(4) 计算反式茴香醚的分离度。

(5) 比较等温和程序升温的分析结果并加以讨论。

六、注意事项

(1) 氢火焰离子化检测器在点火时,可先通入稍大于工作流量的氢气,以利于点火,氢火焰点燃后再调至规定的流速。

(2) 为了便于测量,调节适当的峰宽参数。

(3) 旋转蒸发仪除溶剂时,要控制适当的蒸发速度。

七、思考题

(1) 简述氢火焰离子化检测器和热导检测器各自的特点和适用范围。

(2) 升温程序设计的依据是什么?终止温度由什么因素决定?

(3) 简要讨论毛细管柱色谱法与填充柱色谱法的特点和应用范围。

第 10 章 高效液相色谱法

10.1 基本原理

和气相色谱一样,液相色谱分离系统也由两相——固定相和流动相组成。液相色谱的固定相可以是吸附剂、化学键合固定相(或在惰性载体表面涂上一层液膜)、离子交换树脂或多孔性凝胶;流动相是各种溶剂。被分离混合物由流动相液体推动进入色谱柱。根据各组分在固定相及流动相中的吸附能力、分配系数、离子交换作用或分子尺寸大小的差异进行分离。

色谱分离的实质是样品分子(以下称溶质)与溶剂(流动相或洗脱液)以及固定相分子间的作用,作用力的大小决定色谱过程的保留行为。

根据分离机制不同,液相色谱可分为吸附色谱、分配色谱、化合键合相色谱、离子交换色谱以及分子排阻色谱等类型。以下将主要介绍吸附色谱和分配色谱。

10.1.1 吸附色谱

吸附色谱(adsorption chromatography)也称液固色谱,其固定相是固体吸附剂,常用的有硅胶、氧化铝、活性炭等无机吸附剂。目前,聚乙烯微粒等有机吸附剂的应用实例也渐渐增多。硅胶是一种多孔性物质,因—O—Si(—O—)—O—Si(—O—)—O—结合而具有三维结构,表面具有硅羟基(≡Si—OH),此硅羟基呈微酸性,易与氢结合,是吸附的活性点。在吸附色谱中,样品主要靠氢键结合力吸附到硅羟基上,与流动相分子竞争吸附点,反复地被吸附,又反复地被流动相分子顶替解吸,随着流动相的流动而在柱中向前移动。因为不同的待测分子在固定相表面的吸附能力不同,因而吸附-解吸的速度不同,各组分被洗出的时间(保留时间)也就不同,使得各组分彼此分离。吸附色谱在早期的高效液相色谱(HPLC)中应用得最多,现在,很多以前用吸附色谱分离的物质可用更方便和更有效的化学键合相分配色谱分离。

10.1.2 分配色谱

分配色谱(partition chromatography)原本是基于样品分子在包覆于惰性载体(基质)上的固定相液体和流动相液体之间的分配平衡的色谱方法,因此也称液液色谱。因为作固定相的液体往往易溶于流动相,所以重现性很差,不大为人们所采用。如果将固定相通过化学键合的方法结合到惰性载体上,固定相就不会溶于流动相了。基于这种思想发展起来的固定相就是居当今 HPLC 固定相之首的化学键合型固定相。通常所说的 ODS(octa decyltrichloro silane,十八烷基三氯硅烷)柱就是最典型的代表,它是将十八烷基三氯硅烷通过化学反应与硅胶表面的硅羟基结合,在硅胶表面形成化学键合态的十八碳烷基,其极性很小,而常用的流动相(如甲醇、乙腈以及它们与水的混合溶液)极性比固定相大,称为反相 HPLC。吸附色谱的流动相极性比固定相小,称为正相 HPLC。

10.2 仪器结构与原理

高效液相色谱仪现在多做成独立的单元组件,然后根据分析要求将各所需单元组件组合起来,最基本的组件是高压输液泵、进样器、色谱柱、检测器和工作站(数据系统)。此外,还可根据需要配置自动进样系统、流动相在线脱气装置和自动控制系统等。图 10-1 是普通配置的高效液相色谱仪的构造示意图。高效液相色谱仪的工作流程如下:高压输液泵将储液器中的流动相以稳定的流速(或压力)输送至分析体系,在色谱柱之前通过进样器将样品导入,流动相将样品带入色谱柱,在色谱柱中各组分被分离,并依次随流动相流至检测器,检测到的信号送至工作站记录、处理和保存。

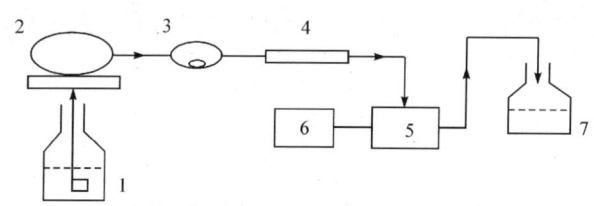

图 10-1 高效液相色谱仪的构造示意图
1-流动相;2-高压输液泵;3-进样器;4-色谱柱;5-检测器;6-工作站;7-废液瓶

10.2.1 高压输液泵

高压输液泵的作用是将流动相以稳定的流速(或压力)输送到色谱系统。其稳定性直接关系到分析结果的重现性、精度和准确性,因此其流量变化通常要求小于 0.5%。流动相流过色谱柱时会产生很大的压力,高压输液泵通常要求能耐 40~60 MPa 的高压。

10.2.2 进样器

现在的液相色谱仪几乎都采用耐高压、重复性好、操作方便的阀进样器。六通阀进样器是最常用的,进样体积由定量管确定,通常使用的是 10 μL、20 μL 和 50 μL 的定量管。六通阀进样器的工作原理如图 10-2 所示。操作时先将阀柄置于采样位置(load),这时进样口只与定量管接通,处于常压状态,用微量注射器(体积应大于定量管体积)

注入样品溶液,样品停留在定量管中。将进样器阀柄转动60°至进样位置(inject)时,流动相与定量管接通,样品被流动相带到色谱柱中。

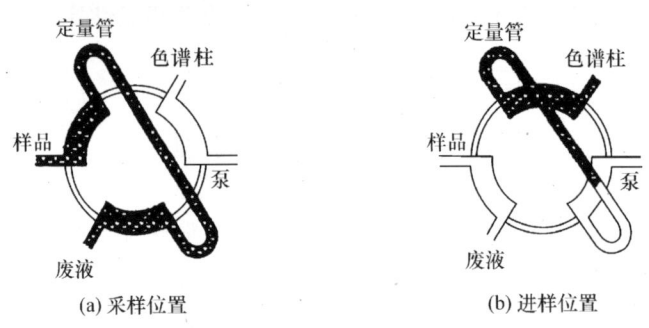

图 10-2　六通阀进样器工作原理

10.2.3　色谱柱

色谱柱是实现分离的核心部件,要求柱效高、柱容量大、性能稳定。最常用的分析型色谱柱是内径4.6 mm、长100~300 mm的内部抛光的不锈钢管柱,内部填充粒径为5~10 μm 的球形颗粒填料。不同的物质在色谱柱中的保留时间不同,依次流出色谱柱进入检测器。

10.2.4　检测器

检测器是用来连续检测经色谱柱分离后的流出物的组成和含量变化的装置。它利用被测物的某一物理或化学性质与流动相有差异的原理,当被测物从色谱柱流出时,会导致流动相背景值发生变化,从而在色谱图上以色谱峰的形式表现出来。

1. 紫外-可见光检测器

紫外-可见光(UV-Vis)检测器(图10-3)既有较高的灵敏度和选择性,也有很宽广的应用范围。由于UV-Vis检测器对环境温度、流速、流动相组成等的变化不是很敏感,因此还能用于梯度淋洗。用UV-Vis检测时,为了得到高的灵敏度,常选择被测物质能产生最大吸收的波长作为检测波长,但为了选择性或其他目的也可适当牺牲灵敏度而选择吸收稍弱的波长,另外,应尽可能选择在检测波长下没有背景吸收的流动相。二极管阵列UV-Vis检测器可以瞬间实现紫外-可见光区的全波长扫描,得到时间-波长-吸收强度三维色谱图。一般液相色谱仪都配置有UV-Vis检测器。

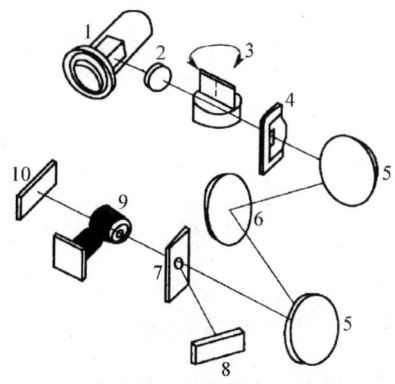

图 10-3　紫外-可见光检测器示意图

1-光源；2-聚光透镜；3-滤光片；4-入口狭缝；5-平面反射镜；6-光栅；
7-光分束器；8-参比光电二极管；9-流通池；10-样品光电二极管

2. 示差折光检测器

示差折光检测器(图 10-4)也称折光指数检测器(RID)。凡是与流动相的折光率有差别的被测物都可以用 RID 检测。在多数情况下，被测物与流动相的折光率都有差异，所以 RID 是一种通用的检测方法。但与其他检测方法相比，灵敏度要低 1～3 个数量级。

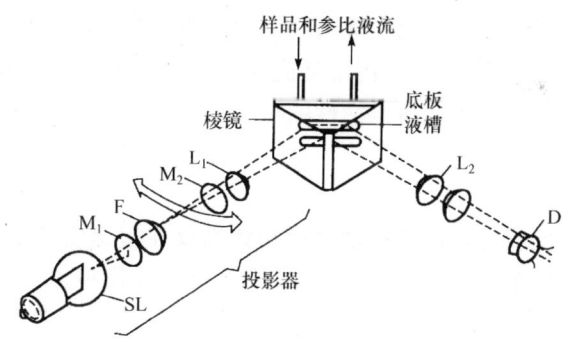

图 10-4　示差折光检测器示意图

3. 荧光、化学发光检测器

许多有机化合物，特别是芳香族化合物、生化物质(如有机胺、维生素、激素、酶等)，被一定强度和波长的紫外光照射后，发射出较激发光波长更长的荧光。荧光强度与激发光强度、量子效率和样品浓度成正比。有的有机化合物虽然本身不产生荧光，但可以与发荧光物质反应，衍生化后检测。荧光检测器的最大优点是有非常高的灵敏度和良好的选择性，灵敏度要比紫外检测器高两三个数量级，而且所需样品量很小，特别适合于药物和生物化学样品的分析。荧光检测器示意图如图 10-5 所示。

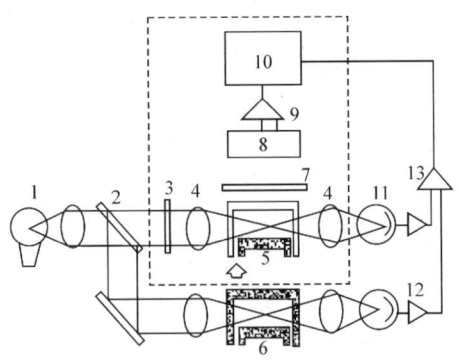

图 10-5 荧光检测器示意图

1-中压汞灯光源;2-10%反射棱镜;3-激发光滤光片;4-透镜;5-测量池;6-参比池;7-发射光滤光片;
8-光电倍增管;9-放大器;10-记录仪;11-光电管;12-对数放大器;13-线性放大器.

化学发光的原理是基于某些物质在常温下进行化学反应,生成处于激发态的反应中间体或反应产物,当它们从激发态返回基态时发射出光子,因为物质激发态的能量来自于化学反应,故称化学发光。化学发光检测器结构简单、价格低廉,而且灵敏度和选择性都很高,是一种有实用价值的检测方法。

4. 电化学检测器

电化学检测是利用物质的电活性,通过电极上的氧化或还原反应进行检测。电化学检测有很多种,如电导、安培、库仑、极谱、电位等,应用较多的是安培检测。电化学检测器对流动相的限制较严,并且电极污染常造成重现性差等缺点,所以一般只用于检测既没有紫外吸收又不产生荧光但有电活性的物质。

10.2.5 工作站

一些配置了积分仪或记录仪的老型号液相色谱仪在很多实验室还在使用,但近几年新购置的仪器一般带工作站,即所有分析过程都可在线模拟显示,数据自动采集、处理和储存,并对整个分析实现自动控制。如果设置好有关分析条件和参数,可以自动给出最终分析结果。

10.3 实验部分

实验 40 归一化法定量分析有机物中各组分的含量

一、实验目的

(1) 了解液相色谱仪的主要结构组成及其使用方法。

(2) 掌握液相色谱仪的基本操作,明确操作注意事项。
(3) 掌握液相色谱仪的进样操作要领,了解流动相和样品的处理方法。
(4) 掌握归一化法在高效液相色谱分析中的应用。

二、实验原理

在液相色谱中,若采用非极性固定相(如十八烷基键合相)和极性流动相,称为反相色谱。这种分离方式特别适用于同系物、苯并系物的分离。萘、菲、联苯在 ODS 柱上的作用力大小不等,它们的 k 值不等,在柱内的迁移速度不同,因而先后流出柱子。根据组分峰面积的大小及测得的校正因子,可以用校正归一化法计算样品中各组分的质量分数,计算公式如下:

$$P_i = \frac{A_i f_i}{A_1 f_1 + A_2 f_2 + \cdots + A_n f_n} \times 100\% \tag{10-1}$$

式中,P_i 为 i 组分的质量分数;$A_1, A_2, \cdots, A_n$ 分别为各组分的峰面积;$f_1, f_2, \cdots, f_n$ 分别为各组分的相对校正因子。

三、仪器与试剂

1. 仪器

高效液相色谱仪(普通配置,带紫外检测器);色谱柱(C_{18},$\phi 4.6$ mm×150 mm);超声波清洗器;微量进样器;溶剂过滤器;无油真空泵。

2. 试剂

甲醇(色谱纯);甲苯(A.R.);硝基苯(A.R.);萘(A.R.);菲(A.R.);联苯(A.R.)。

四、实验步骤

(1) 流动相的准备:将已过滤和脱气的色谱纯甲醇倒入溶剂储瓶中备用。
(2) 按先后顺序正确打开计算机和仪器的电源开关。
(3) 打开排液阀,以 $3\sim 5$ mL·min^{-1} 的大流量清洗管路,待管路中无气泡后,关闭排液阀。
(4) 设定流动相的流速为 1 mL·min^{-1},流动相比例为甲醇:水=80:20(体积比),检测波长为 254 nm。
(5) 开机约 30 min 仪器稳定后,用"调零"旋钮调节基线位置。
(6) 将配制好的各种已知物质分别注入色谱仪,记录各自的保留时间
(7) 将配制好的含有各种组分的标准溶液注入色谱仪,记录各组分的保留时间和峰面积(用于计算校正因子)。

(8) 将未知样品注入色谱仪,记录各组分的保留时间和峰面积。
(9) 所有样品分析完后,让流动相继续流动 20 min,然后停泵,关机。

五、结果处理

(1) 根据标准溶液色谱图,求出各物质的校正因子。
(2) 以纯物质的保留时间确定待测试样中各组分的出峰顺序。
(3) 利用归一化法计算待测试样中各组分的质量分数。

六、注意事项

(1) 各实验室的仪器设备不可能完全一样,操作时一定要参照仪器的操作规程。
(2) 用微量进样器吸液时,要防止吸入气泡。

七、思考题

(1) 什么是正相液相色谱?什么是反相液相色谱?两者有什么区别?
(2) 流动相使用前为什么要进行脱气?如何进行脱气?
(3) 对流动相和要分析的样品进行过滤的目的是什么?

实验 41　内标法定量分析有机物中甲苯的含量

一、实验目的

(1) 进一步熟悉高效液相色谱仪的结构组成、应用和操作。
(2) 了解内标法的定量原理及选择内标物的原则。
(3) 学习使用内标法进行定量分析的实验技术。

二、实验原理

实验原理同实验 36。

三、仪器与试剂

1. 仪器

高效液相色谱仪(普通配置,带紫外检测器);色谱柱(C_{18},ϕ4.6 mm×150 mm);超声波清洗器;微量进样器;溶剂过滤器;无油真空泵。

2. 试剂

甲醇(色谱纯);甲苯(A.R.);邻苯二甲酸二丁酯(A.R.)。

四、实验步骤

(1) 流动相的准备:将已过滤和脱气的色谱纯甲醇倒入溶剂储瓶中备用。

(2) 按先后顺序正确打开电脑和仪器的电源开关。

(3) 打开排液阀,以 3~5 mL·min^{-1} 的大流量清洗管路,待管路中无气泡后,关闭排液阀。

(4) 设定流动相的流速为 1 mL·min^{-1},流动相比例为甲醇:水=80:20(体积比),检测波长为 254 nm。

(5) 开机约 30 min 仪器稳定后,用"调零"旋钮调节基线位置。

(6) 将配制好的甲苯和邻苯二甲酸二丁酯分别注入色谱仪,记录各自的保留时间。

(7) 将配制好的含有甲苯和内标物邻苯二甲酸二丁酯的标准溶液注入色谱仪,记录保留时间和峰面积(用于计算组分甲苯的校正因子)。

(8) 将含有一定量内标物的未知样品注入色谱仪,记录保留时间和峰面积。

(9) 所有样品分析完后,让流动相继续流动 20 min,然后停泵,关机。

五、结果处理

(1) 列表整理实验数据。

(2) 根据纯物质的保留时间确定标准溶液和待测试样中的组分。

(3) 根据标准溶液的实验数据,计算甲苯的校正因子。

(4) 根据内标物的量、未知物的量、校正因子和峰面积,计算甲苯的含量。

六、注意事项

(1) 各实验室的仪器设备不可能完全一样,操作时一定要参照仪器的操作规程。

(2) 用微量进样器吸液时,要防止吸入气泡。

七、思考题

(1) 在内标法定量中,对内标物有何要求?

(2) 内标法定量的优缺点是什么?

(3) 实验中是否需严格控制进样量?实验条件若有变化是否会影响测定结果?为什么?

(4) 在内标工作曲线法中,是否需要应用校正因子?为什么?

实验 42　液相色谱外标法定量分析有机物质的含量

一、实验目的

(1) 了解外标法的定量原理,掌握外标法校正曲线的制作。

(2) 学会用外标法对未知样品进行定量分析的实验技术。

(3) 进一步熟悉高效液相色谱仪的结构、组成、应用及操作。

二、实验原理

外标法又称校正曲线法。色谱分析中,在相同的操作条件下,用已知纯样品配成不同浓度的标准溶液进行实验,测量各种浓度下对应的峰高或峰面积,用峰高或峰面积对浓度作出标准曲线。样品分析时,进入同样体积的分析样品,从色谱图上求出待测组分的峰高或峰面积,根据标准曲线查出样品中待测组分的含量。外标工作曲线如图10-6所示。

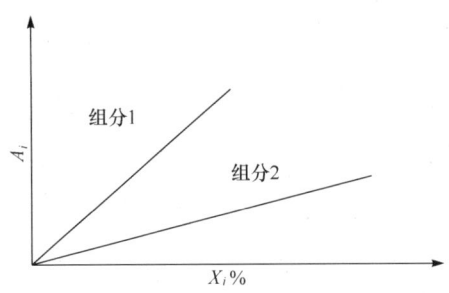

图 10-6　外标法工作曲线示意图

在一些工厂的常规分析中,样品中各组分的浓度一般变化不大,在这种情况下可不必作校正曲线,而用单点校正法进行分析。配制一个与被测组分含量十分接近的标准样,定量进样,由被测组分与外标组分峰面积或峰高比求被测组分的质量分数。计算公式如下:

$$X_i\% = E_i \times \frac{A_i}{A_E} \times 100\% \tag{10-2}$$

式中,X_i 为试样中组分 i 的含量;E_i 为标准样中组分 i 的含量;A_i 为试样中组分 i 的峰面积;A_E 为标准样中组分 i 的峰面积。

外标法的优点是操作简单、计算方便,缺点是色谱操作条件对分析结果的影响很大,不像归一化法和内标法定量操作中可以互相抵消。在实际应用中,应严格控制操作条件稳定,并经常对 E_i/A_E 值和工作曲线进行校正,以减小分析误差。

三、仪器与试剂

1. 仪器

高效液相色谱仪(普通配置,带紫外检测器);色谱柱(C_{18},$\phi 4.6$ mm×150 mm);超声波清洗器;微量进样器(100 μL);溶剂过滤器;无油真空泵。

2. 试剂

甲醇(色谱纯);邻苯二甲酸二乙酯(A.R.);邻苯二甲酸二甲酯(A.R.)。

四、实验步骤

(1) 流动相的准备：将已过滤和脱气的色谱纯甲醇倒入溶剂储瓶中备用。

(2) 按先后顺序正确打开计算机和仪器的电源开关。

(3) 打开排液阀，以 $3\sim 5$ mL·min^{-1} 的大流量清洗管路，待管路中无气泡后，关闭排液阀。

(4) 设定流动相的流速为 1 mL·min^{-1}，流动相比例为甲醇∶水＝80∶20(体积比)，检测波长为 254 nm。

(5) 开机约 30 min 仪器稳定后，用"调零"旋钮调节基线位置。

(6) 将配好的不同浓度的标准溶液进样，记录保留时间和峰面积，每个样平行进样 3 次。

(7) 将待测样品进样，记录保留时间和峰面积，平行进样 3 次。

(8) 将已知物进样，记录保留时间(定性)。

(9) 所有样品分析完后，让流动相继续流动 20 min，然后停泵，关机。

五、结果处理

(1) 根据实验数据作出标准曲线，求出回归方程和相关系数。

(2) 根据标准曲线求出样品中待测物质的含量。

六、注意事项

(1) 实验室的仪器设备不可能完全一样，操作时一定要参照仪器的操作规程。

(2) 用微量进样器吸液时，要防止吸入气泡。

七、思考题

(1) 液相色谱的定量方法有哪几种？各有什么优缺点？

(2) 与经典的柱色谱比较，高效液相色谱法是如何实现高效和快速分离的？

(3) 高效液相色谱常用检测器有哪几种？试述其原理及应用。

实验 43　二元梯度洗脱与恒定洗脱的对比

一、实验目的

(1) 掌握二元梯度洗脱的实验技术。

(2) 了解梯度洗脱的适用范围及注意事项。

(3) 掌握液相色谱最佳操作条件的选择方法。

二、实验原理

在高效液相色谱法中,不少混合样品由于各组分的极性差异很大,用单一极性的溶剂作流动相难以实现有效的分离,而是出现与气相色谱分离宽沸程混合物类似的情况,即分离效果、色谱峰形均很差。为了改善色谱峰的峰形、提高分离效果并加快分离速度,对这一类样品的高效液相色谱分析可采用梯度洗脱操作方法。梯度洗脱就是将两种或两种以上不同极性但可以互溶的溶剂混合组成洗脱液,在分离过程中按一定的程序连续改变洗脱液中溶剂的配比和极性,通过洗脱液中极性的变化达到提高分离效果、缩短分析时间的目的。

溶剂对样品分离度的影响,可用式(10-3)表示:

$$R_s = \frac{1}{4} \frac{\gamma_{2,1}-1}{\gamma_{2,1}} \sqrt{n} \frac{k'}{1+k'} \tag{10-3}$$

可见,两个相邻峰的分离度由相对保留值 $\gamma_{2,1}$、塔板数 n 和容量因子 k' 值决定。n 随溶剂黏度而变化,而 $\gamma_{2,1}$ 和 k' 则是溶剂热力学性质的函数,色谱峰的迁移随溶剂极性的强弱而变化。例如,在正相色谱中,对同一馏分,极性强的溶剂 k' 值较小,极性弱的溶剂则 k' 值较大。在分离复杂的混合物时,各组分 k' 值相差很大,采用单一溶剂很难得到满意的分离结果。为了获得良好的分离,需要在分离过程中改变溶剂的强度或相应地改变某些分离条件,特别是当第一个峰和最后一个峰的 k' 值比超过 1000 时,用梯度洗脱的效果特别明显。梯度洗脱使总的分离时间缩短,分离度增加,峰形得到改善,有效灵敏度得以提高。

三、仪器与试剂

1. 仪器

高效液相色谱仪(普通配置,带紫外检测器);色谱柱(C_{18},$\phi 4.6$ mm×150 mm);超声波清洗器;微量进样器(100 μL);溶剂过滤器;无油真空泵。

2. 试剂

苯(A.R.);萘(A.R.);联苯(A.R.);菲(A.R.);芘(A.R.);甲醇(色谱纯);二次蒸馏水。

四、实验步骤

(1) 流动相的准备:将已过滤和脱气的色谱纯甲醇倒入溶剂储瓶中备用。

(2) 按先后顺序正确打开计算机和仪器的电源开关。

(3) 打开排液阀,以 3~5 mL·min^{-1} 的大流量清洗管路,待管路中无气泡后,关闭排液阀。

(4) 设定流动相的流速为 1 mL·min^{-1},流动相比例为甲醇:水=70:30(体积比),检测波长为 254 nm。

(5) 开机约 30 min 仪器稳定后,用"调零"旋钮调节基线位置。

(6) 等度洗脱:分别将流动相比例设定为甲醇:水=70:30、75:25、80:20、85:15、90:10,进行洗脱,待基线平稳后,注入一定量的试样溶液,分别记录色谱数据。

(7) 线性梯度洗脱:以甲醇-水为流动相,初始溶剂配比为甲醇 70%,最终溶剂配比为甲醇 100%,甲醇流速分别以 2%·min^{-1}、5%·min^{-1}、10%·min^{-1} 进行梯度洗脱,待基线平稳后,注入一定量的试样溶液,分别记录色谱数据。

(8) 将流动相中甲醇-水的比例设定为 85:15,调整流动相流速分别为 0.8 mL·min^{-1}、1.0 mL·min^{-1}、1.2 mL·min^{-1}、1.5 mL·min^{-1},待基线稳定后,注入一定量的试样溶液,分别记录色谱数据。

(9) 所有样品分析完后,让流动相继续流动 20 min,然后停泵,关机。

五、结果处理

(1) 列表整理不同实验条件下的实验数据。

(2) 比较各条件下的色谱图,确定最佳操作条件。

六、注意事项

(1) 在梯度洗脱中,选择溶剂时要考虑互溶性,且不可发生反应。对于液固色谱和正相键合色谱,应选用黏度较低的溶剂;在反相色谱体系中,可用甲醇-水体系作为流动相,而乙腈-水体系具有较低的黏度和较好的柱效。

(2) 选择最佳操作条件时,既要注意分离度又要考虑分析时间,尽量做到高效、高速、高灵敏度。

七、思考题

(1) 梯度洗脱操作与气相色谱法中程序升温操作有何异同点?

(2) 为什么要进行梯度洗脱?梯度洗脱要注意哪些问题?

(3) 反相液相色谱中影响分离度的主要因素是什么?说明理由。

实验 44 混合维生素 E 的正相 HPLC 分析条件的选择

一、实验目的

(1) 了解 HPLC 仪器的基本构造和工作原理,熟练掌握仪器的基本操作。

(2) 学会选择 HPLC 最佳分析条件的方法。

(3) 掌握正相 HPLC 系统的应用。

二、实验原理

维生素 E 为苯丙二氢吡喃醇衍生物。因其在苯环上有一个酚羟基,故此类化合物又称生育酚。维生素 E 主要有 α-、β-、γ-和 δ-4 种异构体,其中以 α-异构体的生理作用为最强。其天然品为右旋体(d-α),合成品为消旋体(dl-α),一般药用为合成品。药典中收载为维生素 E、dl-生育酚及其乙酸酯与琥珀酸钙盐、dl-α-生育酚及其乙酸酯与琥珀酸酯。也就是说,通常所说的维生素 E 是混合物,除游离的生育酚和生育酚羧酸酯可能同时存在外,也可能共存多种结构异构体,甚至还可能有其他共存有机物。

维生素 E 的分离既可以用反相 HPLC,也可以用正相 HPLC。本实验采用正相 HPLC。正相 HPLC 用的是极性填料分离柱(如硅胶柱),流动相是弱极性或非极性溶剂(如正己烷),样品因吸附作用在固定相中保留,因此正相色谱也常称吸附色谱。在非极性溶剂中适当添加少量极性溶剂可以得到任意所需极性的流动相。色谱分析条件的选择主要包括色谱柱、流动相组成与流速、色谱柱恒温箱温度、检测波长等。通过本实验主要了解流动相中添加极性溶剂对样品的保留和分离的影响,即考察在正己烷中添加少量异丙醇对维生素 E 保留值和分离度的影响。基本目标是将 α-维生素 E 与其他成分分离。

三、仪器与试剂

1. 仪器

高效液相色谱仪(普通配置,带紫外检测器);硅胶色谱柱(promosil si-5,ϕ4.6 mm × 150 mm);超声波清洗器;平头微量注射器(100 μL);流动相过滤器;无油真空泵;烧杯(50 mL);容量瓶(50 mL、250 mL);试剂瓶(500 mL)。

2. 试剂

异丙醇(色谱纯);正己烷(色谱纯);无水乙醇(色谱纯);混合维生素 E;α-维生素 E 标准样品;二次蒸馏水。

四、实验步骤

(1) 流动相的准备:将实验所用的色谱纯异丙醇、正己烷用 0.45 μm 的有机滤膜过滤后,装入流动相储液器内,用超声波清洗器脱气 20～30 min。

(2) 试样和标样的配制:将实验所用的色谱纯无水乙醇用 0.45 μm 的有机滤膜过滤后,置于试剂瓶中备用。将用石英亚沸蒸馏器烧过的二次蒸馏水用水相滤膜过滤后,备用。

(3) 混合维生素 E 试样的配制:称取混合维生素 E 试样 200～300 mg(准确至 0.1 mg)于一洁净的 50 mL 烧杯中,用处理过的无水乙醇溶液溶解并定容至 50 mL 容量瓶中,此为试样的储备液。移取 5.00 mL 试样储备液于另一个 50 mL 容量瓶中,用处理过的无水乙醇定容,配制成试样溶液。

(4) α-维生素 E 标准溶液的配制:称取 α-维生素 E 标准样品 250 mg(准确至 0.1 mg)于一洁净的 50 mL 烧杯中,用处理过的无水乙醇溶液溶解并定容至 250 mL 容量瓶中,此为标样的储备液。移取 5.00 mL 标样储备液于另一个 50 mL 容量瓶中,用处理过的无水乙醇定容,配制成标准溶液。

(5) 首先要装上本次实验所用的硅胶柱,准备好所用的流动相正己烷。

(6) 按先后顺序正确打开计算机和仪器的电源开关。

(7) 打开排液阀,以 3~5 mL·min^{-1} 的大流量清洗管路,待管路中无气泡后,关闭排液阀。

(8) 设定流动相的流速为 1 mL·min^{-1},色谱柱温为 30 ℃,检测波长为 292 nm。开机约 30 min 仪器稳定后,用"调零"旋钮调节基线位置。

(9) 混合维生素 E 试样的测定:待基线稳定后,用 100 μL 平头微量注射器取试样溶液约 100 μL,将进样阀柄置于"load"位置时注入样品,将阀柄转至"inject"位置时进行样品分析。待所有色谱峰出完后,停止谱图采集,记录实验数据。

(10) α-维生素 E 标准溶液的测定:用 100 μL 平头微量注射器取 α-维生素 E 标准溶液约 100 μL,按混合维生素 E 试样的测定方法进行分析测定。

(11) 将流动相换成正己烷-异丙醇混合溶剂(体积比为 99:1),待基线稳定后,进行混合维生素 E 试样和 α-维生素 E 标准溶液的分析。

(12) 将流动相换成正己烷-异丙醇混合溶剂(体积比为 95:5),待基线稳定后,进行混合维生素 E 试样和 α-维生素 E 标准溶液的分析。

(13) 所有样品分析完后,让流动相继续流动 20 min,以免色谱柱上残留强吸附的样品或杂质,然后停泵,关机。

五、结果处理

(1) 列表整理不同流动相组成下各色谱峰的保留时间、峰面积或峰高。

(2) 总结流动相中添加极性溶剂异丙醇对溶质保留行为的影响规律。

(3) 比较不同流动相时混合维生素 E 的分离效果。

六、注意事项

(1) 各实验室的仪器设备不可能完全一样,操作时一定要参照仪器的操作规程。

(2) 色谱柱的个体差异很大,即使是同一厂家的同型号色谱柱,性能也会有差异。因此,色谱条件(主要是流动相配比)应根据所用色谱柱的实际情况作适当的调整。

(3) 了解仪器前次实验所用流动相,如果是用含水的流动相作过反相分配色谱,则应先将反相柱卸下(用专门的柱塞封好柱两端),依次用无水甲醇(或无水乙醇)、正己烷作流动相运行 15～20 min，洗净流路中的水。进样器也要进行同样的清洗（将无水甲醇和正己烷作样品依次各注入 3～5 次）。

(4) 注射器在使用时，尽量不要吸入气泡。

七、思考题

(1) 假设用硅胶柱和环己烷流动相分离几个组分时，分离度很高，但分析时间太长，用什么方法可能在保证相互分离的前提下缩短分析时间？为什么？

(2) 什么是正相色谱分离系统？它主要是用于什么情况？

(3) 为什么可利用色谱峰的保留时间进行色谱的定性分析？

实验 45　混合维生素 E 的反相 HPLC 分析条件的选择

一、实验目的

(1) 了解 HPLC 仪器的基本构造和工作原理，熟练掌握仪器的基本操作。

(2) 学习反相 HPLC 分析条件的选择，了解正相和反相 HPLC 分离条件的差异。

(3) 掌握采用反相 HPLC 系统对样品进行定性、定量分析的方法。

二、实验原理

维生素 E 的分离既可以用反相 HPLC，也可以用正相 HPLC。本实验采用反相 HPLC。反相 HPLC 用的是非极性或弱极性填料分离柱（如 ODS 柱），流动相是极性或比固定相极性强的溶剂（如甲醇、乙醇），样品因在两相中的分配系数的差异而得到分离。极性强的物质在固定相中的保留小。通过本实验主要了解反相 HPLC 流动相组成对维生素 E 分离的影响。

三、仪器与试剂

1. 仪器

高效液相色谱仪（普通配置，带紫外检测器）；色谱柱（C_{18}，$\phi 4.6$ mm×150 mm）；超声波清洗器；平头微量注射器（100 μL）；流动相过滤器；无油真空泵；烧杯（50 mL）；容量瓶（50 mL、250 mL）；试剂瓶（500 mL）。

2. 试剂

无水乙醇（色谱纯）；混合维生素 E；α-维生素 E 标准样品；二次蒸馏水。

四、实验步骤

(1) 流动相的准备：将实验所用的色谱纯无水乙醇用 0.45 μm 的有机滤膜过滤后，

装入流动相储液器内,用超声波清洗器脱气 20～30 min。

(2) 混合维生素 E 试样的配制:称取混合维生素 E 试样 200～300 mg(准确至 0.1 mg)于一洁净的 50 mL 烧杯中,用处理过的无水乙醇溶液溶解并定容至 50 mL 容量瓶中,此为试样的储备液。移取 5.00 mL 试样储备液于另一个 50 mL 容量瓶中,用处理过的无水乙醇定容,配制成试样溶液。

(3) α-维生素 E 标准溶液的配制:称取 α-维生素 E 标准样品 250 mg(准确至 0.1 mg)于一洁净的 50 mL 烧杯中,用处理过的无水乙醇溶液溶解并定容至 250 mL 容量瓶中,此为标样的储备液。移取 5.00 mL 标样储备液于另一个 50 mL 容量瓶中,用处理过的无水乙醇定容,配制成标准溶液。

(4) 按先后顺序正确打开计算机和仪器的电源开关。

(5) 打开排液阀,以 3～5 mL·min^{-1} 的大流量清洗管路,待管路中无气泡后,关闭排液阀。

(6) 先用 95%乙醇作流动相,设定流动相的流速为 1 mL·min^{-1},色谱柱温为 30 ℃,检测波长为 292 nm。开机约 30 min 仪器稳定后,用"调零"旋钮调节基线位置。

(7) 待基线稳定后,用 100 μL 平头微量注射器取试样溶液约 100 μL,将进样阀柄置于"load"位置时注入样品,将阀柄转至"inject"位置时进行样品分析。待所有色谱峰出完后,停止谱图采集,记录实验数据。

(8) 将流动相换成 90%乙醇,进样混合维生素 E 样品,记录实验数据。

(9) 将检测波长从 292 nm 变为 220 nm,进样混合维生素 E 样品,记录实验数据。

(10) 进样 α-维生素 E 标准样品,记录实验数据。

(11) 将流动相换成 85%乙醇,进样混合维生素 E 样品,记录实验数据。

(12) 所有样品分析完后,让流动相继续流动 20 min,以免色谱柱上残留强吸附的样品或杂质,然后停泵,关机。

五、结果处理

(1) 比较用不同浓度乙醇作流动相时混合维生素 E 的分离效果。列表整理不同流动相组成下各色谱峰的保留时间、峰面积和峰高。

(2) 列表整理 90%乙醇作流动相时两个不同检测波长下各色谱峰的保留时间、峰面积或峰高。比较结果有什么不同。

(3) 假设色谱图上最前面的溶剂峰的保留时间为死时间,计算不同流动相条件下 α-维生素 E 的容量因子,并讨论计算结果。

六、注意事项

(1) 各实验室的仪器设备不可能完全一样,操作时一定要参照仪器的操作规程。

(2) 色谱柱的个体差异很大,即使是同一厂家的同型号色谱柱,性能也会有差异。

因此,色谱条件(主要是流动相配比)应根据所用色谱柱的实际情况作适当的调整。

七、思考题

(1) 如果用95%甲醇作流动相,维生素 E 的保留时间比95%乙醇作流动相时大还是小?为什么?

(2) 什么是反相色谱分离系统?在实际分析中,为什么反相色谱应用更广?

(3) 总结并比较正相 HPLC 与反相 HPLC 的特征。

(4) 气相色谱柱进行分离需加热且恒温,而高效液相色谱柱一般在室温下进行分离,为什么?

第 11 章 质谱分析法

11.1 基本原理

质谱分析法到现在已经有80多年的历史。早期的质谱仪主要用于同位素测定和元素分析。20世纪40年代以后开始用于有机物分析,60年代出现了气相色谱-质谱联用仪,使质谱仪的应用领域发生了巨大的变化,开始成为有机物分析的重要仪器。计算机的应用又使质谱方法发生了飞跃变化,使其技术更加成熟,应用更加方便。目前的质谱仪从应用的角度可以分为有机质谱仪、无机质谱仪、同位素质谱仪和气体分析质谱仪。其中有机质谱仪种类最多,应用最广泛,仪器数量也最多。进行有机物分析的质谱仪又分为气相色谱-质谱仪(GC-MS)和液相色谱-质谱仪(LC-MS)。前者主要分析相对分子质量小、易挥发的有机物;后者主要分析难气化、强极性的大分子有机化合物。GC-MS仪器比较成熟,使用比较普遍,数量很多。LC-MS是近年来发展起来的仪器,很有发展前途,但仪器数量较少,目前国内应用不太普遍。因此,本章将重点介绍质谱技术中与GC-MS相关的技术。

质谱分析法主要是通过对样品离子质荷比的分析实现对样品进行定性和定量的一种分析方法。因此,任何质谱仪器都必须有电离装置,把样品电离为离子,还必须有质量分析装置,把不同质荷比的离子分开,再经过检测器检测之后,得到样品分子(或原子)的质谱图。样品的质谱图包含样品定性和定量的信息。对样品的质谱图进行处理,可以得到样品定性和定量的分析结果。

对某一个未知有机物进行定性分析,可以将该未知化合物以一定的进样方式(直接进样或通过色谱仪进样)进入质谱仪,在质谱仪离子源中,化合物被电子轰击,电离成分子离子和碎片离子,这些离子在质量分析器中按质荷比大小顺序分开,经电子倍增器检测,即可得到化合物的质谱图,图11-1是某有机物的质谱图。

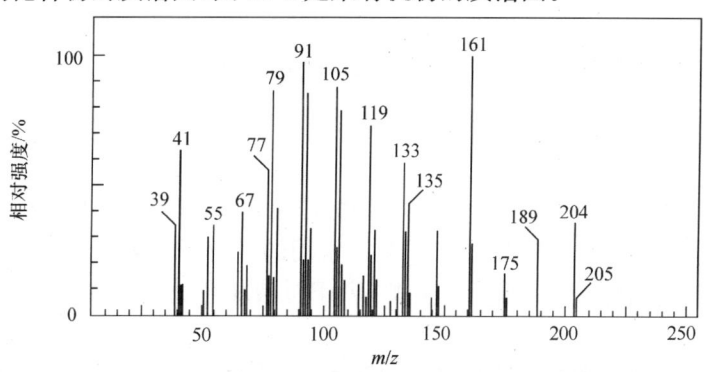

图 11-1 某有机物的质谱图

质谱图的横坐标为质荷比,纵坐标为离子的强度。离子的绝对强度取决于样品量和仪器的灵敏度;离子的相对强度和样品分子结构有关。一定的样品在一定的电离条件下得到的质谱图是相同的。这是质谱图进行有机物定性分析的基础。早期的质谱法定性主要依靠有机物的断裂规律,分析不同碎片和分子离子的关系,推测该质谱所对应的结构。目前,进行有机分析的质谱仪的数据系统都存有十几万到几十万个化合物的标准质谱图,得到一个未知物的质谱图后,可以通过计算机进行库检索,查得该质谱图所对应的化合物。这种方法方便、快捷、省力。但是,如果质谱库中没有这种化合物或得到的质谱图有其他组分干扰,检索常会给出错误结果,因此还必须辅助以其他定性方式才能确定。

11.2 仪器结构与原理

11.2.1 质谱仪的结构与工作原理

不管是哪种类型的质谱仪,其基本组成是相同的,都包括离子源、质量分析器、检测器和真空系统。图 11-2 为单聚焦质谱仪的结构示意图。

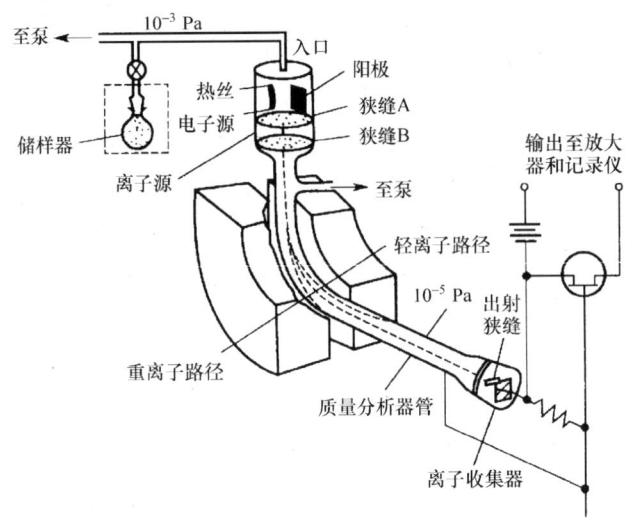

图 11-2 单聚焦质谱仪的结构示意图

1. 离子源

离子源的原理图如图 11-3 所示。离子源的作用是将欲分析样品电离,得到带有样品信息的离子。气相色谱-质谱仪的离子源最常用的有电子电离源(EI)和化学电离源(CI)两种,有些仪器还带有快原子轰击源(FAB);液相色谱-质谱仪主要是大气压电离源。

EI 是由气相色谱或直接进样杆进入的样品以气体形式进入离子源,由灯丝发出的电子与样品分子发生碰撞使样品分子电离。一般情况下,灯丝与接收极之间的电压为 70 eV。在 70 eV 电子碰撞作用下,有机物分子可能被打掉一个电子形成分子离子,也可能发生化学键的断裂形成碎片离子。由分子离子可以确定化合物的相对分子质量,由碎片离子可以得到化合物的结构。所有的标准质谱图都是在 70 eV 下作出的。对于一些稳定的化合物,在 70 eV 的电子轰击下很难得到分子离子。为了得到化合物的相对分子质量,可以采用 12~20 eV 的电子能量。但是,此时仪器灵敏度大大降低,需要加大样品的进样量,而且得到的质谱图不再是标准质谱图。

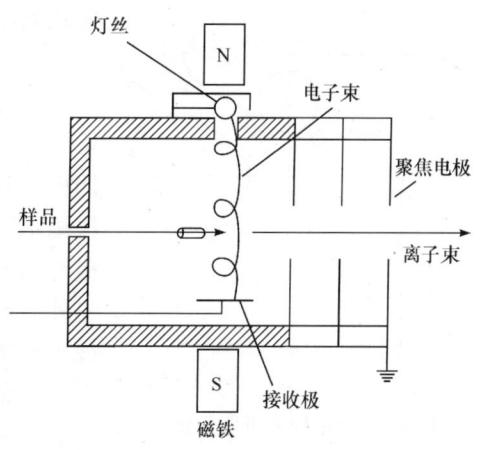

图 11-3　离子源的原理图

离子源中进行的电离过程是很复杂的,有专门的理论对这些过程进行解释和描述,在电子轰击下,样品分子可能通过 4 种不同途径形成离子:

(1) 样品分子被打掉一个电子,形成分子离子。
(2) 分子离子进一步发生化学键断裂,形成碎片离子。
(3) 分子离子发生结构重排,形成重排离子。
(4) 通过分子离子反应,形成加合离子。

此外,还有同位素离子等。一个样品分子可以产生很多带有结构信息的离子,对这些离子进行分析和检测,可以得到具有样品信息的质谱图。

另外一种常见的离子源是 CI。有些化合物稳定性差,用 EI 方式不易得到分子离子,因而也就得不到相对分子质量。为了得到相对分子质量,可以采用 CI 电离方式。CI 和 EI 在结构上没有多大差别,或者说主体部件是共用的。其主要差别是 CI 工作过程中要引进一种反应气体。反应气体可以是甲烷、异丁烷等。反应气的量比样品气要大得多。灯丝发出的电子首先将反应气电离,然后反应气离子与样品分子进行离子分子反应,并使样品电离,这是一种软电离方式,有些用 EI 方式得不到分子离子的样品,改用 CI 方式后可以得到准分子离子,因而可以求得相对分子质量。但由 CI 得到的质谱不是标准质谱,故不能进行库检索。

2. 质量分析器

质量分析器的作用是将离子源产生的离子按 m/z 分离,并排列成谱。目前常见的质量分析器有磁式双聚焦分析器、四极杆分析器和飞行时间分析器。此外,还有回旋共振分析器、离子阱分析器等。以下主要介绍最常用的四极杆分析器(图 11-4)。

四极杆分析器由 4 根棒状电极组成。电极材料是镀金陶瓷或钼合金。相对两根电极加电压($V_{dc}+V_{rf}$),另外两根电极加电压$-(V_{dc}+V_{rf})$。其中,V_{dc}为直流电压,V_{rf}为

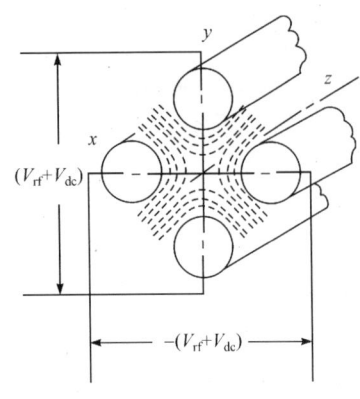

图 11-4 四极杆分析器示意图

射频电压。4个棒状电极形成一个四极电场。

当离子从离子源进入四极场后,在场的作用下,一边进行复杂的振动运动,一边向前运行。在保持 V_{rf}/V_{dc} 不变的情况下,改变 V_{rf},对应于一个 V_{rf} 值,四极场只允许一定质荷比的离子通过,其余离子则振幅不断增大,最后碰到四极杆而被吸收。通过四极杆的离子到达检测器被检测。改变 V_{rf} 值,可以使另外质荷比的离子顺序通过四极场,实现质量扫描。设置扫描范围实际上是设置 V_{rf} 的变化范围。当 V_{rf} 由一个值变化到另一个值时,检测器检测到的离子就会从 m_1 变化到 m_2,即得到一个 m_1 到 m_2 的质谱。电压每变化一次就得到一个质谱,由计算机储存。V_{rf} 的变化速度是可调的,因此可以人为地设置一次扫描所用的时间(扫描速度)。

V_{rf} 的变化可以是连续的,也可以是跳跃式的。跳跃式扫描是只检测某些质量的离子,故也称为选择离子扫描。当样品量很少,而且样品中特征离子已知时,可以采用选择离子扫描。这种扫描方式灵敏度高,通过选择适当的离子可以消除两组分间的干扰,适于定量分析。但这种扫描方式得到的质谱不是全谱,因此不能进行质谱库检索。

3. 检测器

质谱仪的检测器主要使用电子倍增器,也有的使用光电倍增器。由分析器来的离子打到电子倍增器产生电信号,信号增益与倍增器电压有关,提高倍增器电压可以提高仪器灵敏度,但会降低倍增器的寿命,因此应该在保证仪器灵敏度的情况下,采用尽量低的倍增器电压。由倍增器出来的电信号被计算机储存,这些信号经计算机处理后可以得到色谱图、质谱图和其他各种信息。

4. 真空系统

为了保证离子源中灯丝的工常工作,保证离子在离子源和分析器中正常运行,消减不必要的离子碰撞、散射效应、复合反应和离子-分子反应,减小本底与记忆效应,质谱仪的离子源和分析器都必须在真空中工作,因此质谱仪都必须有真空系统。一般真空系统包括机械真空泵和扩散泵,近年来有些仪器不用扩散泵而改用分子涡轮泵。扩散泵的优点是性能可靠、耐用,缺点是仪器启动慢,从停机状态到能够正常工作需要的时间长;分子涡轮泵启动快,但使用寿命不如扩散泵长。

11.2.2 质谱联用仪器

气相色谱是很好的分离装置,但不能对化合物定性,质谱仪是很好的定性分析仪器,但要求纯样品。将色谱与质谱联合起来,就可以使分离和鉴定同时进行,对于混合物的分析是一种比较理想的仪器。

GC-MS 的基本组成示意图如图 11-5 所示，其主要由 3 部分组成：色谱部分、质谱部分和数据处理系统。色谱部分和一般的色谱仪基本相同，包括柱箱、气化室和载气系统，也带有分流/不分流进样系统，程序升温系统，压力、流量自动控制系统等。利用质谱仪作为色谱的检测器。在色谱部分，混合样品在合适的色谱条件下被分离成单个组分，然后进入质谱仪进行鉴定。目前使用最多的是四极质谱仪，四极质谱仪扫描速度快、灵敏度高、结构简单，适用于 GC-MS。

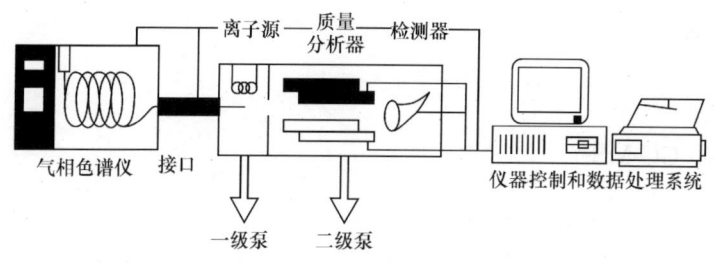

图 11-5　GC-MS 的基本组成示意图

11.3　实验部分

实验 46　GC-MS 的调整和性能调试

一、实验目的

（1）了解 GC-MS 的结构组成和应用。
（2）了解 GC-MS 的使用和调整操作过程。
（3）掌握 GC-MS 的性能测试方法。

二、实验原理

质谱仪开机到正常工作需要一系列的调整，否则不能进行正常工作。这些调整工作包括以下内容。

1. 抽真空

质谱仪在真空下工作，要达到必要的真空度需要由机械真空泵和扩散泵（或分子涡轮泵）抽真空。如果采用扩散泵，从开机到正常工作需要 2 h 左右；如果采用分子涡轮泵，则只需 20 min 左右。如果仪器上装有真空仪表，真空指示要在 10^{-5} mbar[①]（10^{-2} Pa）或更高的真空下才能正常工作。

2. 仪器校准

主要是对质谱仪的质量指示进行校准。一般四极质谱仪使用全氟三丁胺（FC-43）

---

① bar 为非法定单位，1 bar=10^5 Pa。

作为校准气。用 FC-43 的 m/z 69、131、219、414、502 等几个质量对质谱仪的质量指示进行校正,这项工作可由仪器自动完成。

3. 设置质谱仪工作参数

主要是设置质量范围、扫描速度、灯丝电流、电子能量、倍增器电压等。同样,需要设置合适的 GC 操作条件。

三、仪器与试剂

1. 仪器

Clarus 500 GC-MS。

2. 试剂

校准用标准样品 FC-43;灵敏度和分辨率测试用六氯苯或八氟萘。

四、实验步骤

1. 开机顺序

(1) 检查仪器的硬件全部连接好,氦气钢瓶的不锈钢供气管道无泄漏,然后将氦气钢瓶上的总阀开足,再调节减压阀的输出压力约 0.5 MPa。

(2) 按顺序打开计算机、打印机、气相色谱仪、质谱仪的电源开关,待 GC 和 MS 自检程序结束,进入 Ready 状态后,再进入计算机 Turbomass 主页。

(3) 在 Turbomass 主页上,设定离子源温度 220 ℃ 和传输线温度 250 ℃,待温度平衡后,用鼠标按动小眼睛图标,进入 Tune 页面。

(4) 在 Tune 页面上,选择 Other 中下拉式菜单的 Pump 项启动抽真空的软件,同时可观察和听到前级泵和分子涡轮泵的启动情况和正常的运转声响。大约需要 3 min 就能使分子涡轮泵达到全速的 80%,此时,所连接的继电器打开,就能够正常操作质谱。按动真空规图标,从 Pirani 规上应见到从 FALL 到 OFF,并在 30 s 内开始有读数。(注意:如果在 3 min 后 Pirani 规还没有读数,整个系统没有启动,表明系统严重漏气,应立即关闭整个抽真空软件,以避免分子涡轮泵出现故障)。

(5) 通常在 2 min 内即可看到 Pirani 规达到其低真空读数的极限值,而分子涡轮泵将达到全速的 80%,同时,Penning 规启动并显示出其高真空的读数。

(6) 氦气流量在 1 mL·min^{-1} 时,真空度达到 2.5×10^{-5} Torr[①] 以下,即可进行质谱操作,检查空气和水的本底(注意:在氦气流量为 2 mL·min^{-1} 时,真空度会稍差些;当真空度大于 1×10^{-4} Torr 时,切勿按动 operate 键开启灯丝,否则会烧坏灯丝)。

---

① Torr 为非法定单位,1 Torr=1.333 22×10² Pa。

2. 自动调机

(1) 在 Turbomass 的主页上，单击小眼睛图标，进入 Tune 页面。在 Tune 页面上单击 operate 键开启灯丝，此时 operate 键变成绿色。

(2) 在 Tune 页面上，单击 Reference gas on 图标，可听见参比样品 FC-43 的电磁阀打开，接着 Autotune 的首页出现，单击 setup 键可检查和调整自动调机的参数，接受启动参数，点击 OK 键。

(3) 出现在 Autotune 页面上的 Ready to start autotune 后，可以单击 Start 键开始自动调机。

(4) 自动调机后，单击 OK 键，出现 Recalibrate after autotune 页面，单击 OK 键，出现 Calibrate 对话窗口，按 Start 键仪器会进行按新调机的仪器参数对仪器进行再校正。

(5) 在 Automatic calibration 页面上仪器会自动进行静态和扫描校正、扫描速度补偿，处理并打印出调机和校正的报告。

(6) 在仪器校正完成后，按 OK 键，并保存到新的调机和校正文件的名字下，做样品时，Turbomass 主页的 Sample list 栏内的 MS TUNEFILE 项中要调用最新的调机文件来使用。从 Gas 菜单中，除去"√"或点击 rRef 键，关掉标气，从 Gas 菜单中选择 Pump Out Reference Gas，抽走标气，大约 1 min，停止抽标气。

3. 测定灵敏度

通过气相色谱仪注射 1 pg 六氯苯，采集标样质谱，用 m/z 282 作质量色谱图，测定质量色谱图的信噪比。如果信噪比小于 10，要增加样品的用量。达到一定信噪比的进样量为该仪器的灵敏度。

4. 测定分辨率

进 FC-43 标准样品，显示质量 219，测定 219 峰的半峰宽 Δm，计算 R 值，如果仪器指标为 $R=2m$，则在 219 处测定 R 值，R 应大于 438。

5. 关机顺序

(1) 在 Tune 页面上，用鼠标按动 operate 键关闭灯丝，确认在 MS 状态栏中的 Filement 或 operate 键的绿灯熄灭。将 Turbomass 的离子源和传输线的温度重新设定为室温（如 20 ℃），使其逐渐冷却到 100 ℃ 以下。在 Accquisition Control Panel 页面的 GC 菜单上，选 Release Control 使 GC 脱开计算机的控制。

(2) 在 GC 面板上将 GC 的进样口和柱温设定为室温（如 20 ℃），使其逐渐冷却到 100 ℃ 以下。

(3) 当离子源和传输线温度都降到 100 ℃ 以下，在 Tune 页面上，选择 other 中下拉式菜单的 Vent 项来关闭 Turbomass 的真空系统，可观察到 Penning 规，然后是

Pirani 规显示的真空度下降,出现 Fall,表明真空破坏。

(4) 关闭氦气。

(5) 先退出 Turbomass 软件到 Microsoft NT 软件主页。

(6) 关掉 GC,Turbomass 电源,执行计算机 Microsoft NT 关机程序。

五、注意事项

(1) 注意开机顺序,严格按操作手册规定的顺序进行。真空达到规定值后才可以进行仪器调整。

(2) 仪器调整完毕后应尽快停止 FC-43 进样,立刻关闭灯丝电流和倍增器电压,以延长二者寿命。

(3) 灵敏度是对一定样品和一定实验条件而言的,改变条件,灵敏度会变化。

六、思考题

(1) 质谱仪为什么要在真空下工作?如果真空不好就开始工作,可能会造成什么影响?

(2) 为什么要进行质量校准?如何进行校准?

(3) 哪些因素会影响质谱仪的灵敏度?

(4) 什么是质谱仪的分辨率?如何测定质谱仪的分辨率?

实验 47　GC-MS 定性分析有机混合物

一、实验目的

(1) 了解 GC-MS 的使用和操作过程。

(2) 了解 GC-MS 的定性和定量分析方法、特点及注意事项。

(3) 了解 GC-MS 分析条件的设置,了解 GC-MS 数据处理方法。

二、实验原理

质谱法是鉴定纯化合物的强有力工具。但分析混合物时,因为生成了大量的 m/z 不同的碎片离子,常不可能对谱图进行解释。为此,化学家们将各种有效的分离手段与质谱仪联用,成为一类新的有效的分析方法,即联用技术。气相色谱与质谱联用(GC/MS)是分析复杂有机化合物和生物化学混合物最有力工具之一。

本实验使用气相色谱仪与四极质谱仪联机。气相色谱仪用来分离混合物,质谱仪根据碎片离子的质荷比和碎片离子的相对强度而给出质谱图,进行定性和定量分析,从而确定混合物的组成和含量。

混合物样品经气相色谱仪分离成单一组分,并进入离子源,在离子源中样品分子被电离成离子,离子经过质量分析器后即按 m/z 顺序排列成谱。经检测器检测后得到质谱,计算机采集并储存质谱,经过适当处理即可得到样品的色谱图、质谱图等。经计算机检索后可得到化合物的定性结果,由色谱图可以进行各组分的定量分析。

三、仪器与试剂

1. 仪器

Clarus 500GC-MS。

2. 试剂

混合有机样品。

四、实验步骤

1. 开机顺序

开机顺序同实验 46。

2. 自动调机

自动调机同实验 46。

3. 建立气相色谱方法

首先进入 Turbomass 主页,然后点击控制面板图标进入控制面板,从 GC 菜单中选择 Method Editor,Creat a new method,选择建立一个新方法,OK。从 instrument 中选择 control options 对气相色谱仪的各项参数进行设定:进样方式、柱箱温度、进样器温度、载气、时间事件进行描述。色谱方法设定好以后,对其进行命名和保存。

4. 建立质谱方法

首先进入 Turbomass 主页,然后点击控制面板图标进入控制面板,在 Method 中选择 Mass spectrometer,在 Function 中选择 full Function 或 SIR,对质谱方法的各项参数进行设定:扫描的质量数范围、起始时间、离子源模式。

5. 建立序列表

在 file name 中输入样品名,输入质谱方法、气相方法、Tune 文件,若用自动进样口请注明瓶号,然后为该序列表命名,进行保存。

6. 样品测试

进行 GC-MS 分析的样品应该是在 GC 工作温度下能气化的样品。样品中应避免大量水的存在,浓度应与仪器灵敏度相匹配。对于不满足要求的样品要进行预处理。经常采用的样品处理方式有萃取、浓缩、衍生化等。本实验使用的样品是甲醇中溶解的硝基苯和萘。显示建好的样品序列表,点击三角按钮,再点击 OK。若 GC、MS 都为 ready 状态,进样,用微量进样器取 1 μL 配制好的样品,按气相面板上的 RUN 键,将样品注入色谱仪,得到总离子流色谱图(TIC),经自动检索,即可得到质谱图,从而确定样品的组分。

7. 关机顺序

关机顺序同实验 46。

五、结果处理

(1) 显示并打印分析样品的总离子色谱图。
(2) 对每个未知谱峰进行计算机检索,显示并打印每个组分的质谱图。

六、注意事项

(1) 注意开机顺序,严格按操作手册规定的顺序进行。真空达到规定值后才可以进行仪器调整。
(2) 仪器调整完毕后应尽快停止 FC-43 进样,立刻关闭灯丝电流和倍增器电压,以延长二者寿命。
(3) 采集数据结束之后,色谱仪降温,关闭质谱仪灯丝、倍增器等,然后进行数据处理。

七、思考题

(1) 在进行 GC-MS 分析时需要设置合适的分析条件。如果条件设置不合适可能会产生什么结果?例如,色谱柱温度不合适会怎么样?扫描范围过大或过小会怎么样?
(2) 离子色谱图是如何得到的?质量色谱图是如何得到的?
(3) 如果把电子能量由 70 eV 变成 20 eV,质谱图可能会发生什么变化?
(4) 进样量过大或过小可能对质谱产生什么影响?
(5) 如果检索结果可信度差,还有什么办法进行辅助定性分析?
(6) 拿到一张质谱图如何判断相对分子质量?如果没有相对分子质量,还有什么办法得到相对分子质量?
(7) 为了得到一张好的质谱图通常要扣除本底,本底是怎样形成的?如何正确地扣除本底?

第 12 章　离子色谱法

12.1　基本原理

离子色谱(IC)是以离子型化合物为分析对象的液相色谱。与普通液相色谱的不同之处是其经常使用离子交换剂固定相和电导检测器。根据分离机理的不同,离子色谱可分为离子交换色谱、离子排斥色谱、离子抑制色谱和离子对色谱。

12.1.1　离子交换色谱

离子交换色谱使用的是低交换容量的离子交换剂,这种交换剂的表面有交换基团。带负电荷的交换基团(如磺酸基和羧酸基)可用于阳离子的分离,带正电荷的交换基团(如季铵盐)可用于阴离子的分离。以阴离子交换过程为例说明离子交换原理。由于静电场相互作用,样品阴离子和淋洗剂阴离子都与固定相中带正电荷的交换基团作用,样品离子不断进入固定相,又不断被淋洗离子交换而进入流动相,在两相中达到动态平衡。不同样品的阴离子与交换基的作用力大小不同,电荷密度大的离子与交换基的作用力大,在树脂中的保留时间长,于是不同的离子被相互分离开。

12.1.2　离子排斥色谱

离子排斥色谱的分离机理是以树脂的唐南(Donnan)排斥为基础的分配过程。分离阴离子用强酸性高交换容量的阳离子交换树脂,分离阳离子用强碱性高交换容量的阴离子交换树脂。图 12-1 为以阴离子分离为例的离子排斥色谱的原理。强电解质 H^+Cl^- 因受排斥作用不能穿过半透膜进入树脂的微孔,迅速进入色谱柱而无保留;弱电解质 CH_3COOH 可以穿过半透膜进入树脂微孔。电解质的离解度越小,受排斥作用越小,因而在树脂中的保留也就越大。

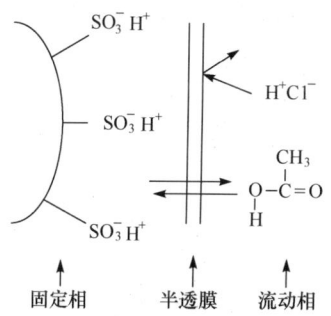

图 12-1　离子排斥色谱的原理

12.1.3 离子抑制色谱和离子对色谱

无机离子及离解很强的有机离子通常可以采用离子交换色谱或离子排斥色谱进行分离。有很多大分子或离解较弱的有机离子需要采用通常同于中性有机化合物分离的反相(或正相)色谱。然而,直接采用正相或反相色谱又存在困难,因为大多数可离解的有机化合物在正相色谱的硅胶固定相上吸附太强,被测物质保留值太大,出现拖尾峰,有时甚至不能被洗脱。

离子抑制色谱的原理是以酸碱平衡理论为依据,即通过降低(或增加)流动相的pH抑制酸(或碱)的离解,使酸(或碱)性离子化合物尽量保持为离解状态。

如果被分析的离子是较强的电解质,单靠改变流动相的酸碱性来抑制离子型化合物的离解,往往不能得到足够的保留,这时可以采用离子对色谱。离子对色谱是在流动相中加入适当的具有与被测离子相反电荷的离子,即离子对试剂,使其与被测离子形成中性的离子对化合物,此离子对化合物在反相色谱柱上被保留。保留的大小主要取决于离子对化合物的离解平衡常数和离子对试剂的浓度。离子对色谱也可以采用正相色谱的模式,即可以用硅胶柱,但不如反相色谱效果好。多数情况下采用反相色谱模式,所以离子对色谱也常称为反相离子对色谱。

12.2 仪器结构与原理

离子色谱仪的基本构成及工作原理与液相色谱仪相同,一般也是先做成独立的单元组件,然后根据需要将各个单元组件组合起来。最基本的组件是流动相容器、高压输液泵、进样器、色谱柱、检测器和数据处理系统。此外,也可根据需要配置流动相在线脱气装置、梯度洗脱装置、自动进样系统、流动相抑制系统、柱后反应系统和全自动控制系统等。只不过离子色谱仪通常配备的检测器不是紫外检测器,而是电导检测器。离子色谱通常用强酸或强碱物质作流动相,因此仪器的流路系统耐酸耐碱的要求更高一些。图12-2为抑制型离子色谱仪的结构示意图,其中前面的分离柱采用低交换容量的离子填料,后面的抑制柱采用高容量的离子交换填料去除过量的洗脱离子。下面重点介绍离子色谱柱的填料(离子交换剂)和电导检测器。

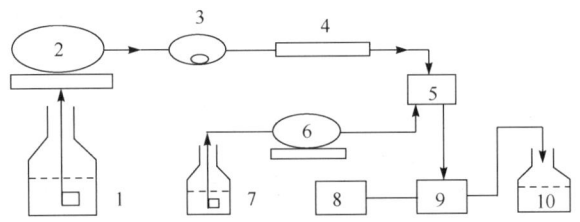

图12-2 抑制型离子色谱仪的构造示意图

1-流动相容器;2-流动相输液泵;3-进样器;4-色谱柱;5-抑制器;
6-抑制剂输液泵;7-抑制剂容器;8-工作站;9-电导检测器;10-废液瓶

12.2.1 离子交换剂

常用的离子交换剂主要有以下三类。

1. 离子交换树脂

离子交换树脂是指有机聚合物离子交换剂,是应用最广的填料,离子交换树脂可以粗略地分为多孔性和表层型两类。多孔性树脂的整个树脂上布满了网孔,布满孔径均匀的微孔的树脂又称微孔树脂,树脂中除有微孔外,还有数十纳米大孔的树脂(大孔树脂)。表层性树脂有一刚性较好的固体惰性核,如低交联度的聚苯乙烯核,此核无功能基团,有一定的疏水性。惰性核外可以是一层带活性基团的离子交换薄膜,表层薄膜和微孔树脂一样具有溶胀性,可进行离子交换,这种树脂又称为薄壳型树脂,由于这种树脂离子交换体少,交换容量低,只适合作分析性填料。使用最广泛的树脂是交联聚苯乙烯,交联度是聚苯乙烯树脂的一个重要参数,通常使用的是交联度为 $4\%\sim12\%$ 的树脂。聚苯乙烯树脂可以直接用于离子对化合物的分离,更多的是将这种树脂作为载体,通过化学反应将功能基团接到基质上,如果接入的是磺酸基、羧酸基和磷酸基,就称为阳离子交换剂。阴离子交换树脂的功能基团主要是季铵盐。

2. 螯合型离子交换树脂

螯合型离子交换树脂是将螯合基团引入树脂表面制成的,这种螯合基团容易与过渡金属离子形成螯合物,可用于过渡金属离子的分离。由于螯合基团对金属离子具有一定的选择性,因此这类树脂可用于过渡金属离子的分离。

3. 硅胶键合型离子交换剂

有机聚合物基质的离子交换树脂的缺陷是溶胀性较大,不耐高压,基质表面和内部的微孔会影响溶质的传递速率。为了解决这些问题,以硅胶为基质的键合型离子交换剂发展迅速。最常见的是在表层薄壳型或微孔型硅胶微粒表面键合上各种离子交换基团。硅胶基质固定相除能耐高压外,还有良好的化学和热稳定性,但只能使用中性和酸性流动相。

12.2.2 电导检测器

1. 非抑制型电导检测器

在离子色谱中,分析对象和所使用的流动相都是离子型物质,不同的离子其溶液的导电性是不同的,可以用极限摩尔电导来衡量离子的导电能力。流动相中主要是淋洗离子和与之平衡的反离子,其电导值成为背景电导。进样前,流动相中淋洗离子占领固定相中的离子交换位置。

非抑制型离子色谱使用的是低电导的流动相(如几个毫摩尔浓度的有机酸或有机盐溶液)从色谱柱流出的溶液直接进入电导检测器。当样品加入后,样品带随流动相到达色谱柱,被测物质在交换基团上与淋洗离子竞争,达到最初的离子交换平衡,被交换下来的淋洗离子和被测离子的反离子迅速通过色谱柱到达检测器,在色谱图上出现一个称为"水跌"(waterdip)的色谱峰(也称水峰)。各种被测物质在色谱柱中的保留不同,依次流出色谱柱。此时流动相中被测离子的浓度增加,同时有等物质的量的淋洗离子交换到了固定相中,由于样品离子和淋洗离子的摩尔电导不同,这时流动相的电导就不同于背景电导,这种电导的变化就以色谱峰的形式记录下来。如果淋洗离子的摩尔电导比被测离子小,则在色谱图上出现正峰,阴离子通常是这种情况。阳离子交换色谱流动相中的淋洗离子一般是 H^+,其极限摩尔电导远比一般阳离子大,所以阳离子通常产生负峰(通过改变电导检测器的输出极性得到正峰)。在很多体系中,在被测离子峰之后还会出现一个"系统峰(system peak)",系统峰是因为样品溶液与流动相的组成、pH 的差异以及淋洗离子在色谱柱中的保留引起。它的出现常给分离或定量带来负面影响,目前还无法完全消除系统峰,只有设法抑制系统峰的大小和调节系统峰的出峰位置,使其对分析无干扰。

2. 抑制型电导检测器

抑制型电导检测离子色谱使用的是强电解质流动相,如分析阴离子用碳酸钠、氢氧化钠,分析阳离子用稀硝酸、稀硫酸等。这类流动相的背景电导高,而且被测离子以盐的形式存在于溶液中,检测灵敏度低。为了提高检测灵敏度,需要降低背景电导和增加被测离子的电导。分析阴离子时通常用稀硫酸作抑制剂溶液,分析阳离子时通常用稀氢氧化钠作抑制剂溶液。最初的抑制器是一根与分析柱类似的柱子,称为抑制柱。现在使用的抑制器主要是空心纤维管和阴离子交换薄膜型。图 12-3 为自动再生电解型阳离子抑制器工作原理图。其工作原理是将水电解成 H^+ 和 OH^-,只有 H^+ 能通过阳离子交换膜进入流动相(NaOH 水溶液)中,与 NaOH 中和,使流动相变成难离解的水,达到降低背景电导即增加检测灵敏度的目的。

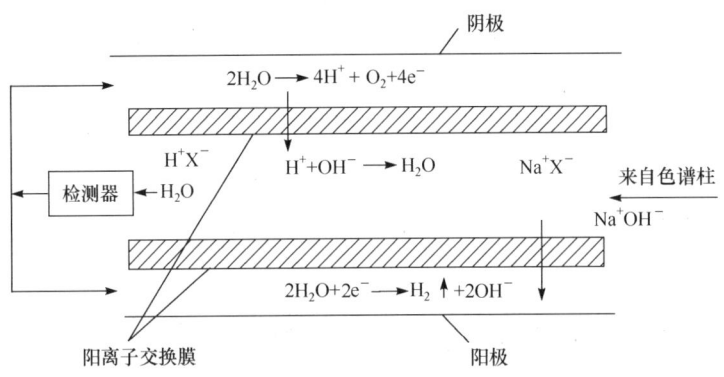

图 12-3 自动再生电解型阳离子抑制器工作原理图

电解型阴离子抑制器的原理类似,不同的只是采用阴离子交换膜(只有 OH^- 可以通过),这种电解抑制器可以成功地抑制约 100 mmol·L^{-1} 的酸或碱流动相的背景电导。当用 NaOH 作流动相时,从抑制器出来的流动相变成了纯水,所以完全可以将通过检测池后的流出液循环至抑制器再生室作电解水源。因为以强碱(如 NaOH)作流动相的阴离子分析体系和以强酸(如 HCl)作流动相的阳离子分析体系占离子色谱日常分析的大部分,所以这种抑制器的应用价值很大。此外,自动再生电解型抑制器还可用于梯度洗脱。

12.3 实 验 部 分

实验 48 自来水中阴离子的分析

一、实验目的

(1) 了解离子色谱仪的主要构造组成及其使用方法。
(2) 掌握离子色谱仪的基本操作,明确操作注意事项。
(3) 掌握离子色谱仪的进样操作要领,了解流动相和样品的处理方法。
(4) 学习用阴离子交换色谱分析无机阴离子的方法。

二、实验原理

分析无机阴离子通常用阴离子交换柱,填料通常为季铵盐交换基团,样品阴离子以静电相互作用进入固定相的交换位置,又被带负电荷的淋洗离子交换下来进入流动相。不同阴离子与交换基团的作用力大小不同,在固定相中的保留时间也就不同,从而达到彼此分离。自来水中主要是 Cl^-、NO_3^-、SO_4^{2-} 等常见无机阴离子,这些离子在一般的阴离子交换柱上均能得到分离。本实验用峰面积标准曲线法定量。

三、仪器与试剂

1. 仪器

离子色谱仪;超声装置(用于样品溶解、流动相脱气、玻璃器皿洗涤);阴离子交换柱(Shim-pack IC-A1,ϕ4.6 mm×100 mm);溶剂过滤器;微量进样器。

2. 试剂

阴离子标准溶液:用优级纯钠盐分别配制浓度为 1000 mg·L^{-1} 的 Cl^-、NO_3^- 和 SO_4^{2-} 的储备溶液,用二次蒸馏水稀释成 10~20 mg·L^{-1} 的工作液;同时配制 3 种离子的混合溶液(各含 10~20 mg·L^{-1})。

自来水样品:打开自来水管放流约 1 min 后,用洗净的试剂瓶接约 100 mL。用 0.45 μm 的水相滤膜减压过滤,必要时用 5~10 倍二次蒸馏水后进样。

流动相(2.5 mmol·L^{-1} 邻苯二甲酸与 2.4 mmol·L^{-1} Tris 的混合溶液):称取 0.416 g 邻苯二甲酸和 0.292 g 三(羟甲基)氨基甲烷(Tris),用二次蒸馏水溶解后定容至 1000 mL,此流动相的 pH 约为 4.0。

四、实验步骤

(1) 检查所装色谱柱是否为阴离子交换柱,按照仪器操作流程打开仪器各单元的电源。

(2) 设置色谱柱恒温箱温度为 40 ℃,并确认加热器已接通。

(3) 将流动相换成 2.5 mmol·L^{-1} 邻苯二甲酸与 Tris 混合液,设定流速为 1.5 mL·min^{-1}。然后打开输液泵旁路开关,按排气按钮"PURGE"排出流路中的气泡,大约排气 3 min,停泵,将流速恢复至所需设定值。设置输液泵的上限压力(如 200 kg·cm^{-2})和下限压力(如 5 kg·cm^{-2}),然后按"PUNP"按钮,重新启动输液泵。

(4) 按仪器要求设定好电导检测器的参数(如增益、范围等)。

(5) 启动工作站,按仪器要求设定好其他分析条件及数据处理系统的有关参数(如初始条件、分析文件、数据文件等)。

(6) 待基线平稳后,用微量注射器取大于进样器体积的阴离子混合标准溶液,注射器应事先用蒸馏水洗 3 次,再用样品溶液洗 3 次,并注意不要吸入气泡(如吸入气泡,可以将注射器针头朝上,小心排出气泡)。将进样阀柄置于"LOAD"位置,注入样品,将阀柄转至"INJECT"位置的同时按下"START"键,工作站即自动开始记录数据,开始进行样品分析。

(7) 待所有阴离子峰出完后,按"STOP"键停止分析(如果到了设定的停止时间,工作站即自动停止数据记录)。此时从色谱图上可以看到分离状况,计算机会给出包括保留时间、峰面积等在内的分析结果,同时将所有数据存于计算机内。

(8) 分别进样 Cl$^-$、NO$_3^-$ 和 SO$_4^{2-}$ 标准溶液,重复(5)和(6)的操作,根据 Cl$^-$、NO$_3^-$ 和 SO$_4^{2-}$ 的保留时间确定混合标准溶液中 3 种离子的峰位置。

(9) 设置好定量分析程序。用 Cl$^-$、NO$_3^-$ 和 SO$_4^{2-}$ 标准溶液的分析结果建立或修改定量分析表,在定量分析表中输入各阴离子的保留时间和浓度等数值,并计算校正因子。

(10) 进样自来水样品,分析停止后,计算机自动给出各离子的定量分析结果。同一样品连续分析两次,两次分析结果相差较大时(如大于 5%),应再分析一次,取 3 次平均值。

五、结果处理

(1) 根据 3 种阴离子混合溶液的分析数据,计算各离子单位浓度的峰高和峰面积,并按峰高排列 3 种阴离子检测灵敏度的顺序。

(2) 参照表 12-1 整理自来水中无机阴离子的分析结果。

表 12-1　自来水中无机阴离子的分析结果

阴离子	保留时间/min	各次测定值/(mg·L^{-1})	平均值/(mg·L^{-1})
Cl$^-$			
NO$_3^-$			
SO$_4^{2-}$			

六、注意事项

（1）离子交换柱的型号、规格不一样时，色谱条件会有很大差异。一般的商品离子色谱柱都附有常见离子的分离条件。如果所用色谱柱与本实验不一致，应参考所用色谱柱的说明书确定分析条件。

（2）不同厂家的仪器，在分析条件的设置及工作站的软件操作方面差异较大，应仔细阅读仪器的操作说明后开始实验。

（3）在样品离子的色谱峰后通常有一个较大的系统峰，一定要等到系统峰出完后，再进行下一个样品分析。

七、思考题

（1）离子色谱分析阴离子有何优点？

（2）在本实验条件下，判断磷酸根离子在硫酸根之前还是之后出峰？为什么？

（3）柱温升高，离子的保留时间是增加还是减小？为什么？

实验 49　啤酒中一价阳离子的定量分析

一、实验目的

（1）进一步熟悉离子色谱仪的结构组成及基本操作。

（2）进一步掌握离子色谱仪的操作要领及流动相和样品的处理方法

（3）学习用阳离子交换色谱分析一价阳离子的方法。

二、实验原理

食品中通常含 Na^+、NH_4^+ 和 K^+ 等一价阳离子和 Ca^{2+}、Mg^{2+} 等二价阳离子。这些离子可用阳离子交换柱分离。淋洗剂通常是能提供 H^+ 作淋洗离子的物质（如硝酸、有机酸等）。因为静电相互作用，样品阳离子被交换到填料交换基团上，又被淋洗离子交换进入流动相，这种过程反复进行，与阳离子交换基团作用力小的阳离子在色谱柱中的保留时间短，先流出色谱柱，于是不同性质的阳离子得到分离。目前已有多种阳离子交换柱能同时分离一价和二价阳离子，但本实验条件下只适合一价阳离子（如 Li^+、Na^+、NH_4^+ 和 K^+）的分析。本实验采用峰面积标准曲线法定量。

三、仪器与试剂

1. 仪器

离子色谱仪；超声装置(用于样品溶解、流动相脱气、玻璃器皿洗涤)；阳离子交换柱(Shim-pack IC-C1,ϕ4.6 mm×150 mm)；溶剂过滤器；微量进样器。

2. 试剂

阳离子标准溶液：用优级纯硝酸盐分别配制浓度为 1000 mg·L^{-1} 的 Na^+、NH_4^+ 和 K^+ 的储备溶液。用二次蒸馏水稀释成 20 mg·L^{-1} 的工作溶液。同时配制 3 种阳离子的混合溶液(各含 20 mg·L^{-1})。

啤酒样品：市售啤酒用 0.45 μm 水膜减压过滤，必要时稀释 5 倍后进样。

5 mmol·L^{-1} 硝酸：先配制 100 mmol·L^{-1} 的浓溶液，然后稀释到 5 mmol·L^{-1}。

四、实验步骤

(1) 参照实验 48 实验步骤(1)~(5)开机，使仪器处于工作状态。色谱条件：阳离子交换柱；流动相为 5 mmol·L^{-1} 硝酸，流速为 1.5 mL·min^{-1}；色谱柱温为 40 ℃；电导检测器(如采用抑制型电导检测器，可用 10 mmol·L^{-1} NaOH 作抑制剂)；进样量为 20 μL。

(2) 待基线稳定后，进样 3 种阳离子的混合标准溶液。从色谱图上即可看到分离状况，待所有阳离子峰出完后，按"STOP"键停止分析，此时色谱工作站会给出分析结果并将所有信息储存在计算机中。

(3) 分别进样 Na^+、NH_4^+ 和 K^+ 的标准溶液。通过比较保留时间即可定性确认混合标准溶液中 3 种阳离子的峰位置。

(4) 按照操作规程设置定量分析程序。用混合标准溶液的分析结果建立或修改定量表，即在定量表中输入混合标准溶液中各阳离子的保留时间和浓度等数值，并计算校正因子。

(5) 连续进样啤酒样品两次，如果两次定量结果相差较大(如大于 5%)，则需再进样一次啤酒样品，取 3 次的平均值。

五、结果处理

(1) 根据 3 种阳离子混合溶液的分析数据，计算各离子单位浓度的峰高和峰面积，并按峰高排列 3 种阳离子检测灵敏度的顺序。

(2) 参照表 12-2 整理啤酒中阳离子的分析结果。

表 12-2　啤酒中阳离子的分析结果

阳离子	保留时间/min	各次测定值/(mg·L^{-1})	平均值/(mg·L^{-1})
Na$^+$			
NH$_4^+$			
K$^+$			

六、注意事项

（1）注意电导检测器的输出极性，应使得到的色谱峰为正方向的峰。

（2）本分析体系没有系统峰，样品峰出完后即可进样下一个样品。

七、思考题

（1）离子色谱分析阳离子有何优点？

（2）如果用本实验中的阳离子交换柱分离钙和镁离子，怎样选择流动相？

第 13 章 凝胶色谱分析法

13.1 基本原理

凝胶色谱是 20 世纪 60 年代初发展起来的一种快速、简单的分离分析技术,它设备简单、操作方便,不需要有机溶剂,对高分子物质有很高的分离效果。凝胶色谱法又称分子排阻色谱法。根据分离的对象是水溶性的化合物还是有机溶剂可溶物,又可分为凝胶过滤色谱(GFC)和凝胶渗透色谱(GPC)。GFC 一般用于分离水溶性的大分子(如多糖类化合物),凝胶的代表是葡萄糖系列,洗脱溶剂主要是水。GPC 主要用于有机溶剂中可溶性高聚物(如聚苯乙烯、聚氯乙烯、聚乙烯、聚甲基丙烯酸甲酯等)相对分子质量分布分析及分离,常用的凝胶为交联聚苯乙烯凝胶,洗脱溶剂为四氢呋喃等有机溶剂。凝胶色谱不但可以用于分离测定高聚物的相对分子质量和相对分子质量分布,同时根据所用凝胶填料不同,可分离油溶性和水溶性物质,分离相对分子质量的范围从几百万到 100 以下。近年来,凝胶色谱也广泛用于分离小分子化合物。化学结构不同但相对分子质量相近的物质不可能通过凝胶色谱法达到完全分离纯化的目的。

凝胶色谱主要用于高聚物的相对分子质量分级分析以及相对分子质量分布测试。目前已经被生物化学、分子生物学、生物工程学、分子免疫学以及医学等有关领域广泛采用,不但应用于科学实验研究,而且已经大规模地用于工业生产。

13.2 仪器结构与原理

13.2.1 仪器的结构

GPC 仪器主要由输液系统(柱塞泵)、进样系统、分离系统、检测系统(示差折光检测器、多波长紫外检测器、FT-IR 等)和数据采集与处理系统组成,其工作流程如图13-1 所示。

1. 输液系统

输液系统包括一个溶剂储存器、一套脱气装置和一个柱塞泵。它的主要作用是使溶剂以恒定的流速流入色谱柱。泵的稳定性越好,色谱仪的测定结果越准确。一般要求测试时,泵的流量误差应低于 $0.1 \text{ mL} \cdot \text{min}^{-1}$。

2. 进样系统

进样系统主要指注射器。

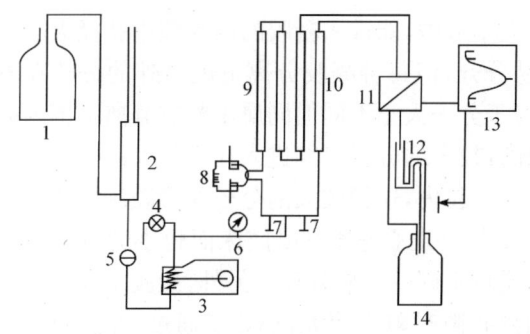

图 13-1 GPC 工作流程

1-储液瓶；2-除气瓶；3-输液瓶；4-放液阀；5-过滤器；
6-压力指示器；7-调节阀；8-六通进样阀；9-样品柱；
10-参比柱；11-示差折光检测器；12-体积标记器；
13-记录仪；14-废液瓶

3. 分离系统

色谱柱是 GPC 的核心部分，被测样品的分离效果主要取决于色谱柱的匹配及其分离效果。每根色谱柱都具有一定的相对分子质量分离范围和渗透极限，有其使用的上限和下限。因此，在使用 GPC 测定相对分子质量时，必须选择与聚合物相对分子质量范围相匹配的柱子。

4. 检测系统

用于 GPC 的检测器有多波长紫外检测器、示差折光检测器、示差折光检测器＋紫外检测器、质谱、FT-IR 等多种。一般情况下，GPC 多配置示差折光检测器，这是一种浓度监测仪，根据浓度不同折光率不同的原理制成，通过不断检测样品流路和参比流路中的折光率差值来检测样品的浓度。

5. 数据采集与处理系统

溶解于溶剂中的样品经进样器注入系统后，扳动进样阀，系统开始自动计时，记录检测器检测到的电信号。GPC 软件系统在后台将记录的时间-电信号进行转换，通常使用的软件有 Water Breeze 和 Waccers Empower 两种，测定结果由软件处理获得。

13.2.2 工作原理

一个含有各种分子的样品溶液缓慢地流经凝胶色谱柱时，各分子在柱内同时进行着两种不同的运动：垂直向下的移动和无定向的扩散运动。大分子物质由于直径较大，不易进入凝胶颗粒的微孔，而只能分布于颗粒之间，因此在洗脱时向下移动的速度较快。小分子物质除可在凝胶颗粒间隙中扩散外，还可以进入凝胶颗粒的微孔中，即进入凝胶相内，在向下移动的过程中，从一个凝胶内扩散到颗粒间隙后再进入另一凝胶颗粒，如此不断地进入和扩散，小分子物质的下移速度落后于大分子物质，从而使样品中分子大的先流出色谱柱，中等分子的后流出，分子最小的最后流出，这种现象称为分子筛效应。具有多孔的凝胶就是分子筛。过程如图 13-2 所示。

各种分子筛的孔隙大小分布有一定范围，有最大极限和最小极限。分子直径比凝胶最大孔隙直径大的将全部被排阻在凝胶颗粒之外，这种情况称为全排阻。两种全排阻的分子即使大小不同，也不可能有分离效果。分子直径比凝胶最小孔隙直径小的分子能进入凝胶的全部孔隙。如果两种分子都能全部进入凝胶孔隙，即使它们的大小有差别，也不会有好的分离效果。因此，一定的分子筛有一定的使用范围。

在凝胶色谱中有三种情况：①分子很小，能进入分子筛全部的内孔隙；②分子很大，完全不能进入凝胶的任何内孔隙;③分子大小适中,能进入凝胶的内孔隙中孔径大小相应的部分。大、中、小三类分子彼此间较易分开,但每种凝胶分离范围之外的分子在不改变凝胶种类的情况下是很难分离的。对于分子大小不同但同属于凝胶分离范围内的各种分子,在凝胶床中的分布情况是不同的:较大的分子只能进入孔径较大的一部分凝胶孔隙内,而较小的分子可进入较多的凝胶颗粒内,这样较大的分子在凝胶床内移动距离较短,较小的分子移动距离较长。于是较大的分子先通过凝胶床而较小的分子后通过凝胶床,这样利用分子筛可将相对分子质量不同的物质分离。另外,凝胶本身具有三维网状结构,大分子在通过这种网状结构的孔隙时阻力较大,小分子通过时阻力较小。相对分子质量大小不同的多种成分在通过凝胶床时,按照相对分子质量大小排序,凝胶表现分子筛效应。

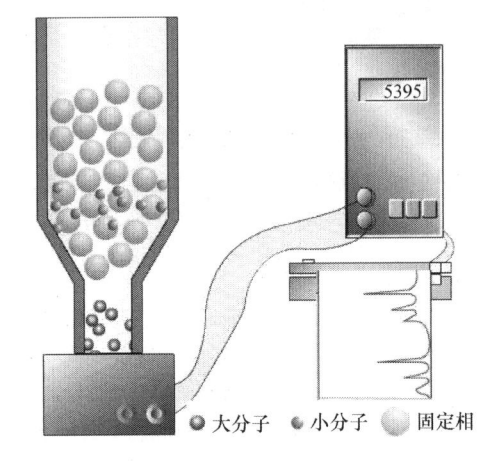

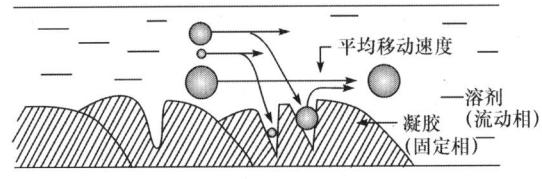

图 13-2 GPC 分离原理

体积排除机理:

$$V_t = V_0 + V_i + V_g$$

式中,V_t 为色谱柱总体积;V_0 为载体的粒间体积;V_i 为载体内部的空洞体积;V_g 为载体的骨架体积。

溶剂分子:V_0 中的溶剂称为流动相;V_i 中的溶剂称为固定相。

高分子:①体积比凝胶中所有孔洞的尺寸大,淋出体积 V_e 即为 V_0;②体积远小于凝胶中所有孔洞的体积,淋出体积 V_e 即为 $V_0 + V_i$;③体积中等,淋出体积 V_e 则大于 V_0,小于 $V_0 + V_i$。

$$V_e = V_0 + K V_i$$

式中，V_e 为溶质的淋出体积；K 为分配系数(孔体积 V_i 中可以被溶质分子进入的部分与 V_i 之比)。

特别大的溶质分子：$V_e=V_0, K=0$。
特别小的溶质分子：$V_e=V_0+V_i, K=1$。
中等大小的溶质分子：$V_0<V_e<V_0+V_i, 0<K<1$。

溶质分子的体积越小，其淋出体积越大。这种解释不考虑溶质与载体之间的吸附效应以及在流动相和固定相之间的分配效应，其淋出体积仅由溶质分子尺寸和载体的孔尺寸决定，分离完全是由于体积排除效应，故称为体积排除机理。

13.3 实 验 部 分

实验 50 凝胶色谱法测定高聚物的相对分子质量分布

一、实验目的

(1) 了解凝胶渗透色谱的原理。
(2) 了解凝胶渗透色谱的仪器构造和凝胶渗透色谱的实验技术。
(3) 根据实验数据计算数均相对分子质量、质均相对分子质量、多分散系数。

二、实验原理

凝胶渗透色谱(GPC)也称为体积排除色谱(size exclusion chromatography, SEC)，是一种液体(液相)色谱。和各种类型的色谱一样，GPC 的作用也是分离，其分离对象是同一聚合物种不同相对分子质量的高分子组分。当样品中各组分的相对分子质量和含量被确定后，就可得到聚合物的相对分子质量分布，然后可以很方便地对相对分子质量进行统计，得到各种平均值。一般认为，GPC 是根据溶质体积的大小，在色谱中由于体积排除效应即渗透能力的差异进行分离。高分子在溶液中的体积取决于相对分子质量、高分子链的柔顺性、支化、溶剂和温度，当高分子链的结构、溶剂和温度确定后，高分子的体积主要依赖于相对分子质量。GPC 的固定相是多孔性微球，可由交联度很高的聚苯乙烯、聚丙烯酰胺、葡萄糖和琼脂糖的凝胶以及多孔硅胶、多孔玻璃等制备。色谱的淋洗液是聚合物的溶剂。当聚合物溶液进入色谱后，溶质高分子向固定相的微孔中渗透。由于微孔尺寸与高分子的体积相当，高分子的渗透概率取决于高分子的体积，体积越小渗透概率越大，随着淋洗液流动，它在色谱中走过的路程就越长，即淋洗体积或保留体积增大。反之，高分子体积增大，淋洗体积减小，从而达到按高分子体积进行分离的目的。基于这种分离机理，GPC 的淋洗体积是有极限的。当高分子体积增大到已完全不能向微孔渗透，淋洗体积趋于最小值，为固定相微球在色谱中的粒间体积。反之，当高分子体积减小到对微孔的渗透概率达到最大时，淋洗体积趋于最大值，为固定相微孔的总体积与粒间体积之和，因此只有高分子的体积居于两者之间，色谱才会有良好的分离作用。对一般色谱分辨率和分离效率的评定指标在凝胶色谱中也沿用。

1. 聚合物相对分子质量：统计平均相对分子质量

假定在某一高分子试样中含有若干种相对分子质量不等的分子，该试样的总质量为 w，总物质的量为 n，种类数用 i 表示，第 i 种分子的相对分子质量为 M_i，物质的量为 n_i，质量为 w_i，在整个试样中的质量分数为 W_i，摩尔分数为 N_i，则这些量之间存在下列关系。

数均相对分子质量：以数量为统计权重，定义为

$$\overline{M}_n = \frac{w}{n} = \frac{\sum_i n_i M_i}{\sum_i n_i} = \sum_i N_i M_i$$

质均相对分子质量：以质量为统计权重，定义为

$$\overline{M}_w = \frac{\sum_i n_i M_i^2}{\sum_i n_i M_i} = \frac{\sum_i w_i M_i^2}{\sum_i w_i} = \sum_i W_i M_i$$

Z 均相对分子质量：以 Z 值为统计权重，$Z_i = w_i M_i$，定义为

$$\overline{M}_Z = \frac{\sum_i Z_i M_i^2}{\sum_i Z_i} = \frac{\sum_i w_i M_i^2}{\sum_i w_i M_i} = \frac{\sum_i n_i M_i^3}{\sum_i n_i M_i^2}$$

黏均相对分子质量：用稀溶液黏度法测得的平均相对分子质量，定义为

$$\overline{M}_\eta = \left(\sum_i w_i M_i^\alpha \right)^{1/\alpha}$$

2. GPC 谱图

GPC 的标准谱图如图 13-3 所示，对于 GPC 来说，级分的含量即是淋出液的浓度。只要选择与溶液浓度有线性关系的某种物理性质，即可通过对其测量以测定溶液的浓度。常用示差折射仪，测定出淋出液的折光指数与纯溶剂的折光指数之差，以表征溶液的浓度。此外还有 UV 和 IR 等各种类型的浓度检测器。

虽然从谱图已能直观地了解相对分子质量分布的某些信息，但要定量地得到相对分子质量及相对分子质量分布的数据还要做一些处理。

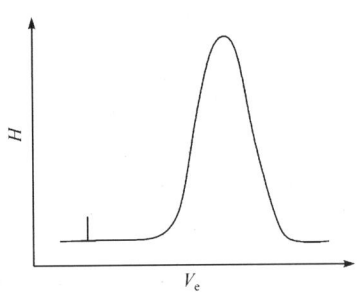

图 13-3 GPC 的标准谱图

检测器信号 H：与淋出液的浓度成比例；
保留体积（淋出体积）：分子尺寸的大小 V_e
换算成相对分子质量 M，即为相对分子质量分布曲线

3. 相对分子质量-淋出体积标定曲线

根据 GPC 分离机理，保留体积（或淋出体积）V_e 与相对分子质量之间有线性关系：

$$\lg M = A - BV_e$$

式中，A 和 B 为常数，其值与溶质、溶剂、温度、载体及仪器结构有关，可由相对分子质量-淋出体积曲线直线部分的截距和斜率求出。

首先测定一组相对分子质量不同的单分散或窄分布样品(已用其他方法精确确定相对分子质量)的淋出体积和相对分子质量的 GPC 谱图(图 13-4)，然后以 $\lg M$ 对 V_e 作图，得到反 S 形工作曲线。工作曲线中间的直线部分就是标定曲线(图 13-5)。

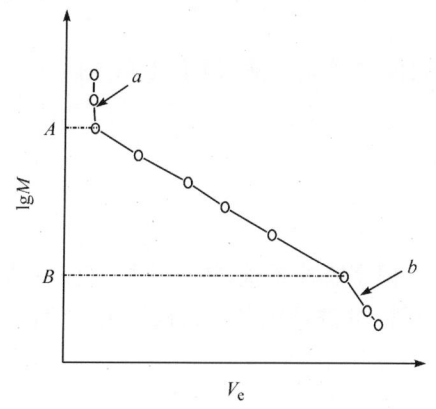

图 13-4 已知相对分子质量的窄分布样品的 GPC 谱图

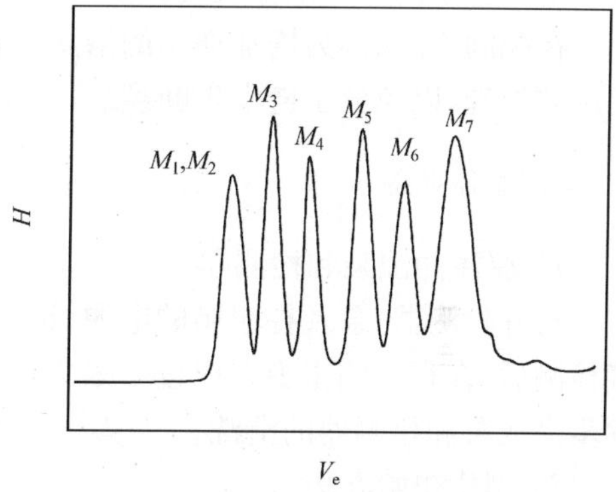

图 13-5 GPC 的标准曲线

A：相对分子质量测定上限；B：相对分子质量测定下限；
a：分子太大完全排斥；b：分子太小完全渗透

实际上，对大多数聚合物很难获得窄分布标准样品，由容易获得的阴离子聚合的聚苯乙烯($M_w/M_n<1.1$)测得的校准曲线，也不能直接用于其他高分子，因为不同高分子尽管相对分子质量相同，但体积却不一样。因而必须寻找一个分子结构参数代替相对分子质量，希望用这一参数求出的标定关系对所有高分子普遍适用，称为普适标定。

$$[\eta]M = 2.5N_A V_h$$

式中，$[\eta]$ 为特性黏度；N_A 为阿伏伽德罗常量；V_h 为流体力学体积。

$[\eta]M$ 具有体积的量纲，可当作流体力学体积。不同高分子的 $\lg([\eta]M)$-V_e 校准曲线应当相同，大量实验事实已证明了这一点。

若已知一种聚合物的 M_1，只需简单计算，就能得到同一保留体积的另一种聚合物的 M_2。

三、仪器和试剂

1. 仪器

1525 型凝胶色谱仪；电子天平；0.45 μm 微孔过滤器；配样瓶；注射针筒。

2. 试剂

四氢呋喃(A.R.)(淋洗液)；悬浮聚合的聚苯乙烯(被测样品)；窄相对分子质量分

布的聚苯乙烯(标准样品)。

四、实验步骤

1. 样品制备

(1) 干燥:样品必须经过完全干燥,除掉水分、溶剂及其他杂质。
(2) 浓度:质量分数一般为 0.05%～0.30%,相对分子质量大的样品浓度较低,相对分子质量小的样品浓度较高。

在配制溶液时,为增加样品的溶解,可以轻微搅动样品溶液,但不能剧烈摇动或用超声波处理,以免分子链发生断裂。

2. 操作准备

1) 灌注冲洗泵和检测器

打开检测器、泵及柱温箱的电源,运行 Breeze 程序监控系统,待计算机完成仪器连接检测后,在程序的主窗口内按下采集栏中的"灌注、冲洗系统"按钮,根据出现的提示,逐步完成泵和检测器的清洗。

2) 创建初始方法

预先设定平衡方法、数据采集方法、数据处理(校正)方法和报告方法的各种参数,设置完成后保存各个建立的方法。

3) 稳定系统

选择采集栏中的"平衡系统"按钮,在选择框中选择合适的平衡方法,设定系统在较小的流量下稳定 7～8 h。待系统平衡后,再次选择采集栏上的"平衡系统"按钮,选择合适的平衡方法,在较大的流量下进行系统的平衡,直到 RI Detector。

3. 进样

GPC 测试时,应首先用一系列已知相对分子质量的单分散标准样品,作一系列的 GPC 谱图,找出每一个相对分子质量 M 所对应的淋洗体积 V_e,然后以这些数据作普适或相对校正曲线,并将其保存成一种方法。

然后进行未知样品的测试,具体步骤如下:点击"进样"按钮,打开进样对话框,分别输入样品的名称、进样体积和测试需要进行的时间,选择合适的方法,点击"Injection"按钮,用注射器将样品注入样品室即可。

进样完成后,在监视窗中显示数据采集过程,测试完成后得到 GPC 谱图,相关内容可以在系统中进行浏览。

五、结果处理

GPC 的数据处理,一般采用"切割法"。在谱图中确定基线后,基线和淋洗曲线所包围的面积是被分离后的整个聚合物,以横坐标对这块面积等距离切割。切割的含义是把聚合物样品看成由若干个具有不同淋洗体积的高分子组分所组成,每个切割块的归一化面积（面积分数）是高分子组分的含量，切割块的淋洗体积通过标定关系可确定组分的相对分子质量，所有切割块的归一化面积和相应的相对分子质量列表或作图，得到完整的聚合物样品的相对分子质量分布结果。因为切割是等距离的，所以用切割块的归一化高度就可以表示组分的含量。切割密度会影响结果的精度，当然越高越好，但是一般认为，一个聚合物样品切割成 20 块以上，对相对分子质量分布描述的误差已经小于 GPC 方法本身的误差。当用计算机记录、处理数据时，可设定切割成近百块。用相对分子质量分布数据很容易计算各种平均相对分子质量。

数据处理过程中，应首先打开最初建立的数据方法（相对校正曲线），进入处理向导（Processing parameters Wizard），在下一步中，分别输入色谱图中的初始和结束的数值范围，然后可以通过设定谱图中峰高或峰面积的数值排除部分杂峰，最后选择 Breeze 程序的默认设置，可以得到最终的处理结果，所有数据出现在程序的 Results 窗口中，对应新的谱图中所有谱峰的相对分子质量被标记选出，图下方的表格中详细列出了各种相对分子质量。选择 Save 保存处理结果。

再次返回 Results 窗口，选择相应的数据处理结果，选择一个合适的报告方法，Breeze 系统自动给出一份相应的测试结果报告。

六、思考题

(1) 高分子的链结构、溶剂和温度为什么会影响凝胶色谱的校正关系？
(2) 为什么在凝胶渗透色谱实验中，样品溶液的浓度不必准确配制？

第14章 热分析法

14.1 基本原理

14.1.1 热分析的定义

热分析(thermal analysis),顾名思义,可以解释为以热进行分析的一种方法。1977年在日本京都召开的国际热分析协会(international confederation for thermal analysis,ICTA)第七次会议上,给热分析定义如下:热分析是在程序控制温度下,测量物质的物理性质与温度的关系的一类技术。其数学表达式为 $P=f(T)$,其中 P 为物质的一种物理量,T 为物质的温度。

程序控制温度一般是指线性升温或线性降温,当然也包括恒温、循环或非线性升温、降温。也就是把温度看作是时间的函数 $T=\varphi(t)$,其中 t 为时间,则 $P=f(T$ 或 $t)$。

14.1.2 热分析法的技术基础

物质在加热或冷却的过程中,随着其物理状态或化学状态的变化,通常伴有相应的热力学性质(如热焓、比热容、导热系数等)或其他性质(如质量、力学性质、电阻等)的变化,因而通过对这些性质(参数)的测定,可以分析研究物质的物理变化或化学变化过程。

14.1.3 热分析特点

热分析的特点如下:

(1) 应用的广泛性。

从热分析文摘(TAA)近年的索引可以看出,热分析广泛应用于无机、有机、高分子化合物、冶金与地质、电器及电子用品、生物及医学、石油化工、轻工等领域。当然,这与应用化学、材料科学、生物及医学的迅速发展有密切的关系。

(2) 用量少,测量范围宽。

每次测试的试样量只需几毫克。目前热分析可以达到的温度范围为 $-150\ ℃\sim 2400\ ℃$。

(3) "指纹"鉴定特性。

任何两种物质的所有物理、化学性质是不会完全相同的。因此,热分析的各种曲线具有物质"指纹图"的性质。

(4) 分析速度快。

在动态条件下,热分析是快速研究物质热特性的有效手段。

(5) 方法和技术的多样性。

热分析已发展成为一种综合性的技术,常用的有热重分析(TG)、差热分析(DTA)和差示扫描量热分析(DSC)、逸出气体分析(EGA)、动态力学分析(DMA)、热机械分析(TMA)以及其他一些热分析方法,并具有非常完备的多功能仪器,它们通常具有上述各种分析的配置和能力。其中,应用最广泛的方法是 TG 和 DTA,其次是 DSC;上述三种方法构成了热分析的三大支柱,占热分析总应用的 75% 以上。

(6) 与其他技术的联用性。

热分析只能给出试样的质量变化及吸热或放热情况,解释曲线通常是困难的,特别是对多组分试样的热分析曲线尤其困难。目前,解释曲线最现实的办法是把热分析与其他仪器串接或间歇联用。常用气相色谱仪、质谱仪、红外光谱仪、X 射线衍射仪等对逸出气体和固体残留物进行连续的或间断的、在线的或离线的分析,从而推断反应机理。

14.2 仪器结构与原理

14.2.1 热重分析

1. 基本原理

热重分析是在程序控制温度下,测量物质质量与温度关系的一种技术。许多物质在加热过程中常伴随质量的变化,这种变化过程有助于研究晶体性质的变化,如熔化、蒸发、升华和吸附等物质的物理现象;也有助于研究物质的脱水、离解、氧化、还原等物质的化学现象。热重分析通常可分为两类:动态(升温)和静态(恒温)。

热重分析实验得到的曲线称为热重曲线(TG 曲线),如图 14-1(a)所示,TG 曲线以质量为纵坐标,从上向下表示质量减少;以温度(或时间)为横坐标,自左至右表示温度(或时间)增加。从热重分析可派生出微商热重法(DTG),它是 TG 曲线对温度(或时间)的一阶导数。以物质的质量变化速率(dm/dt)对温度 T(或时间 t)作图,即得 DTG 曲线,如图 14-1(b)所示。DTG 曲线上的峰代替 TG 曲线上的阶梯,峰面积正比

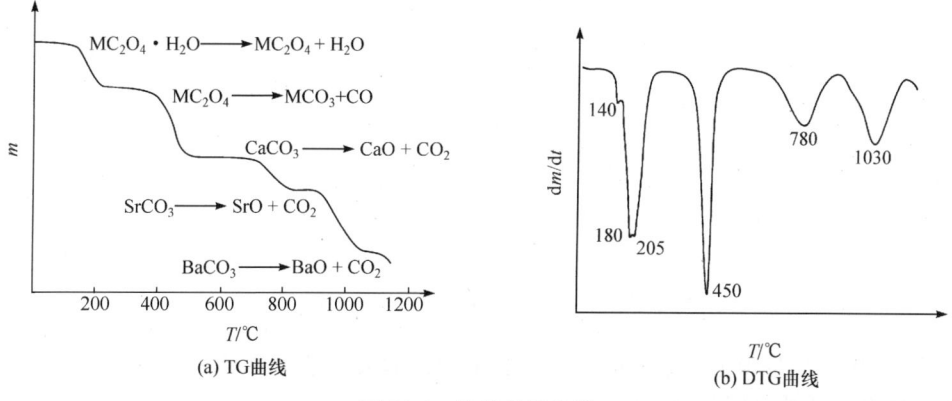

(a) TG 曲线　　　　　　　　(b) DTG 曲线

图 14-1　热重分析曲线

于试样质量。DTG 曲线可以微分 TG 曲线得到,也可以用适当的仪器直接测得,DTG 曲线比 TG 曲线优越性大,它提高了 TG 曲线的分辨率。

2. 热重分析的特点

热重分析定量强,能准确测量物质的变化和变化的速率。

3. 热重分析检测的变化过程

1) 物理变化
热重分析检测的物理变化过程包括升华、气化、吸附、解吸、吸收。

2) 化学变化
热重分析检测的化学变化过程包括固体⟶气体、固体 1 ⟶固体 2+气体、固体 1+气体⟶固体 2、固体 1+固体 2 ⟶固体 3+气体。

只要物质受热时发生质量的变化,都可以用热重分析研究。但对于熔融、结晶和玻璃化转变之类的热行为,样品质量没有变化,热重分析即不适用。

4. 仪器结构

热重分析所用仪器称为热重分析仪或热天平,其基本构造是由精密天平和线性程序控温的加热炉组成,结构如图 14-2 所示。天平梁倾斜(平衡状态被破坏)由光电元件检出,经电子放大后反馈到安装在天平梁上的感应线圈,使天平梁又返回原点。

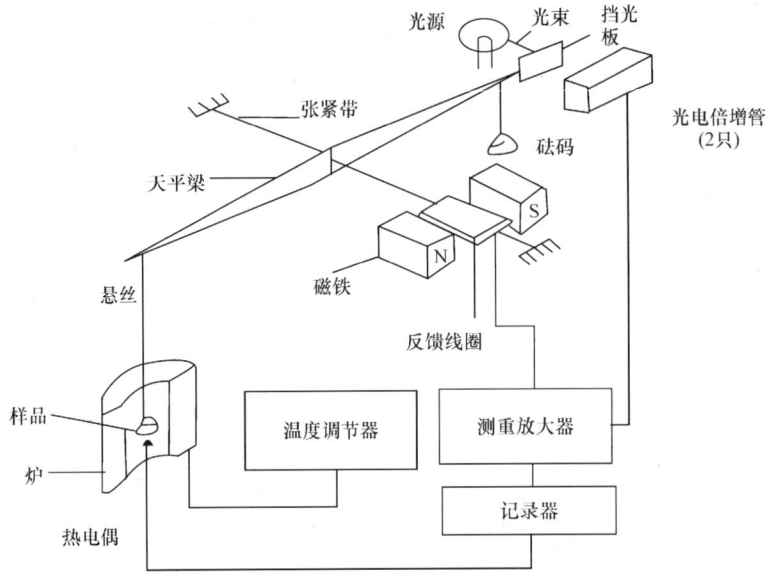

图 14-2 带光电元件的热天平示意图

其中,热天平是根据天平梁的倾斜与质量变化的关系进行测定的,通常测定质量变化的方法有变位法和零位法两种。

(1) 变位法：主要利用质量变化与天平梁的倾斜成正比关系，当天平处于零位时，位移检测器输出的电信号为零，而当样品发生质量变化时，天平梁产生位移，此时检测器相应地输出电信号，该信号可通过放大后输入记录仪进行记录。

(2) 零位法：由质量变化引起天平梁的倾斜，靠电磁作用力使天平梁恢复到原来的平衡位置，所施加的力与质量变化成正比。当样品质量发生变化时，天平梁产生倾斜，此时位移检测器所输出的信号通过调节器向磁力补偿器中的线圈输入一个相应的电流，从而产生一个正比于质量变化的力，使天平梁复位到零。输入线圈的电流可转换成电压信号输入记录仪进行记录。

14.2.2 差热分析

1. 基本原理

差热分析(differential thermal analysis，DTA)是在程序控温下，测量物质与参比物之间温度差随温度或时间变化的一种技术。根据国际热分析协会规定，DTA 曲线放热峰向上，吸热峰向下，灵敏度单位为微伏(μV)。图 14-3 为典型的 DTA 曲线。

物质在加热过程中，由于脱水、分解或相变等物理化学变化，经常会产生吸热或放热效应。差热分析就是通过精确测定物质加热（或冷却）过程中伴随物理化学变化的同时产生热效应的大小以及产生热效应时所对应的温度，来达到对物质进行定性、定量分析的目的。

差热分析是将试样与参比物质（参比物质在整个实验温度范围内不应有任何热效应，其导热系数、比热容等物理参数尽可能与试样相同，也称惰性物质、标准物质或

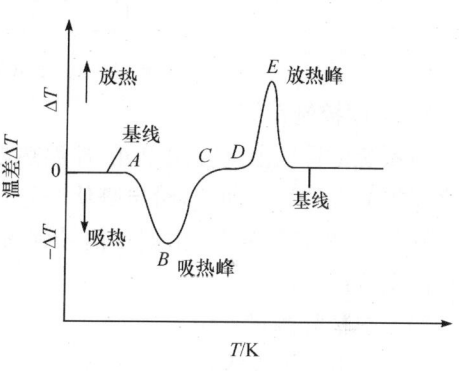

图 14-3 典型的 DTA 曲线

中性物质）置于差热电偶的热端所对应的两个样品座内，在同一温度场中加热。当试样加热过程中产生吸热或放热效应时，试样的温度就会低于或高于参比物质的温度，差热电偶的冷端就会输出相应的差热电位。如果试样加热过程中无热效应产生，则差热电位为零。通过检流计偏转与否检测差热电位的正负，可推知是吸热或放热效应。在与参比物质对应的热电偶的冷端连接温度指示装置，可检测出物质发生物理、化学变化时所对应的温度。

2. DTA 曲线中的吸热与放热过程

(1) 矿物的脱水：矿物脱水时表现为吸热。
(2) 相变：物质在加热过程中所产生的相变或多晶转变多数表现为吸热。
(3) 物质的化合与分解：物质在加热过程中化合生成新矿物表现为放热，而物质的分解表现为吸热。

(4) 有机物的燃烧：金属有机配合物中有机物的分解燃烧过程表现为放热。

(5) 氧化与还原：物质在加热过程中发生氧化反应表现为放热，还原反应表现为吸热。

3. 仪器结构

差热分析仪主要由温度控制系统和差热信号测量系统组成，辅以气氛和冷却水通道，测量结果由记录仪或计算机数据处理系统处理，结构示意图如图 14-4 所示。

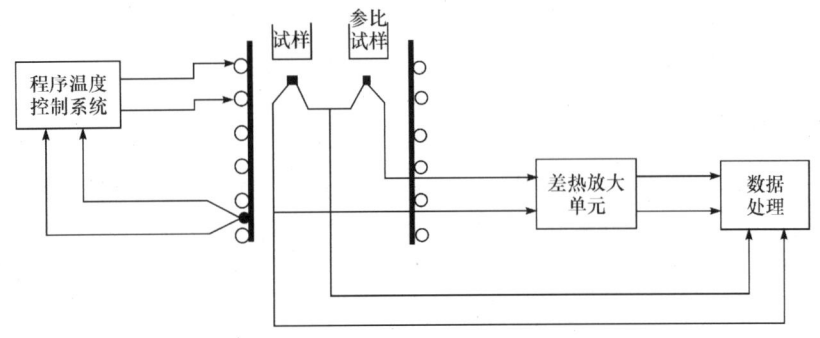

图 14-4　差热分析仪结构示意图

1) 温度控制系统

该系统由程序温度控制单元、控温热电偶及加热炉组成。程序温度控制单元可编程序模拟复杂的温度曲线，给出毫伏信号。当控温热电偶的热电位与该毫伏值有偏差时，说明炉温偏离给定值，由偏差信号调整加热炉功率，使炉温很好地跟踪设定值，产生理想的温度曲线。

2) 差热信号测量系统

该系统由差热传感器、差热放大单元等组成。差热传感器即样品支架，由一对差接的点状热电偶和四孔氧化铝杆等装配而成，测定时将试样与参比物（常用 $\alpha\text{-}Al_2O_3$）分别放在两个坩埚中，置于样品杆的托盘上，然后使加热炉按一定速度（如 10 ℃·min^{-1}）升温。如果试样在升温过程中没有热反应（吸热或放热），则其与参比物之间的温差 $\Delta T=0$；如果试样产生相变或气化则吸热，产生氧化分解则放热，从而产生温差 ΔT，将 ΔT 所对应的电位差放大并记录，便得到差热曲线。各种物质物理特性不同，因此表现出其特有的差热曲线。

其中，加热炉依据测量的温度范围不同有低温型、中温型、高温型。差热电偶是把材质相同的两个热电偶的相同极连接在一起，另外两个极作为差热电偶的输出极输出差热电位。

14.2.3　综合热分析 TG-DTA

1. 简介

科学技术的发展要求在相同的实验条件下，尽可能多的获得表征材料特性的各种信息，以便于对比分析并作出比较正确的判断。因此，仪器的综合化是分析仪器发展的一个方向。

为适应科学研究及生产实践的需要，热分析法也有必要把各个单独的仪器(如差热分析、失重分析等)组合在一起，在相同的实验条件下得到关于试样热变化的各种信息，这就是综合热分析 TG-DTA。它能同时记录差热曲线及热重曲线。

2. 综合热分析 TG-DTA 的谱图分析

(1) 当产生吸热效应并伴有质量损失时，可能是物质脱水或分解；当有放热效应并伴有质量增加时，为氧化过程。

(2) 当有吸热效应而无质量变化时，为晶形转变；当有吸热效应并有体积收缩时，也可能是晶形转变。

(3) 当产生放热效应并伴有收缩时，可能有新物质生成。

(4) 当没有明显的热效应，开始收缩或从膨胀转为收缩时，表示烧结开始(因化合物熔化时需要吸收潜热，而表观温度处于相对稳定状态)。收缩越大，表示烧结进行得越剧烈。

3. Diamond TG-DTA 的主要技术指标

(1) 卧式差动平衡法，最大 200 mg。
(2) 温度范围：室温至 1500 ℃。
(3) 升温速度范围：0.01~100 ℃·min^{-1}。
(4) 气体流量：最大 1000 mL·min^{-1}。

4. Diamond TG-DTA 的工作原理

Diamond TG-DTA 综合热分析仪可在程序控制温度下，同时测定试样质量和热焓随温度的变化。因试样置于相同的热处理及环境条件下，TG-DTA 综合热分析仪所测得的 ΔG 和 ΔT 具有严格的可比性和准确一致的结果，消除了 TG 和 DTA 单独测试时因试样不均匀及气氛等因素带来的影响。

5. Diamond TG-DTA 的结构特点

(1) 热天平采用差示双天平梁设计原理，克服了实验中梁的增长变化、清洁气体气流变化以及浮力等因素的影响。

(2) TG 测定非常稳定，因为参比梁补偿测定中的变化，室温到 1000 ℃ 热重漂移仅为 ± 2 μg。

(3) DTA 测量热电偶接点设在热重每个平台下。

(4) 小炉体设计，控温精确，升温速率可达 100 ℃·min^{-1}。

6. Diamond TG-DTA 的功能与优点

(1) 热重和差热信息同时给出，提供更好的数据说明和结果的一致性。

(2) 热天平采用水平双天平梁设计,浮力效应、对流效应、烟囱效应极小,提供突出的稳定性。

(3) DTA(μV)可转换为DSC(mW),提供更好的数据说明。

(4) 自动分步TGA,提供卓越的分辨率和更好的成分分析。

(5) 热天平采用水平设计,可允许大流气体流入(1000 mL·min^{-1}),对于清除含油挥发物非常理想。同时适用于联用技术 TGA-IR 和 TGA-MS,对逸出气体进行分析。

7. Diamond TG-DTA 的主要应用

Diamond TG-DTA 可用于科学研究、产品开发、质量控制等各个领域,适用于无机材料(如陶瓷、合金、矿物、建材等)、有机高分子材料(如塑料、橡胶、涂料、油脂等)、食品、药物及催化反应和各种固液态试样,可以获得以下重要信息:组分分析、热稳定性、添加剂含量、分解温度、分解动力学、脱酸、脱水、氧化还原反应、非均相催化反应、氧化诱导期、熔点、反应热,与红外、质谱联用,对逸出气体进行定性、定量分析。

14.3 实验部分

实验51 热重和差热分析

一、实验目的

(1) 熟悉 Diamond TG-DTA 的操作方法。

(2) 用综合热分析仪对 $CuSO_4 \cdot 5H_2O$ 晶体进行热重及差热分析,并定性分析所测的 TG-DTA 谱图。

二、实验原理

当物质受热时,发生化学反应,质量也随之改变,测定物质质量的变化就可研究其过程。热重分析是在程序控制温度下,测量物质质量与温度关系的一种技术。热重分析的主要特点是定量强,能准确测量物质的变化和变化的速率。

物质在加热过程中,由于脱水、分解或相变等物理化学变化,经常会产生吸热或放热效应。差热分析就是通过精确测定物质加热(或冷却)过程中伴随物理化学变化的同时产生热效应的大小以及产生热效应时所对应的温度,从而达到对物质进行定性、定量分析的目的。结晶硫酸铜分三阶段脱水:

$$CuSO_4 \cdot 5H_2O \longrightarrow CuSO_4 \cdot 3H_2O + 2H_2O \uparrow \quad (1)$$

$$CuSO_4 \cdot 3H_2O \longrightarrow CuSO_4 \cdot H_2O + 2H_2O \uparrow \quad (2)$$

$$CuSO_4 \cdot H_2O \longrightarrow CuSO_4 + H_2O \uparrow \quad (3)$$

第一次理论失重率为 $2 \times M_{H_2O}/M_{CuSO_4 \cdot 5H_2O} = 14.4\%$;第二次理论失重率为 14.4%;第三次理论失重率为 7.2%;理论固体剩余量为 63.9%,总水量为 36.1%。

三、仪器及试剂

1. 仪器

Diamond TG-DTA；氧化铝坩埚；镊子；小药匙。

2. 试剂

$CuSO_4 \cdot 5H_2O$(A.R.)；参比物 α-Al_2O_3。

四、实验步骤

(1) 打开保护气开关，调整气体流量计，使测试用气氛稳定至样品所需流量。

(2) 依次打开稳压器电源、综合热分析仪上"Open/Close"键，并使其预热 10~15 min。

(3) 启动计算机主机，点击计算机桌面上的 Pyris Manager 图标。

(4) 单击 Diamond TG/DTA 图标启动操作软件，设定相关程序。在 sample info 中输入样品名称，in initial state 中输入待测样品的起始温度值。在 program 中输入待测样品的终了温度值以及升温速率数值。

(5) 按主机上"Open/Close"键，把炉子打开，用镊子将装有参比物 α-Al_2O_3(10 mg 左右)的铝坩埚轻轻放在炉子的左侧检测杆上，将另一同样质量的空铝坩埚轻轻放在炉子的右侧检测杆上，然后再按"Open/Close"键，把炉子关上，之后按主机上"Zero"键可以清零，清零之后再将炉子打开，把右侧的坩埚拿出来，用小药匙放入少量（10 mg 左右）$CuSO_4 \cdot 5H_2O$ 晶体，样品颗粒尽量细小、均匀，并且最好平铺在坩埚底部。再将其重新放入炉内的右侧检测杆上，将炉子关上，然后操作连接的计算机程序。

(6) 在 sample info 中进行样品的称量，计算机自动记录样品质量。返回软件操作主页面，按"Start"键，炉子开始加热。计算机自动绘出相应的 TG-DTA 曲线。绿线为温度，红线为差热，蓝线为热重。当热分实验结束，计算机提示实验正常结束，这时可以从测量程序直接进入分析程序。

(7) 实验操作结束后，依次关掉计算机、稳压器、热重分析仪、气体流量计等。

五、结果处理

(1) 由所测得的 DTA 曲线，测量各峰的起始温度和峰温，并分析由热效应而产生的谱峰原因。

(2) 依据所测得的 TG 曲线，解释各个台阶产生的原因，并由失重率推断 $CuSO_4 \cdot 5H_2O$ 的热分解反应机理。

六、注意事项

(1) 电源要稳定接地。

(2) 换保险丝时,要拔掉总电源。

(3) 称量时坩埚一定要保证干净,否则不仅影响导热,而且坩埚残余物在受热过程中也会发生物理化学变化,影响实验结果的精确性。

(4) 样品用量一定要适度,对于本实验只需 10 mg 左右。

(5) 坩埚要轻拿轻放,一定要小心,取放坩埚时,一定要将样品托板移过来,以免异物掉入炉内。

七、思考题

(1) 影响本次实验的主要因素有哪些?

(2) 结合具体研究工作,思考 TG-DTA 可提供哪些方面的有用信息。

第15章 核磁共振波谱分析法

15.1 基本原理

核磁共振波谱(nuclear magnetic resonance spectroscopy,NMR)属于吸收光谱分析法,与紫外-可见吸收光谱和红外吸收光谱等分析法的不同之处在于待测物必须置于强磁场中,研究其具有磁性的原子核对射频辐射(4~600 MHz)的吸收。1946年,第一台核磁共振仪问世,此后脉冲技术和计算技术的引入,发展成脉冲傅里叶变换 NMR,使 NMR 从丰核(主要是 ^{1}H)的测量向稀核,尤其是 ^{13}C 核发展,极大地方便了有机分子结构的测定。随着核磁共振仪磁场从低强度发展到高强度,从单一的简单图谱发展成多维、多量子跃迁技术,为研究复杂的生物大分子结构、构象及其性能提供了有力的武器。从液体 NMR 发展了测定固态材料结构的固体高分辨率的 NMR。该法不仅广泛应用于各种有机及无机化合物分子的结构分析,与元素分析仪、紫外及红外吸收光谱、质谱等方法配合使用,可推断蛋白质等生物分子的结构,还能对反应的动态过程进行跟踪,进而了解反应机理,在化学、生物、食品、医学等领域中得到广泛应用。

15.1.1 原子核的自旋

一些原子核和电子一样有自旋现象,因而具有自旋角动量以及相应的自旋量子数。由于原子核是具有一定质量的带正电荷的粒子,故在自旋时会产生核磁矩。核磁矩和角动量都是矢量,它们的方向相互平行,且磁矩与角动量成正比,即

$$\mu = \gamma p \tag{15-1}$$

式中,γ 为磁旋比(magnetogyric ratio),单位 $rad \cdot T^{-1} \cdot s^{-1}$,即核磁矩与核的自旋角动量的比值,不同的核具有不同的磁旋比,它是磁核的一个特征值;μ 为磁矩,用核磁子表示,1 核磁子单位等于 5.05×10^{-27} J $\cdot T^{-1}$;p 为角动量,其值是量子化的,可用自旋量子数表示:

$$p = \sqrt{I(I+1)} \times \frac{h}{2\pi} \tag{15-2}$$

式中,h 为普朗克常量,6.63×10^{-34} J·s;I 为自旋量子数,与原子的质量数及原子序数有关,如表 15-1 所示。

表 15-1 各种核的自旋量子数

质子数 A	原子序数 Z	自旋量子数 I	NMR 信号	原子核
偶数	偶数	0	无	$^{12}_{6}C, ^{16}_{8}C, ^{32}_{16}C$
奇数	奇数或偶数	$\frac{1}{2}$	有	$^{1}_{1}H, ^{13}_{6}C, ^{19}_{9}F, ^{15}_{7}N, ^{31}_{15}P$

续表

质子数 A	原子序数 Z	自旋量子数 I	NMR信号	原子核
奇数	奇数或偶数	$\frac{3}{2},\frac{5}{2}$	有	$_{8}^{17}O, _{16}^{33}S$
偶数	奇数	1,2,3	有	$_{1}^{2}H, _{7}^{14}N$

当 $I=0$ 时，$p=0$，原子核没有磁矩，没有自旋现象；当 $I>0$ 时，$p\neq 0$，原子核磁矩不为零，有自旋现象。

15.1.2 核磁共振现象

具有自旋的核如果处于外磁场中，由于磁性的相互作用，核磁矩相对外加磁场就会有 $2I+1$ 个取向或能级状态，每一种取向可由一个磁量子数 m 表示，它是不连续的量子化能级。m 与核的自旋量子数 I 的关系为 $m=I,I-1,I-2,\cdots,-I$。

虽然 $I\neq 0$ 的核都有磁矩以及自旋现象，理论上在一定条件下都能引起磁共振，但共振反映的信号有差别。研究表明，只有 $I=\frac{1}{2}$ 情况下的核，其核电荷呈球形均匀分布于核表面，核磁共振时能得到有用的信号；其他情况下的核，其核电荷呈非球形分布于核表面，在核磁共振中得到的信号过于复杂，无法利用。因此，I 值是表征原子核的重要的物理量，它决定原子核的自旋、角动量和磁矩的有无，也决定原子核电荷的分布、核磁共振的特性以及原子核在外磁场作用下能级分裂的数目等。到目前为止，只有 $I=\frac{1}{2}$ 的核磁共振谱在分析中得到应用，其中以 ^1H、^{13}C 研究最多，应用最为广泛。

对于 $I=\frac{1}{2}$ 的核（如 ^1H、^{13}C），在外加磁场作用下能级会发生分裂，自旋轴只有两种取向，即 $m=+\frac{1}{2}$ 和 $m=-\frac{1}{2}$。前者相当于自旋轴与外磁场方向一致，为能量较低的状态 E_1［图 15-1(a)］；后者相当于自旋轴与外磁场逆向，为能量较高的状态 E_2［图 15-1(b)］。两种取向间的能量差 ΔE 与核磁矩 μ 有关，也和外磁场强度 B_0 有关，可以表示为

$$\Delta E = E_2 - E_1 = 2\mu B_0 \quad (15\text{-}3)$$

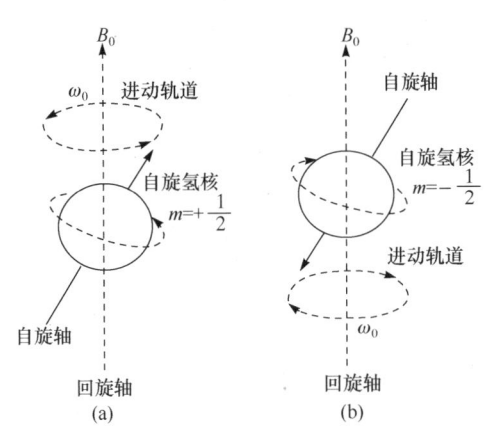

图 15-1　自旋轴在外磁场中的两种取向示意图

由于在外磁场作用下，具有磁性的原子核自旋能级裂分产生能级差，原子核从低能级向高能级跃迁时就必须吸收 $2\mu B_0$ 的能量，如图 15-2 所示。

在外磁场中的核，除自旋外，还同时存在一个以外磁场方向为轴线的回旋，称为进

动(precession)或拉莫尔进动(Larmor precession),如图 15-1 所示。自旋核的进动频率与外磁场的磁感应强度成正比,可用拉莫尔方程表示:

$$\omega_0 = 2\pi\nu_0 = \gamma B_0 \tag{15-4}$$

它与外磁场的磁感应强度成正比;ν_0 为进动频率,单位 MHz;B_0 为磁感应强度,单位 T。由式(15-4)可得

$$\nu_0 = B_0 \frac{\gamma}{2\pi} \tag{15-5}$$

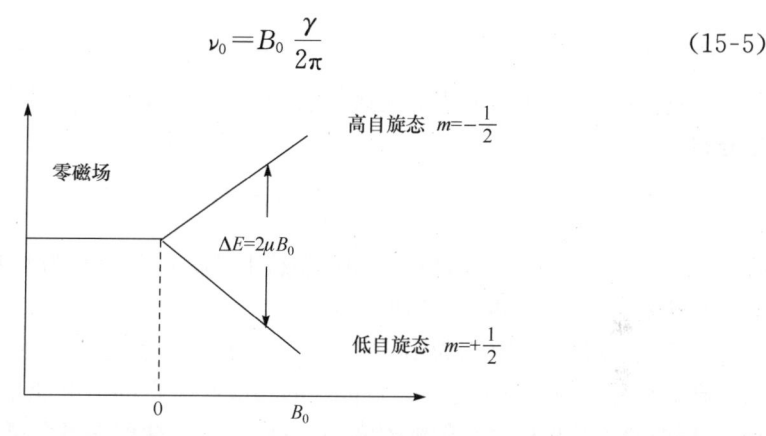

图 15-2　外磁场作用下核自旋能级的裂分示意图

在给定的磁场强度下,核的进动频率是一定的,用具有一定能量的电磁波(相当于射频范围)照射核,若对应的能量符合:

$$h\gamma_0 = \Delta E = B_0 \frac{\gamma}{2\pi} h \tag{15-6}$$

进动核便与光子相互作用,满足共振条件,此时体系会有效地吸收射频能量,使磁矩在外磁场中的取向逆转,核从低能级跃迁到高能级而产生核磁共振信号,此过程就是核磁共振吸收。对于不同的核,磁旋比 γ 不同,发生共振的频率不同,据此可以鉴别各种元素及同位素。例如,用核磁共振法可测定重水中 H_2O 的含量。虽然 D_2O 和 H_2O 的化学性质十分相似,但两者的核磁共振频率却相差很大。表 15-2 列举了不同核共振时对应的 ν_0 和 B_0。对于相同的核,磁旋比 γ 相同,当磁感应强度一定时,共振频率也一定;当磁感应强度改变时,体系共振频率 ν 也改变。因此,用同一台仪器研究多种不同类型的核是有可能的,既可固定磁场,对频率进行扫描(扫频);也可以保持频率不变,改变外加磁场进行扫描(扫场)的方法来达到共振吸收。

表 15-2　数种磁性核的磁旋比及共振时 γ_0 和 B_0 的相应值

同位素	$\gamma_0 (\omega_0/B_0)$	ν_0/MHz	
	1.0×10^8 rad·T^{-1}·s^{-1}	$B_0=1.4092$ T	$B_0=2.350$ T
^{1}H	2.68	60.0	100
^{2}H	0.411	9.21	15.4
^{13}C	0.675	15.1	25.2

续表

同位素	$\gamma_0(\omega_0/B_0)$	ν_0/MHz	
	1.0×10^8 rad·T^{-1}·s^{-1}	$B_0=1.4092$ T	$B_0=2.350$ T
^{19}F	2.52	56.4	94.2
^{31}P	1.086	24.3	40.5
^{203}Tl	1.528	34.2	57.1

一定温度下,原子核处于低能级与高能级上的核数目达到热动平衡,且满足玻耳兹曼分布:

$$\frac{N_i}{N_0}=e^{-\Delta E/kT} \tag{15-7}$$

式中,N_i 和 N_0 分别为处于高能级和低能级上的核总数;ΔE 为两能级之间的能量差;k 为玻耳兹曼常量;T 为热力学温度。

由于磁能级差很小(约为 1.0×10^{-26} J 数量级),室温下处于低能级的核数目仅比处于高能级的多约十万分之一。低能级的核吸收一定的射频能量后,便被激发到高能级上,同时给出共振信号。但随着实验的进行,只占微弱多数的低能级核将越来越少,最后高能级与低能级上分布的核数目相等。此时,从低能级向高能级与从高能级向低能级跃迁的核数目相等,该体系的净能量吸收为零,共振信号消失,这种现象称为饱和。事实上,共振信号并未终止,因为处于高能级的核可通过非辐射途径释放能量及时返回低能级,从而使低能级的核始终维持多数。这种处于高能级的核通过非辐射途径而回到低能级的过程称为弛豫(relaxation)。弛豫过程分为两类:纵向弛豫(longitudinal relaxation)和横向弛豫(transverse relaxation)。

纵向弛豫又称自旋-晶格弛豫(spin-lattice relaxation),是指处于高能级的核将其能量转移给周围分子(固体为晶格,液体则为周围的溶剂分子或同类分子)变成热运动,而自己返回低能级的过程。由于体系内能量守恒,因此被转移的能量在晶格中变为平动动能和转动能。纵向弛豫可用弛豫时间 t_1 表征,它是处于高能级磁核寿命的量度。横向弛豫又称自旋-自旋弛豫(spin-spin relaxation),是指两个相邻核处于不同能级,进动频率相同,高能级与低能级核互相通过自旋状态的交换而实现能量转移的过程。此过程中,每种核自旋状态的总数以及两种能级上的核数目的比例不变,但某些高能级核的寿命减短了。横向弛豫以弛豫时间 t_2 表征。

根据海森堡(Heisenberg)不确定原理,激发态能量 ΔE 与体系处在激发态的平均时间成反比。ΔE 又与谱线的宽度 $\Delta \nu$ 存在以下关系:

$$\Delta E=h\Delta\nu \tag{15-8}$$

弛豫时间长,相当于停留在激发态的平均时间长,核磁共振信号的谱线窄;反之,谱线宽。在气体和低黏度液体中的弛豫过程属纵向弛豫,弛豫效率恰当,谱线窄。对于固体和黏滞液体样品,容易实现自旋-自旋弛豫,t_2 特别小,谱线宽。

必须指出,磁场的非均匀性对谱线宽度的影响甚至超过 t_1 和 t_2 的影响,这可从式(15-5)得到证实。因此,要求整个样品测试期间及整个样品区域保持磁场强度的变化小于 1.0×10^{-9} T,为此样品管必须高速旋转。

15.2 核磁共振波谱仪简介

核磁共振波谱仪结构如图 15-3 所示,主要由磁铁、射频发射器、射频接收器、记录仪、试样管和试样探头等组成。

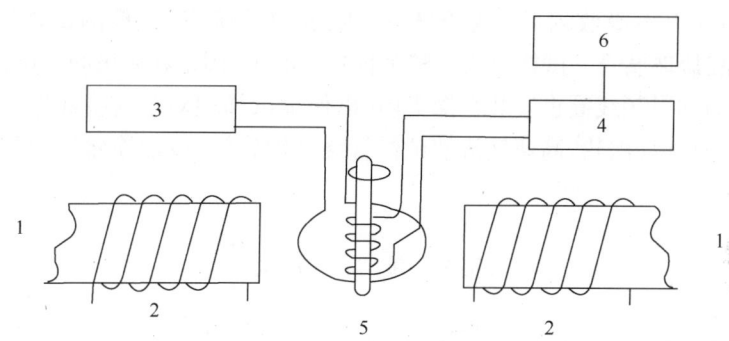

图 15-3 核磁共振波谱仪结构图
1-磁铁;2-扫描线圈;3-射频发射器;4-射频接收器及放大器;
5-试样管;6-记录仪或示波器

1. 磁铁

磁铁的作用在于产生一个均匀、稳定以及重现性较好的高强度磁场,其质量和强度决定了谱仪的灵敏度和分辨率。永久磁铁、电磁铁和超导磁体均可采用,为保证磁铁在足够大的范围内十分均匀,磁铁上备有特殊的绕组,以抵消磁场的不均匀性。磁铁上的扫描线圈在射频发射器的频率固定时,可以连续改变磁场强度的百万分之十几进行扫描。永久磁铁费用低、操作简便,但使用久了磁性易变化,且对外界温度敏感;电磁铁对温度不敏感,但要求电流十分稳定,需用冷却系统消除由于大电流通过而产生的热量;它们获得的磁场强度一般不能超过 2.4 T。为了得到更高的分辨率,使用超导磁体可获得高达 10~17.5 T 的磁场。

2. 射频发射器

射频发射器的作用是通过高频交变电流提供稳定的电磁辐射。射频振荡器的线圈垂直于磁场,产生频率与磁场强度相适应的射频振荡。^{1}H 核常用 60 MHz、90 MHz、100 MHz 固定振荡频率的质子磁共振仪。

3. 射频接收器和记录仪

射频接收器线圈在试样管的周围,并与发射器线圈和扫描线圈相垂直,当发射器发

生的频率 ν_0 与磁场强度 B_0 达到前述特定的组合时,试样就要发生共振而吸收能量,被接收器检出。由于信号很微弱,通过放大后由记录仪自动描记谱图。纵坐标表示共振信号强度,横坐标表示磁场强度、频率或化学位移。许多仪器备有自动积分仪,它能在记录纸上以阶梯形的曲线表示各组共振吸收峰面积,其大小与相应的核的数目成正比。

4. 试样管和试样探头

样品容器应由不吸收射频辐射的材料制成,用于研究 ^{1}H 核的试样管是外径约 5 mm 的硼硅酸盐玻璃管。试样探头是整个仪器的心脏,固定在磁极间。试样管插在探头内,接收线圈和射频线圈也安装在探头内,以保证试样相对于这些部件的位置不变。试样管顶部装有气动涡轮,高速气流使试样管绕其轴旋转,以消除磁场的非均匀性,提高谱峰的分辨率。

15.3 实 验 技 术

1. 样品的制备

测定时一般采用液态样品,固体样品需用合适的溶剂配成溶液,使其不含有未溶解的固体微粒、灰尘或顺磁性的杂质,且具有良好的流动性,常用惰性溶剂稀释,以避免谱线加宽。理想的溶剂要求不含被测的原子核,沸点低,对试样的溶解性能好,不与样品发生化学反应或缔合,且吸收峰不与样品峰重叠。CCl_4 无 ^{1}H 信号峰,价廉,是测定 ^{1}H 谱常用的溶剂,而在精细测定时,可采用氘代溶剂,如 D_2O、$CDCl_3$ 等。不同溶剂由于极性、溶剂化作用、氢键的形成等而具有不同的溶剂效应。

2. 标准参考样品

测定试样的 δ 必须用标准物质为参考,按加入的方式可分为外标(准)法和内标(准)法。外标法是将标准参考物装于毛细管中,再插入含被测试样的样品管内,同轴测定。内标法是将标准参考物直接加入样品中测量,以抵消磁化率的差别,内标法优于外标法。内标物应具有较高的化学惰性、易挥发、便于回收且有易于辨认的谱峰。对 ^{1}H 及 ^{13}C 谱,四甲基硅烷(TMS)是一种较理想的内标物,它有 12 个等价质子,只有一个尖锐的单峰。它的峰出现在高场,人为地规定其 δ 为零。一般化合物的谱峰常出现在它的左边,δ 为正值;若在其右边出峰,则 δ 为负值。TMS 化学惰性,沸点较低(26.5 ℃),易于回收。在高温操作时,则需改用六甲基二硅醚(HMDS)作为内标物。在 D_2O 作溶剂的样品测量时,由于 TMS 不溶于水,应选用 4,4-二甲基-4-硅代戊磺酸钠[DSS,$(CH_3)_3Si(CH_2)_3SO_3Na$]为内标物。测定不同核所用的内标物不同,如对于 ^{31}P 核,用 85% 磷酸。内标物的用量应视试样量而定,测 ^{1}H 用 TMS 为内标物时,一般制备 0.4 mL 约 10% 样品溶液,加 1%~2% TMS。

3. 谱图解析

从核磁共振图谱上可以获得三种主要的信息：①从化学位移判断核所处的化学环境；②从峰的分裂个数及偶合常数鉴别谱图中相邻的核，以说明分子中基团间的关系；③积分线的高度代表了各组峰面积，而峰面积与分子中相应的各种核的数目成正比，通过比较积分线高度可以确定各组核的相对数目。综合应用这些信息可以对所测定样品进行结构分析和鉴定，确定其相对分子质量，也可用于定量分析。但有时仅依据其本身的信息来对试样结构进行准确判断是不够的，还要与其他方法相结合。

15.4 实 验 部 分

实验 52 核磁共振波谱分析法测定苯佐卡因

一、实验目的

（1）了解核磁共振波谱仪的基本结构和工作原理。
（2）学习核磁共振波谱仪的使用方法。
（3）学习有机化合物核磁共振波谱图的解析。

二、实验原理

核磁共振波谱分析法是有机化合物结构鉴定的重要方法之一，它能提供化学位移、偶合常数和裂分峰个数、积分曲线高度比等三方面的信息。通过对这些信息的综合解析可以推测被测化合物有何种含氢基团、基团的个数、基团所处的环境、基团之间的连接次序等，从而推测出被测化合物的结构。

有机化合物中的—OH、—NH_2 等是常见的带活泼氢的基团，在溶液中活泼氢能发生交换反应。如果在一个含有—OH 基团的样品溶液中滴加一滴重水（D_2O），则会发生下列交换反应：

$$ROH + D_2O \rightleftharpoons ROD + DOH$$

使原来 OH 产生的信号消失。利用这一性质很容易将活泼氢与一般碳氢基团产生的核磁共振信号区别开来。另外，—OH、—NH_2 等基团还能形成氢键，随着测定条件（如温度、浓度等）的不同，—OH、—NH_2 等基团的化学位移在一个比较大的范围内变动。

三、仪器和试剂

1. 仪器

核磁共振波谱仪；ϕ5 mm 核磁共振样品管；滴管；不锈钢样品勺；小试管刷等。

2. 试剂

苯佐卡因，氘代氯仿（含 1% TMS，或四氯化碳和浓度约为 10% TMS 的四氯化碳溶液);重水;混合标样管(内含 TMS、环己烷、丙酮、二氧六环、二氯甲烷、三氯甲烷 6 个组分)。

四、实验方法

(1) 样品配制:将 10 mg 左右的苯佐卡因样品小心装入 ϕ5 mm 核磁共振样品管中,然后加入 0.5 mL 氘代氯仿溶液(或加 0.5 mL 四氯化碳再加 1 滴 TMS 溶液),盖好盖子振荡使样品完全溶解。然后将样品管插入核磁台的样品管储槽。

(2) 仪器状态检查:按所用仪器的操作说明将混合标样管放入探头内检查仪器状态。如果在 CRT 出现 6 个吸收信号,且信号较好或用记录仪能记录到 6 个尖锐的吸收峰,说明仪器状态良好,否则重新调节仪器的状态。

(3) 苯佐卡因样品的 HNMR 测绘:将样品管放入探头,按操作说明依次测绘样品的核磁共振吸收曲线和积分曲线。在谱图上标明样品名称、实验条件、日期、操作者姓名等。

(4) 在上述样品中加 1 滴重水剧烈振荡后再记录一张 HNMR 谱图。

五、谱图处理和解析

(1) 根据谱图将各组峰的化学位移值、峰裂分情况以及积分曲线高度列入表 15-3,并将积分曲线高度转换成质子数。

表 15-3 苯佐卡因的核磁共振氢谱的信息及归属

峰号	化学位移	积分线高度	质子数	峰裂分状况	归属
1					
2					
3					
4					
5					

(2) 根据苯佐卡因的结构对上述吸收峰进行指认(将各组峰与被测化合物中的相关基团一一对应起来),将指认结果填入表 15-3 中"归属"一栏。

(3) 比较两张 HNMR 实验谱图,说明产生变化的原因。

六、注意事项

(1) 核磁共振波谱仪是大型精密仪器,使用时必须严格按照操作说明。出现异常情况及时报告指导教师,切勿擅自处理,以防损坏仪器。

(2) 核磁共振波谱仪状态的调试是测得高质量谱图的关键。通常核磁共振波谱仪是处于较好的工作状态。但因环境(如实验室的温度)的变化或样品所用的溶剂不同等原因,仪器会偏离最佳工作状态,此时只需在原有基础上对仪器作一些微调。

(3) 温度变化会引起磁场漂移,所以每测一个样品都必须检查 TMS 零点。

（4）测定完毕,样品溶液倒入废液瓶。用少量乙醇多次洗涤样品管,直至残留样品完全除去。然后用小试管刷蘸洗涤液清洗,再依次用自来水、蒸馏水各洗三次,放入烘箱内烘干样品管。盖子集中放入小烧杯内,用乙醇浸泡洗涤后晾干。

（5）样品管十分脆弱,配样、洗涤时应轻拿轻放。

七、思考题

（1）核磁共振波谱仪中磁铁起什么作用？

（2）自旋裂分是什么原因引起的？它在结构解析中有什么作用？

（3）请具体讨论从积分曲线高度转换成质子数时应注意哪些问题。

参 考 文 献

陈国珍,等.1983.紫外-可见分光光度法.北京:原子能出版社
陈国珍,等.1990.荧光分析法.2版.北京:科学出版社
陈培榕,等.2006.现代仪器分析实验与技术.2版.北京:清华大学出版社
董慧茹,柯以侃.2000.仪器分析.北京:化学工业出版社
高向阳.2013.新编仪器分析.4版.北京:科学出版社
黄量,于德泉.2000.紫外光谱在有机化学中的应用.北京:科学出版社
黄贤智,许金钩,李耀群.1987.同步荧光法同时测定色氨酸、酪氨酸和苯丙氨酸.分析化学,15(3):
　199-201
张剑荣,等.2009.仪器分析实验.2版.北京:科学出版社
朱明华,胡坪.2009.仪器分析.4版.北京:高等教育出版社

附 录

附录 1　常见有机化合物的特征红外吸收

1. 烷烃

饱和烷烃 IR 光谱主要由 C—H 键的骨架振动引起,而其中以 C—H 键的伸缩振动最为有用。在确定分子结构时,也常借助 C—H 键的变形振动和 C—C 键骨架振动吸收。烷烃有以下四种振动吸收。

(1) σ_{C-H}:在 2975~2845 cm^{-1} 范围,包括甲基、亚甲基和次甲基的对称与不对称伸缩振动。

(2) δ_{C-H}:在 1460 cm^{-1} 和 1380 cm^{-1} 处有特征吸收,前者是甲基和亚甲基 C—H 的 σ_{as},后者是甲基 C—H 的 σ_s。1380 cm^{-1} 峰对结构敏感,对于识别甲基很有用。共存基团的电负性对 1380 cm^{-1} 峰位置有影响,相邻基团电负性越强,越移向高波数区。例如,在 CH_3F 中此峰移至 1475 cm^{-1}。

异丙基:1380 cm^{-1} 裂分为 1385 cm^{-1}、1375 cm^{-1} 两个强度几乎相等的峰。

叔丁基:1380 cm^{-1} 裂分为 1395 cm^{-1}、1370 cm^{-1} 两个峰,后者强度差不多是前者的两倍,在 1250 cm^{-1}、1200 cm^{-1} 附近出现两个中等强度的骨架振动。

(3) σ_{C-C}:在 1250~800 cm^{-1} 范围内,因特征性不强,用处不大。

(4) γ_{C-H}:分子中具有—$(CH_2)_n$—链节,$n \geqslant 4$ 时,在 722 cm^{-1} 有一个弱吸收峰,随着 CH_2 个数的减少,吸收峰向高波数方向位移,由此可推断分子链的长短。

2. 烯烃

烯烃中的特征峰由 C=C—H 键的伸缩振动以及 C=C—H 键的变形振动引起。烯烃分子主要有三种特征吸收。

(1) $\sigma_{C=C-H}$:烯烃双键上的 C—H 键伸缩振动在 3000 cm^{-1} 以上,末端双键氢 \C=CH$_2$ 在 3075~3090 cm^{-1} 有强峰,最易识别。

(2) $\sigma_{C=C}$:吸收峰的位置在 1670~1620 cm^{-1}。随着取代基的不同,$\sigma_{C=C}$ 吸收峰的位置有所不同,强度也发生变化。

(3) $\delta_{C=C-H}$:烯烃双键上的 C—H 键面内弯曲振动在 1500~1000 cm^{-1},对结构不敏感,用途较少;而面外摇摆振动吸收最有用,在 1000~700 cm^{-1} 范围内,该振动对结构敏感,其吸收峰特征性明显,强度也较大,易于识别,可据此判断双键取代情况和构型。

RHC=CH_2:995~985 cm^{-1}(=CH,s)、915~905 cm^{-1}(=CH_2,s)。

R^1R^2C=CH_2：$895 \sim 885 \text{ cm}^{-1}$(s)。

顺-R^1CH=CHR^2：$\sim 690 \text{ cm}^{-1}$；反-R^1CH=CHR^2：$980 \sim 965 \text{ cm}^{-1}$(s)。

R^1R^2C=CHR^3：$840 \sim 790 \text{ cm}^{-1}$(m)。

3. 炔烃

在 IR 光谱中，炔烃基团很容易识别，它主要有三种特征吸收。

(1) $\sigma_{C\equiv C-H}$：该振动吸收非常特征，吸收峰位置在 $3300 \sim 3310 \text{ cm}^{-1}$，中等强度。$\sigma_{N-H}$ 值与 σ_{C-H} 值相同，但前者为宽峰，后者为尖峰，易于识别。

(2) $\sigma_{C\equiv C}$：一般 C≡C 键的伸缩振动吸收都较弱。一元取代炔烃 RC≡CH 的 $\sigma_{C\equiv C}$ 出现在 $2140 \sim 2100 \text{ cm}^{-1}$，二元取代炔烃在 $2260 \sim 2190 \text{ cm}^{-1}$，当两个取代基的性质相差太大时，炔化物极性增强，吸收峰的强度增大。当 C≡C 处于分子的对称中心时，$\sigma_{C\equiv C}$ 为红外非活性。

(3) $\sigma_{C\equiv C-H}$：炔烃变形振动发生在 $680 \sim 610 \text{ cm}^{-1}$。

4. 芳烃

芳烃的红外吸收主要为苯环上的 C—H 键及环骨架中的 C=C 键振动引起。芳香族化合物主要有三种特征吸收。

(1) σ_{Ar-H}：芳环上 C—H 吸收频率在 $3100 \sim 3000 \text{ cm}^{-1}$ 附近，有较弱的三个峰，特征性不强，与烯烃的 $\sigma_{C=C-H}$ 频率相近，但烯烃的吸收峰只有一个。

(2) $\sigma_{C=C}$：芳环的骨架伸缩振动正常情况有四条谱带，约为 1600 cm^{-1}、1585 cm^{-1}、1500 cm^{-1}、1450 cm^{-1}，这是鉴定有无苯环的重要标志之一。

(3) δ_{Ar-H}：芳烃的 C—H 变形振动吸收出现在两处。$1275 \sim 960 \text{ cm}^{-1}$ 为 δ_{Ar-H}，由于吸收较弱，易受干扰，用处较小。另一处是 $900 \sim 650 \text{ cm}^{-1}$ 的 δ_{Ar-H}，吸收较强，是识别苯环上取代基位置和数目的极重要的特征峰。取代基越多，δ_{Ar-H} 频率越高，若在 $1600 \sim 2000 \text{ cm}^{-1}$ 有锯齿状倍频吸收（C—H 面外和 C=C 面内弯曲振动的倍频或组频吸收），是进一步确定取代苯的重要旁证。

苯：670 cm^{-1}(s)。

单取代苯：$770 \sim 730 \text{ cm}^{-1}$(vs)，$710 \sim 690 \text{ cm}^{-1}$(s)。

1,2-二取代苯：$770 \sim 735 \text{ cm}^{-1}$(vs)。

1,3-二取代苯：$810 \sim 750 \text{ cm}^{-1}$(vs)，$725 \sim 680 \text{ cm}^{-1}$(m~s)。

1,4-二取代苯：$860 \sim 800 \text{ cm}^{-1}$(vs)。

5. 卤化物

随着卤素原子相对原子质量的增加，σ_{C-X} 降低，如 C—F($1100 \sim 1000 \text{ cm}^{-1}$)、C—Cl($750 \sim 700 \text{ cm}^{-1}$)、C—Br($600 \sim 500 \text{ cm}^{-1}$)、C—I($500 \sim 200 \text{ cm}^{-1}$)。此外，C—X 吸收峰的频率容易受到邻近基团的影响，吸收峰位置变化较大，尤其是含氟、含氯的化合物变化更大，而且用溶液法或液膜法测定时，常出现不同构象引起的几个伸缩吸收带。因此IR光谱对含卤素有机化合物的鉴定受到一定限制。

6. 醇和酚

醇和酚类化合物有相同的羟基,其特征吸收是O—H键和C—O键的振动频率。

(1) σ_{O-H}:一般在3670~3200 cm^{-1}。游离羟基吸收出现在3640~3610 cm^{-1},峰形尖锐,无干扰,极易识别(溶剂中微量游离水吸收位于3710 cm^{-1})。OH是强极性基团,因此羟基化合物的缔合现象非常显著,羟基形成氢键的缔合峰一般出现在3550~3200 cm^{-1}。

1,2-环戊二醇(顺式异构体):0.005 mol·L^{-1}(CCl$_4$) 3633 cm^{-1}(游离),3572 cm^{-1}(分子内氢键);0.04 mol·L^{-1}(CCl$_4$) 3633 cm^{-1}(游离),3572 cm^{-1}(分子内氢键)~3500cm^{-1}(分子间氢键)。

(2) σ_{C-O}和δ_{O-H}:C—O键伸缩振动和O—H面内弯曲振动在1410~1100 cm^{-1}处有强吸收,当无其他基团干扰时,可利用σ_{C-O}的频率了解羟基的碳链取代情况(伯醇在1050 cm^{-1},仲醇在1125 cm^{-1},叔醇在1200 cm^{-1},酚在1250 cm^{-1})。

7. 醚和其他化合物

醚的特征吸收带是C—O—C不对称伸缩振动,出现在1150~1060 cm^{-1}处,强度大,C—C骨架振动吸收也出现在此区域,但强度弱,易于识别。醇、酸、酯、内酯的σ_{C-O}吸收在此区域,故很难归属。

8. 醛和酮

醛和酮的共同特点是分子结构中都含有C=O,$\sigma_{C=O}$在1750~1680 cm^{-1}范围内,吸收强度很大,这是鉴别羰基的最明显的依据。临近基团的性质不同,吸收峰的位置也有所不同。羰基化合物存在下列共振结构:

$$\underset{A}{X-\overset{\overset{O}{\|}}{C}-Y} \longleftrightarrow \underset{B}{X-\overset{\overset{O^-}{|}}{\underset{+}{C}}-Y}$$

C=O键有着双键性强的结构A和单键性强的结构B两种结构。共轭效应使$\sigma_{C=O}$吸收峰向低波数方向移动,吸电子的诱导效应使$\sigma_{C=O}$的吸收峰向高波数方向移动。α,β-不饱和羰基化合物由于不饱和键与C=O共轭,因此C=O键的吸收峰向低波数移动。

	RCH=CHCOR′	RCHClCOR′
$\sigma_{C=O}$	1685~1665 cm^{-1}	1745~1725 cm^{-1}

	苯乙酮	对氨基苯乙酮	对硝基苯乙酮
$\sigma_{C=O}$	1691 cm^{-1}	1677 cm^{-1}	1700 cm^{-1}

σ_{O-C-H}一般在 2700~2900 cm^{-1},通常在~2820 cm^{-1}、~2720 cm^{-1}附近各有一个中等强度的吸收峰,可以用来区别醛和酮。

9. 羧酸

(1) σ_{O-H}:游离的 O—H 在~3550 cm^{-1},缔合的 O—H 在 3300~2500 cm^{-1},峰形宽而散,强度很大。

(2) $\sigma_{C=O}$:游离的 C=O 一般在~1760 cm^{-1}附近,吸收强度比酮羰基的吸收强度大,但由于羧酸分子中的双分子缔合,C=O 的吸收峰向低波数方向移动,一般在 1725~1700 cm^{-1},如果发生共轭,则 C=O 的吸收峰移到 1690~1680 cm^{-1}。

(3) σ_{C-O}:一般在 1440~1395 cm^{-1},吸收强度较弱。

(4) δ_{O-H}:一般在 1250 cm^{-1}附近,是强吸收峰,有时会与 σ_{C-O} 重合。

10. 酯和内酯

(1) $\sigma_{C=O}$:在 1750~1735 cm^{-1}(饱和酯 $\sigma_{C=O}$ 位于 1740 cm^{-1}),受相邻基团的影响,吸收峰的位置会发生变化。

(2) σ_{C-O}:一般有两个吸收峰,1300~1150 cm^{-1} 和 1140~1030 cm^{-1}。

11. 酰卤

$\sigma_{C=O}$:由于卤素的吸电子作用,C=O 双键性增强,从而出现在较高波数处,一般在~1800 cm^{-1},如果有乙烯基或苯环与 C=O 共轭,会使 $\sigma_{C=O}$ 变小,一般在 1780~1740 cm^{-1}。

12. 酸酐

(1) $\sigma_{C=O}$:由于羰基的振动偶合,$\sigma_{C=O}$ 有两个吸收,分别在 1860~1800 cm^{-1} 和 1800~1750 cm^{-1},两个峰相距 60 cm^{-1}。

(2) σ_{C-O}:为一强吸收峰,开链酸酐的 σ_{C-O} 在 1175~1045 cm^{-1},环状酸酐在 1310~1210 cm^{-1}。

13. 酰胺

(1) $\sigma_{C=O}$:酰胺的第Ⅰ、Ⅱ、Ⅲ谱带,由于氨基的影响,$\sigma_{C=O}$ 向低波数位移,伯酰胺 1690~1650 cm^{-1},仲酰胺 1680~1655 cm^{-1},叔酰胺 1670~1630 cm^{-1}。

(2) σ_{N-H}:一般位于 3500~3100 cm^{-1},游离的伯酰胺位于~3520 cm^{-1} 和~3400 cm^{-1},形成氢键而缔合的位于~3350 cm^{-1} 和~3180 cm^{-1},均呈双峰;游离的仲酰胺位于~3440 cm^{-1},形成氢键而缔合的位于~3100 cm^{-1},均呈单峰;叔酰胺无此吸收峰。

(3) δ_{N-H}:酰胺的第Ⅱ谱带,伯酰胺 1640~1600 cm^{-1};仲酰胺 1500~1530 cm^{-1},强度大,非常特征;叔酰胺无此吸收峰。

(4) σ_{C-N}：酰胺的第Ⅲ谱带，伯酰胺 $1420\sim1400$ cm^{-1}，仲酰胺 $1300\sim1260$ cm^{-1}，叔酰胺无此吸收峰。

14. 胺

(1) σ_{N-H}：游离胺位于 $3500\sim3300$ cm^{-1}，缔合的位于 $3500\sim3100$ cm^{-1}。含有氨基的化合物无论是游离的氨基或缔合的氨基，其峰强都比缔合的 OH 峰弱，且谱带稍尖锐。由于氨基形成的氢键没有羟基的氢键强，因此当氨基缔合时，吸收峰的位置变化不如 OH 显著，引起向低波数方向位移一般不大于 100 cm^{-1}。伯胺 $3500\sim3300$ cm^{-1} 有两个中等强度的吸收峰(对称和不对称的伸缩振动吸收)，仲胺在此区域只有一个吸收峰，叔胺在此区域内无吸收。

(2) σ_{C-N}：脂肪胺位于 $1230\sim1030$ cm^{-1}，芳香胺位于 $1380\sim1250$ cm^{-1}。

(3) δ_{N-H}：位于 $1650\sim1500$ cm^{-1}，伯胺的 δ_{N-H} 吸收强度中等，仲胺的吸收强度较弱。

(4) γ_{N-H}：位于 $900\sim650$ cm^{-1}，峰形较宽，强度中等(只有伯胺有此吸收峰)。

附录 2 我国七种 pH 基准缓冲溶液的 pH$_s$

温度/℃	0.05 mol·kg^{-1} 四乙二酸氢钾	25 ℃饱和酒石酸氢钾	0.05 mol·kg^{-1} 邻苯二甲酸氢钾	0.025 mol·kg^{-1} 混合磷酸盐	0.008 695 mol·kg^{-1} 磷酸二氢钾＋0.030 43 mol·kg^{-1} 磷酸氢二钠	0.01 mol·kg^{-1} 硼砂	25 ℃饱和氢氧化钙
0	1.668		4.006	6.981	7.515	9.458	13.416
5	1.669		3.999	6.949	7.490	9.391	13.210
10	1.671		3.996	6.921	7.4667	9.330	13.011
15	1.673		3.996	6.898	7.445	9.276	12.820
20	1.676		3.998	6.879	7.426	9.226	12.637
25	1.680	3.559	4.003	6.864	7.409	9.182	12.460
30	1.684	3.551	4.010	6.852	7.395	9.142	12.292
35	1.688	3.547	4.019	6.844	7.386	9.105	12.130
40	1.694	3.547	4.029	6.838	7.380	9.072	11.975
45	1.700	3.550	4.042	6.834	7.379	9.042	11.828
50	1.706	3.555	4.055	6.833	7.383	9.015	11.697
55	1.713	3.563	4.070	6.834		8.990	11.553
60	1.721	3.573	4.087	6.837		8.968	11.426
70	1.739	3.596	4.122	6.847		8.926	
80	1.759	3.622	4.161	6.862		8.890	
90	1.782	3.648	4.203	6.881		8.856	
95	1.795	3.660	4.224	6.891		8.839	

附录3 极谱半波电势表(25 ℃)

电活性物质	底液	价态变化	$E_{1/2}$/V(vs. SCE)
Al^{3+}	0.2 mol·L^{-1} Li_2SO_4,5×10^{-3} mol·L^{-1} H_2SO_4	3→0	−1.64
As(Ⅲ)	1 mol·L^{-1} HCl	3→0	−0.43
		0→−3	−0.60
Bi(Ⅲ)	1 mol·L^{-1} 酒石酸钠,0.8 mol·L^{-1} NaOH	3→5	−0.31
	1 mol·L^{-1} HCl,0.01%(质量分数,下同)明胶	3→0	−0.09
	0.1 mol·L^{-1} NaOH,0.01%明胶	3→0	−1.00
$[CdCl_x]^{2-x}$	3 mol·L^{-1} HCl	2→0	−0.70
$[Cd(NH_3)_x]^{2+}$	1 mol·L^{-1} NH_3,1 mol·L^{-1} NH_4Cl	2→0	−0.81
Al^{3+}	0.2 mol·L^{-1} Li_2SO_4,5×10^{-3} mol·L^{-1} H_2SO_4	3→0	−1.64
$[Co(NH_3)_6]^{3+}$	2.5 mol·L^{-1} NH_3,0.1 mol·L^{-1} NH_4Cl	3→2	−0.53
$[Co(NH_3)_5H_2O]^{2+}$	1 mol·L^{-1} NH_3,1 mol·L^{-1} NH_4Cl	2→0	−1.32
Co^{2+}	1 mol·L^{-1} KCl	2→0	−1.3
Cr^{3+}	1 mol·L^{-1} K_2SO_4	3→2	−1.03
$[Cr(NH_3)_x]^{3+}$	1 mol·L^{-1} NH_3,1 mol·L^{-1} NH_4Cl,0.005%明胶	3→2	−1.42
		2→0	−1.70
$[Cu(NH_3)_2]^+$	1 mol·L^{-1} NH_3,1 mol·L^{-1} NH_4Cl	1→2	−0.25
		1→0	−0.54
Cu^{2+}	0.5 mol·L^{-1} H_2SO_4,0.01%明胶	2→0	0.00
Fe^{3+}-柠檬酸	0.5 mol·L^{-1} 柠檬酸钠,0.05 mol·L^{-1} NaOH,0.005%明胶	3→2	−0.87
		2→0	−1.62
Fe^{3+}	0.1 mol·L^{-1} HCl	3→2	+0.52(Pt电极)
$[Fe(C_2O_4)_3]^{3-}$	0.05 mol·L^{-1} $Na_2C_2O_4$,$NaClO_4$,pH 5.6	3→2	−0.27
Fe^{2+}	1 mol·L^{-1} KCl	2→0	−1.30
H^+	0.1 mol·L^{-1} KCl	1→0	−1.58
Hg_2Cl_2	0.1 mol·L^{-1} Na_2SO_4,5×10^{-3} mol·L^{-1} H_2SO_4,1×10^{-3} mol·L^{-1} Cl^-	1→0	+0.25
$[InCl_x]^{3-x}$	1 mol·L^{-1} HCl	3→0	−0.60
K^+	0.1 mol·L^{-1} 四甲基氯化铵	1→0	−2.13
Mg^{2+}	四甲基氯化铵	2→0	−2.20
Mn^{2+}	0.1 mol·L^{-1} KCl	2→0	−1.50
Mo(Ⅵ)	0.5 mol·L^{-1} H_2SO_4	6→5	−0.29
		5→3	−0.84
Na^+	0.1 mol·L^{-1} 四甲基氯化铵	1→0	−2.10
Ni^{2+}	$HClO_4$,pH 0~2	2→0	−1.1

续表

电活性物质	底液	价态变化	$E_{1/2}$/V (vs. SCE)
$[Ni(NH_3)_6]^{2+}$	$1\ mol \cdot L^{-1}\ NH_3$, $0.2\ mol \cdot L^{-1}\ NH_4Cl$	$2 \to 0$	-1.06
$[Ni(吡啶)_6]^{2+}$	$0.1\ mol \cdot L^{-1}\ KCl$, $0.5\ mol \cdot L^{-1}$ 吡啶, 0.01% 明胶	$2 \to 0$	-0.78
O_2	缓冲介质, pH=1~10	$0 \to -1$	-0.05
		$-1 \to -2$	-0.94
$[PbCl_x]^{2-x}$	$1\ mol \cdot L^{-1}\ HCl$	$2 \to 0$	-0.44
Pb-柠檬酸	$1\ mol \cdot L^{-1}$ 柠檬酸钠, $0.1\ mol \cdot L^{-1}\ NaOH$	$2 \to 0$	-0.78
S^{2-}	$0.1\ mol \cdot L^{-1}\ KOH$ 或 $NaOH$	$\to HgS$	-0.76
Sb(Ⅲ)	$1\ mol \cdot L^{-1}\ HCl$, 0.01% 明胶	$3 \to 0$	-0.15
Sn^{4+}	$1\ mol \cdot L^{-1}\ HCl$, $4\ mol \cdot L^{-1}\ NH_4Cl$, 0.005% 明胶	$4 \to 0$	-0.25
		$2 \to 0$	-0.52
Ti^{4+}	$0.2\ mol \cdot L^{-1}$ 酒石酸	$4 \to 3$	-0.38
Ti^+	$0.02\ mol \cdot L^{-1}\ KCl$, 0.004% 明胶	$1 \to 0$	-0.45
UO_2^{2+}	$0.1\ mol \cdot L^{-1}\ HCl$	$6 \to 5$	-0.18
		$5 \to 3$	-0.94
Zn^{2+}	$1\ mol \cdot L^{-1}\ KCl$, $1\ mol \cdot L^{-1}\ NH_3$, $1\ mol \cdot L^{-1}\ NH_4Cl$, 0.005% 明胶	$2 \to 0$	-1.02
		$2 \to 0$	-1.35

附录4 不同温度下甘汞电极、Ag/AgCl电极的电极电势(V)

温度/℃	$E_{甘汞电极}$			$E_{Ag/AgCl}$	
	$0.1\ mol \cdot L^{-1}\ KCl$	$1\ mol \cdot L^{-1}\ KCl$	饱和 KCl	$3.5\ mol \cdot L^{-1}\ KCl$	饱和 KCl
0	0.3380	0.2888	0.2601		
5	0.3377	0.2876	0.2568		
10	0.3374	0.2864	0.2536	0.2152	0.2138
15	0.3371	0.2852	0.2503	0.2117	0.2089
20	0.3368	0.2840	0.2471	0.2082	0.2040
25	0.3365	0.2828	0.2438	0.2046	0.1989
30	0.3362	0.2816	0.2405	0.2009	0.1939
35	0.3359	0.2804	0.2373	0.1971	0.1887
40	0.3356	0.2792	0.2340	0.1933	0.1835
45	0.3353	0.2780	0.2308		
50	0.3350	0.2768	0.2275		